工学结合·基于工作过程导向的项目化创新系列教材
国家示范性高等职业教育土建类"十三五"规划教材

U0362678

建筑
力学与结构

JIANZHU
LIXUE YU JIEGOU

主　编　昌永红　付　憨
　　　　徐　涛
副主编　赵程程　程素丽
　　　　夏　云　夏建高
　　　　杜　红
主　审　刘　萍

课件PPT　习题/试题　课程标准教学计划

华中科技大学出版社
http://www.hustp.com
中国·武汉

内 容 简 介

本书根据高等职业学校专业教学标准中的工程造价等专业的教学标准基本要求编写,并依据国家颁布的《混凝土结构设计规范》(GB 50010—2010)、《建筑抗震设计规范》(GB 50011—2010)、《钢结构设计标准》(GB 50017—2017)、《砌体结构设计规范》(GB 50003—2011)等新规范、新图集编写。全书共有 10 个学习情境,内容包括:建筑力学基础、建筑结构设计方法、钢筋和混凝土材料认知、钢筋混凝土结构基本构件、钢筋混凝土楼(屋)盖、基础、钢筋混凝土多层及高层结构基本知识、砌体结构基本知识、钢结构基本知识、结构施工图识读等。

本书可作为高职高专工程造价专业、建设工程监理专业、建筑工程管理专业等土建类相关专业的教材,也可作为相关工程技术人员的参考书和培训用书。

为了方便教学,本书还配有电子课件等教学资源包,任课教师和学生可以登录"我们爱读书"网(www.ibook4us.com)注册并浏览,任课教师还可以发送邮件至 husttujian@163.com 索取。

图书在版编目(CIP)数据

建筑力学与结构/昌永红,付懋,徐涛主编.—武汉:华中科技大学出版社,2019.1(2022.2 重印)
国家示范性高等职业教育土建类"十三五"规划教材
ISBN 978-7-5680-4960-3

Ⅰ.①建… Ⅱ.①昌… ②付… ③徐… Ⅲ.①建筑科学-力学-高等职业教育-教材 ②建筑结构-高等职业教育-教材 Ⅳ.①TU3

中国版本图书馆 CIP 数据核字(2019)第 012557 号

建筑力学与结构　　　　　　　　　　　　　　　　　昌永红　付　懋　徐　涛　主编
Jianzhu Lixue yu Jiegou

策划编辑:康　序
责任编辑:舒　慧
责任监印:朱　玢
出版发行:华中科技大学出版社(中国·武汉)　　　电话:(027)81321913
　　　　　武汉市东湖新技术开发区华工科技园　　　邮编:430223
录　　排:武汉三月禾文化传播有限公司
印　　刷:武汉市籍缘印刷厂
开　　本:787mm×1092mm　1/16
印　　张:18
字　　数:480 千字
版　　次:2022 年 2 月第 1 版第 4 次印刷
定　　价:45.00 元

前言

————— ∘ ∘ ∘

本书根据全国高职高专工程造价等土建类相关专业培养目标及主干课程教学基本要求编写,并依据国家颁布的《混凝土结构设计规范》(GB 50010—2010)、《建筑抗震设计规范》(GB 50011—2010)、《钢结构设计标准》(GB 50017—2017)、《砌体结构设计规范》(GB 50003—2011)、《建筑地基基础设计规范》(GB 50007—2011)、《混凝土结构施工图平面整体表示方法制图规则和构造详图》(16G101-1、16G101-2、16G101-3)等新规范、新图集编写。在编写过程中,力求内容精炼,弱化理论推导,做到以应用为目的,以必须、够用为原则,力求符合高职高专专业人才培养目标的需要。

全书共有 10 个学习情境,内容包括:建筑力学基础、建筑结构设计方法、钢筋和混凝土材料认知、钢筋混凝土结构基本构件、钢筋混凝土楼(屋)盖、基础、钢筋混凝土多层及高层结构基本知识、砌体结构基本知识、钢结构基本知识、结构施工图识读等。为方便读者学习,本书每个学习情境后附有模块导图及职业能力训练,还配有相应的电子课件。

本书由辽宁建筑职业学院昌永红、贵州城市职业学院付慭、湖北工业职业技术学院徐涛任主编,由湖北工业职业技术学院赵程程、山西工程职业技术学院程素丽、泰州职业技术学院夏云、湖北工程职业学院夏建高、鄂尔多斯职业学院杜红任副主编,由辽宁建筑职业学院刘萍教授担任主审。具体编写分工如下:昌永红编写学习情境 1、学习情境 2、学习情境 5,付慭编写学习情境 4,徐涛编写学习情境 9 和学习情境 10,赵程程编写学习情境 7,程素丽编写学习情境 6,夏云编写学习情境 8,夏建高编写学习情境 3,杜红编写绪论。全书由昌永红负责统稿、整理。

本书在编写过程中得到了院校领导和老师的帮助,刘萍教授在本书成稿后认真审阅了全书,并提出了宝贵的修改意见,在此一并表示感谢。

本书可作为高职高专工程造价专业、建设工程监理专业、建筑工程管理专业等土建类相关专业的教材,也可作为相关工程技术人员的培训用书和参考书。

为了方便教学,本书还配有电子课件等教学资源包,任课教师和学生可以登录"我们爱读书"网(www.ibook4us.com)注册并浏览,任课教师还可以发送邮件至 husttujian@163.com 索取。

由于时间和编者水平有限,书中难免有不妥之处,恳请读者批评指正。

编 者
2018 年 11 月

目录

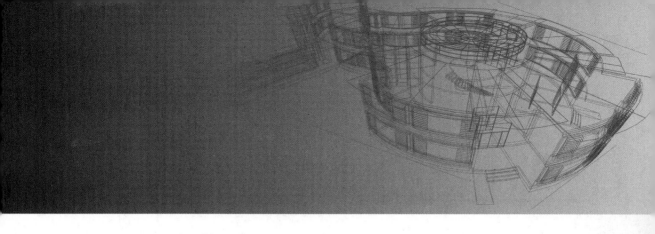

绪论

任务 **1** 本课程的研究对象与任务

一、建筑结构的概念

广义上,结构是指房屋建筑和土木工程的建筑物、构筑物及其相关组成部分的实体;狭义上,结构是指各种工程实体的承重骨架。建筑结构是建筑物的骨架,组成结构的基本单元称为基本构件。建筑结构由水平构件、竖向构件和基础组成,其中水平构件包括梁、板等,竖向构件包括墙、柱等,基础将建筑物承受的各种作用传给地基。

1. 梁

截面高度与宽度尺寸较小,长度尺寸相对较大的构件称为梁。梁主要承受垂直于长轴方向的荷载。

2. 板

厚度远小于平面尺寸长度与宽度的水平承重构件称为板。板主要承受板面荷载。

3. 墙

竖向高度和截面的长度均较大,截面厚度相对较小的构件称为墙。

4. 柱

截面的两边尺寸较小,高度尺寸相对较大的构件称为柱。柱主要承受竖向荷载,是建筑结构中的重要承重构件。柱的破坏可能导致建筑物倒塌。

5. 基础

基础是埋置在地面以下的部分,是地上结构的延伸和嵌固,能承受建筑物的各种作用并把这些作用传递给地基。

二、建筑结构的类型

建筑结构按所用材料的不同,可分为混凝土结构、砌体结构、钢结构、木结构和混合结构等。

1. 混凝土结构

以混凝土为主要材料制作的结构称为混凝土结构,包括素混凝土结构、钢筋混凝土结构、型钢混凝土结构、钢管混凝土结构和预应力混凝土结构等。

素混凝土结构是指不配置任何钢材的混凝土结构。钢筋混凝土结构是指用圆钢筋作为配筋的普通混凝土结构。型钢混凝土结构又称为钢骨混凝土结构，它是用型钢或钢板焊成的钢骨架作为配筋的混凝土结构。钢管混凝土结构是指在钢管内浇捣混凝土做成的结构。预应力混凝土结构是指在制作结构构件时，在其受拉部位上人为地预先施加压应力的混凝土结构。

素混凝土结构由于承载力低、性质脆，很少用作土木工程的承重结构。型钢混凝土结构承载能力强、抗震性能好，但耗钢量较多，可在高层、大跨或抗震要求较高的工程中采用。钢管混凝土结构的构件连接较复杂，维护费用高。

钢筋混凝土结构除了比素混凝土结构具有较高的承载力和较好的受力性能以外，与其他结构相比还具有下列优点：

（1）就地取材。钢筋混凝土结构中，砂和石料所占比例很大，水泥和钢筋所占比例较小，砂和石料一般可以由建筑工地附近供应。

（2）节约钢材。钢筋混凝土结构的承载力较高，大多数情况下可用来代替钢结构，因而节约钢材。

（3）耐久、耐火。钢筋埋放在混凝土中，受混凝土保护而不易发生锈蚀，因而提高了结构的耐久性。当火灾发生时，钢筋混凝土结构不会像木结构那样被燃烧，也不会像钢结构那样很快软化而破坏。

（4）可模性好。钢筋混凝土结构可以根据需要浇捣成任何形状。

（5）现浇式或装配整体式钢筋混凝土结构的整体性能好，刚度大。

钢筋混凝土结构也具有下列缺点：

（1）自重大。钢筋混凝土的重度约为 $25\ \mathrm{kN/m^3}$，比砌体和木材的重度都大。尽管比钢材的重度小，但结构的截面尺寸比钢结构的大，因而其自重远远超过相同跨度或高度的钢结构。

（2）抗裂性差。混凝土的抗拉强度非常低，因此，普通钢筋混凝土结构经常带裂缝工作。尽管裂缝的存在并不一定意味着结构发生破坏，但是它影响结构的耐久性和美观。当裂缝数量较多和开展较宽时，还将给人造成不安全感。

综上所述，钢筋混凝土结构的优点远多于其缺点，因此，它已经在房屋建筑、地下结构、桥梁、铁路、隧道、水利、港口等工程中得到广泛应用，而且，人们已经研究出许多克服其缺点的有效措施。例如：为了克服钢筋混凝土结构自重大的缺点，已经研究出重量轻、强度高的混凝土和强度很高的钢筋；为了克服普通钢筋混凝土结构容易开裂的缺点，可以对它施加预应力。

2. 砌体结构

砌体结构是由块材（砖、石材、砌块）和砂浆砌筑而成的墙、柱作为建筑物主要受力构件的结构，是砖砌体、砌块砌体和石砌体结构的统称。砌体结构主要有下列优点：

（1）取材方便。天然的石料，用作砂浆的砂子，几乎遍地都是。

（2）具有良好的耐火、隔声、保温性能，砖墙房屋还能调节室内湿度，透气性好。

（3）具有良好的耐久性。砌体结构具有良好的化学稳定性及大气稳定性，抗腐蚀性强，这就保证了砌体结构的耐久性。

（4）能节约材料。与钢筋混凝土结构相比，砌体结构中水泥、钢材、木材的用量大为减少。

（5）可连续施工。因为新砌砌体即能承受一定的施工荷载，故砌体结构不像混凝土结构那样在浇筑混凝土后需要有施工间隙。

（6）施工设备简单。砌体结构的施工不需要特殊的技术设备，因此能普遍推广使用。

不过，砌体结构也具有下列缺点：

（1）自重大且强度不高，特别是抗拉、抗剪强度低。

（2）砌筑工作量大，且常常是手工操作，施工进度较慢。

（3）抗震性能差。

3. 钢结构

钢结构是指以钢材为主要承重构件的结构。钢结构具有下列主要优点：

（1）材料强度高，自重轻，塑性和韧性好，材质均匀。

（2）便于工厂生产和机械化施工，便于拆卸。

（3）具有优越的抗震性能。

（4）无污染，可再生，节能，安全，符合建筑可持续发展的原则，可以说钢结构的发展是 21 世纪建筑文明的体现。

钢结构也具有下列缺点：

（1）易腐蚀，需经常刷油漆维护，故维护费用较高。

（2）耐火性差。当温度达到 250 ℃时，钢结构的材质将会发生较大变化；当温度达到 400 ℃时，钢材的屈服强度将降至室温下的一半；当温度达到 600 ℃时，钢材基本丧失全部强度。

4. 木结构

木结构是指全部或大部分用木材制作的结构。这种结构易于就地取材，制作简单，但易燃、易腐蚀、变形大，且木材使用受到国家严格限制，因此已很少使用。

5. 混合结构

混合结构是指以两种及两种以上材料为主制作的结构。

多层混合结构一般以砌体结构为竖向承重构件（如墙、柱等），而水平承重构件（如梁、板等）多采用钢筋混凝土结构，有时也采用钢木结构。其中，以砖砌体为竖向承重构件，以钢筋混凝土结构为水平承重构件的体系称为砖混结构。

高层混合结构一般是钢-混凝土混合结构，即由钢框架或劲性钢筋混凝土框架与钢筋混凝土筒体所组成的共同承受竖向和水平作用的结构。这种结构体系是近年来我国迅速发展的一种结构体系。它不仅具有钢结构自重轻、截面尺寸小、施工进度快、抗震性能好的特点，还兼有钢筋混凝土结构刚度大、防火性能好、成本低的优点。

三、建筑力学与结构的关系

在日常的生产和生活中，人们需要建造各种各样的建筑物或构造物。这些建筑物或构造物除了满足使用功能的要求外，还需满足安全要求，同时还要经济合理。因此，在对建筑物或构筑物进行结构设计时，必须进行力学的分析与计算。建筑力学就是研究建筑物或构造物设计中有关力学分析与计算问题的一门学科，是建筑结构设计的基础。

设计一幢房屋时,必须对楼(屋)面板、梁、墙(柱)、基础等结构构件做荷载分析、受力分析,并计算出各个构件的内力大小,这些都是建筑力学要解决的问题。而根据内力的大小确定构件所采用的材料、截面尺寸和形状,这些是建筑结构要解决的问题。

四、建筑力学与结构的基本任务

对于建筑结构和构件,如能正常工作而不被破坏,就必须在力学上满足如下要求:

1. 强度要求

强度是指结构和构件抵抗破坏的能力。例如,房屋中的大梁,若承受过大的荷载,则梁可能发生过大的弯曲变形,造成安全事故。因此,设计梁时,必须保证它在荷载作用下正常工作时不会发生破坏。

2. 刚度要求

刚度是指结构和构件抵抗变形的能力。例如,屋面梁在荷载等因素的作用下,虽然满足强度要求,但其刚度不够,可能产生过大的变形,超出规范所规定的要求,影响正常的使用。因此,设计屋面梁时要保证其刚度满足要求。

3. 稳定性要求

稳定性是指结构和构件保持平衡状态的能力。例如,房屋结构中承载的柱,如果过于细长,当压力超过一定范围时,柱就不能保持其直线形状,突然从原来的直线形状变成曲线形状,丧失稳定,不能继续承载,从而导致整个结构倒塌。因此,设计时必须保证构件具有足够的稳定性。

在设计结构和构件时,除应满足上述要求外,还应尽可能地节省材料,降低成本,减轻结构的自重。为保证安全可靠,在设计时,往往选择优质材料和较大的截面尺寸,但由此又可能造成材料浪费和结构笨重。因此,安全和经济之间存在矛盾,建筑力学与结构就是为解决这一矛盾提供理论依据和计算方法。

任务 2 本课程的学习内容

建筑力学与结构内容丰富但烦琐,本课程仅研究其基本知识和工程实践中常用的知识。通过本课程的学习:

(1)掌握力学的基本概念及基本理论,能对静定结构进行受力分析,并求解支座反力;能正确计算简单结构的内力,并绘制内力图,分析截面的应力。

(2)了解建筑结构的设计方法。

(3)掌握钢筋和混凝土的基本力学性能,能正确选择钢筋和混凝土。

（4）掌握钢筋混凝土结构基本构件（受弯构件、受扭构件、受压构件等）的计算方法。

（5）了解钢筋混凝土楼（屋）盖的设计方法，掌握单向板肋梁楼盖、双向板肋梁楼盖、楼梯、雨篷等的构造要求。

（6）掌握常见基础的形式与构造要求。

（7）掌握钢筋混凝土多层及高层结构的类型，了解其构造要求。

（8）掌握砌体结构的性能与构造要求。

（9）掌握钢结构的性能、连接方式与构造要求。

（10）掌握结构施工图的识读方法，能正确识读混凝土结构、砌体结构和钢结构施工图。

任务 3 本课程的学习要求

1. 注意建筑力学与结构的关系

力学是结构设计的基础，只有通过力学的分析，才能得出内力，内力是结构设计的依据。但建筑结构中的钢筋混凝土结构、砌体结构的材料不是单一均质弹性材料。因此，力学中的强度、刚度、稳定性公式不能直接应用，学习中应注意理解和掌握。

2. 注意工学结合

本课程的理论来源于实践，是大量实践工作的经验总结。因此，学习时，一方面要通过课堂学习和各个实践环节，结合身边的建筑物实例进行学习；另一方面要有计划、有针对性地到施工现场参观学习，增加感性认识，积累工程实践经验。

3. 注意公式的适用性

结构设计的计算公式一般是在实验分析的基础上建立的，具有实验性，有严格的适用条件。因此，在学习中，必须注意公式的适用范围。

4. 注意建筑结构设计答案的不唯一性

建筑结构设计不同于数学和力学问题只有一个答案，同一构件在同一荷载的作用下，其结构方案、截面形式、截面尺寸、配筋方式和数量等都有多种答案。需要综合考虑结构安全可靠、经济合理、施工条件等多方面因素，确定一个合理的答案。

5. 注意各种构造措施

建筑结构的实用计算方法一般只考虑了荷载作用，其他影响，如混凝土收缩、温度影响以及地基不均匀沉降等，难以用计算公式表达。有关规范根据长期的实践经验，总结出了一些构造措施来考虑这些因素的影响。所谓构造措施，就是对结构计算中未能详细考虑或难以定量计算的因素所采取的技术措施，它与结构计算相辅相成。因此，在学习时，不仅要重视各种计算，还要重视构造措施。对于构造措施，不能死记硬背，而应着眼于理解。

6. 注意学习相关规范

建筑结构设计的依据是国家颁布的规范和标准,从事工程设计和施工的相关人员必须严格遵照执行。教材很多内容都来源于规范,从某种意义上来说,教材是对规范的理解和解释。因此,在学习过程中,要结合教材内容,自觉学习相关规范,达到熟悉和正确应用的要求。

本课程涉及的现行规范有《混凝土结构设计规范》(GB 50010—2010)、《砌体结构设计规范》(GB 50003—2011)、《钢结构设计标准》(GB 50017—2017)、《建筑抗震设计规范》(GB 50011—2010)、《建筑结构荷载规范》(GB 50009—2012)、《建筑地基基础设计规范》(GB 50007—2011)、《高层建筑混凝土结构技术规程》(JGJ 3—2010)、《建筑桩基技术规范》(JGJ 94—2008)等。

 模块导图

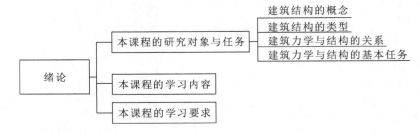

 职业能力训练

一、填空题

1. 建筑结构由(　　)、(　　)和基础组成,其中水平构件包括(　　)、(　　)等,竖向构件包括墙、柱等。

2. 截面高度与宽度尺寸较小,长度尺寸相对较大的构件称为(　　);厚度远小于平面尺寸长度与宽度的水平承重构件称为(　　);竖向高度和截面的长度均较大,截面厚度相对较小的构件称为(　　)。

3. 建筑结构按所用材料的不同,可分为(　　)、(　　)、(　　)、木结构和混合结构等。

4. 混凝土结构包括(　　)、(　　)、(　　)、钢管混凝土结构和预应力混凝土结构等。

二、简答题

1. 什么是钢筋混凝土结构?简述钢筋混凝土结构的优缺点。

2. 什么是砌体结构?简述砌体结构的优缺点。

3. 什么是钢结构?简述钢结构的优缺点。

4. 什么是木结构?

5. 什么是混合结构?

6. 建筑力学与结构有何关系?

7. 如何学习建筑力学与结构?

学习情境 1

建筑力学基础

（1）掌握力、力对点之矩、力偶的概念及其性质；

（2）掌握常见约束类型及其约束反力；

（3）理解平面力系向一点转化的方法；

（4）了解平面杆件的类型；

（5）理解轴向拉（压）杆、单跨静定梁的内力计算方法。

■ 能力目标

（1）能区分力、力矩及力偶，能灵活运用静力学公理分析问题，会计算力对点之矩，能灵活运用力偶的性质；

（2）能熟练绘制物体（物体系）的受力图；

（3）能准确运用平面力系的平衡条件求出约束反力；

（4）能熟练运用截面法求出截面的内力，能快速、准确绘制轴心受力构件、受弯构件的内力图。

任务 1 力的基本知识

一、力的概念

1. 力

力是物体间的相互机械作用。这种作用使物体的运动状态或形状发生改变。

实践证明，力对物体的作用效应取决于力的大小、方向和作用点，这些称为力的三要素。力是有大小和方向的量值，所以力是矢量。本书规定用黑体字母 F 表示力，而用普通字母 F 表示力的大小。

1）力的作用点

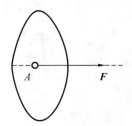

物体之间通过一个区域相互作用，当这个区域相对较小而可以视为一个点时，就把这个区域上的分布力视为集中力，这个点就称为集中力的作用点。力的作用点可由力矢的始端或末端表示，如图 1-1 中的 A 点。

2）力的方向

力沿某一方位作用于物体，力矢所在的直线称为力的作用线，力矢的箭头指向称为力的方向。力的方向包含这两层含义：力的作用线的方位和力沿作用线的指向，在图 1-1 中，力 F 的方向是水平向右。

图 1-1 力的作用点

3）力的大小

力的大小是它的强弱程度，包含数值和单位。在图 1-1 中，F 表明了它的大小是 F。

在国际单位制中，力的单位为牛顿，简称牛，写作 N，常用 kN（千牛）。

2. 力的分类

将作用在物体上的力分为两大类：主动力和被动力。主动力是物体外界使物体运动或使物体产生运动趋势的力。被动力（又称为约束反力）是阻碍物体运动的力。

通常把物体外界作用在物体上的主动力称为荷载，例如结构自重、风压力、人群及设备、家具自重等。

3. 刚体和平衡

在力的作用下不产生变形或变形可以忽略的物体,称为刚体。刚体是对实际物体经过科学的抽象和简化而得到的一种理想模型,绝对的刚体实际并不存在。

物体相对于地球保持静止或作匀速直线运动的状态,称为平衡。平衡是机械运动的特殊形态。

4. 力系

作用于一个物体上的若干个力或力偶称为力系。若物体在力系的作用下处于平衡状态,则这个力系称为平衡力系。

如果两个力系对物体的运动效应完全相同,则这两个力系称为等效力系。如果一个力与一个力系等效,则此力称为该力系的合力,而该力系中的各力称为合力的分力。

若一个力系中的各个力的作用线在空间任意分布,则该力系称为空间力系;若各个力的作用线在同一平面内,则该力系称为平面力系。平面力学可分为平面一般力系(见图 1-2(a))和平面特殊力系。平面特殊力系包括平面力偶系(见图 1-2(b))、平面汇交力系(见图 1-2(c))和平面平行力系(见图 1-2(d))。

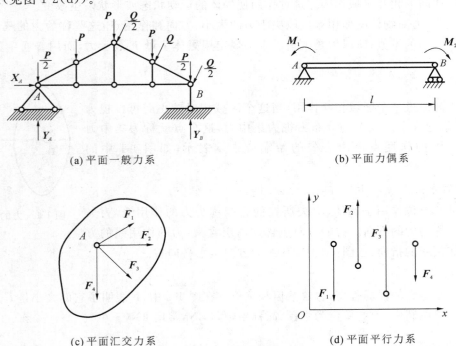

(a) 平面一般力系　　　　　　　　　　(b) 平面力偶系

(c) 平面汇交力系　　　　　　　　　　(d) 平面平行力系

图 1-2　平面力系

5. 静力学公理

1) 二力平衡公理

如图 1-3(a)所示,杆件 AB 受到一对拉力作用,当 $F_A = F_B$,且两个力在同一直线上时,在不考虑自重的情况下,杆件 AB 是平衡的。

结论：作用于同一刚体上的两个力，使刚体保持平衡的必要和充分条件是：这两个力的大小相等、方向相反、作用在同一直线上（简称二力等值、反向、共线）。

在两力作用下处于平衡的刚体称为二力体。如果刚体是一个杆件，则称为二力杆件。

应该注意，只有当力作用在刚体上时二力平衡条件才能成立。对于变形体，二力平衡条件只是必要条件，并不是充分条件。例如，满足上述条件的两个力作用在一根绳子上，当这两个力是张力（即使绳子受拉）时，绳子才能平衡，如图 1-3(b) 所示；如受等值、反向、共线的压力，就不能平衡。

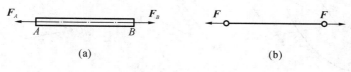

(a)   (b)

图 1-3 二力平衡

2）加减平衡力系公理

因为平衡力系对物体的运动效果为零，不会改变物体的运动状态，所以在刚体的原力系上加上或去掉一个平衡力系，是不会改变刚体的运动效果的。

结论：在作用于刚体的任意力系中加上或去掉任何一个平衡力系，不会改变原力系对刚体的作用效应。

如图 1-4(a) 所示，力 F 作用于刚体上的 A 点，B 点是刚体上沿力 F 的作用线任取的一点，如图 1-4(b) 所示，在 B 点沿力 F 的作用线加上共线、反向、等值的一对平衡力 F_1 和 F_2。由上述公理可知，刚体所受的作用效应不变。设 $F_1 = F = F_2$，如图 1-4(c) 所示，去掉 F_1 和 F 组成的一对平衡力，由上述公理可知，刚体所受的作用效应仍然不变。于是力 F 就从 A 点沿作用线移到了 B 点，而不改变刚体的作用效应，这就是刚体上力的可传性。

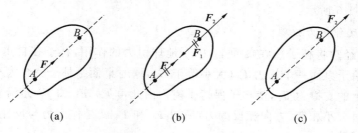

(a)   (b)   (c)

图 1-4 加减平衡力

推论：作用于刚体上的力可以沿其作用线移动到任意位置，不会改变力对刚体的作用效应。这一推论称为力的可传性原理。

应当注意，加减平衡力系公理以及力的可传性原理只适用于刚体，而对作为变形体的结构和构件是不适用的。

3）力的平行四边形法则

如图 1-5(a)所示，作用在 A 点的两个力 F_1 和 F_2，它们的合力就是由平行四边形的对角线所确定的 F_R。这种按平行四边形相加的法则是矢量相加的法则，因此，力的平行四边形法则又可表述为：作用在物体上同一点的两个力的合力，等于这两个力的矢量和。用矢量算式表示为

$$F_R = F_1 + F_2 \qquad (1\text{-}1)$$

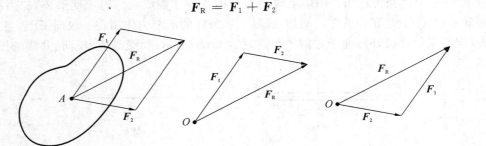

(a)	(b)	(c)

图 1-5　力的平行四边形法则

结论：作用于物体上同一点的两个力，可以合成一个合力，合力的作用点仍在该点，合力的大小和方向由这两个力为邻边所构成的平行四边形的对角线确定。

力的平行四边形法则也可以表示为力的三角形法则：两个共点力的合力为这两个力为邻边所构成的三角形的封闭边（见图 1-5(b)、图 1-5(c)）。

依据以上公理，可以推出三力平衡汇交定理。即刚体在三个力的作用下处于平衡状态，若其中两个力的作用线汇交于一点，则第三个力的作用线也通过该汇交点，且此三力的作用线在同一平面内，如图 1-6 所示。

4）作用力与反作用力公理

生活中，我们经常将杯子放在桌面上，由于地球引力的作用，杯子在自重 G 的作用下，沿着垂直桌面的方向给予桌面一个压力 F_1（大小等于 G），同时桌面给杯子一个大小相等、方向相反、作用于同一直线上的支撑力 F_2，使杯子保持平衡。由此可见，F_1 和 F_2 是沿着同一直线作用在不同物体上的一对大小相等、方向相反的力，所以 F_1 和 F_2 就是作用力与反作用力。

结论：两个物体之间的作用力和反作用力总是同时存在，而且两力的大小相等、方向相反、沿着同一直线分别作用于两个物体上。

作用力与反作用力公理反映了物体间相互作用的关系，表明作用力和反作用力总是成对出现。应该注意，作用力与反作用力分别作用于两个物体上，它们不构成平衡力系。

6.汇交力系的合成

作用于物体上同一点的 n 个力 F_1，F_2，$\cdots$，F_n 组成的力系，称为汇交力系。由力的平行四边形法则,采用两两合成的方法,最终可合成为一个合力 F_R,如图 1-7 所示,合力等于力系中各力的矢量和,即

$$F_R = F_1 + F_2 + \cdots + F_n = \sum F \tag{1-2}$$

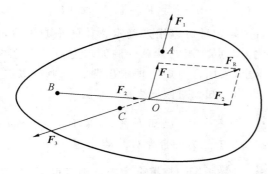
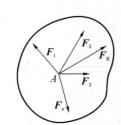

图 1-6　三力平衡汇交　　　　　　图 1-7　汇交力系的合成

二、力对点之矩

1.力矩的概念

力不仅能使物体移动,还能使物体转动。如图 1-8 所示,用扳手拧紧螺母时,作用在扳手上的力 F 使扳手绕螺母重心 O 转动,其作用效应不仅与力的大小和方向有关,还与 O 点到力作用线的距离有关。因此,用力的大小与力臂的乘积 Fd 冠以适当的正负号来表示力使物体绕 O 点转动效应的度量,称为力 F 对 O 点之矩,用 $M_0(F)$ 表示,即

$$M_0(F) = \pm Fd \tag{1-3}$$

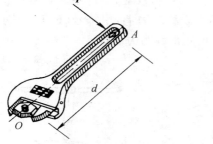
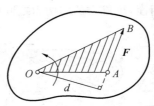

图 1-8　用扳手拧紧螺母的力矩分析

O 点称为矩心。矩心 O 到力 F 作用线的垂直距离 d 称为力臂。通常规定:力 F 使物体绕 O 点逆时针转动时力矩为正,反之为负。力矩的单位为 N•m 或 kN•m。

由图 1-8 可知,力 F 对 O 点之矩也可用△OAB 面积的两倍来表示,即

$$M_0(\boldsymbol{F}) = \pm 2S_{\triangle OAB} \tag{1-4}$$

由式(1-4)可知,当力等于零或力的作用线通过矩心时力矩为零。

2. 合力矩定理

若平面汇交力系有合力,则其合力对任一点之矩等于所有分力对同一点之矩的代数和,这个关系称为合力矩定理,即

$$M_0(\boldsymbol{F}_R) = M_0(\boldsymbol{F}_1) + M_0(\boldsymbol{F}_2) + \cdots + M_0(\boldsymbol{F}_n) = \sum M_0(\boldsymbol{F}_i) \tag{1-5}$$

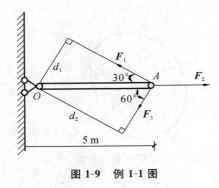

图 1-9 例 1-1 图

合力矩定理可以用来确定物体的重心位置,也可以用来简化力对点之矩的计算。例如求力对某点之矩时,力臂不易求出,采用合力矩定理求出两个分力对该点力矩的代数和,即为已知力对该点之矩。

例 1-1 已知 $F_1 = 8$ kN,$F_2 = 3$ kN,$F_3 = 2$ kN,试求图 1-9 中三力的合力对 O 点之矩。

解 根据合力矩定理可得

$$M_O(\boldsymbol{F}_1) = F_1 d_1 = 8 \times 5\sin30° \text{ kN} \cdot \text{m} = 20 \text{ kN} \cdot \text{m}$$

$$M_O(\boldsymbol{F}_2) = F_2 d_2 = 0$$

$$M_O(\boldsymbol{F}_3) = F_3 d_3 = -2 \times 5\sin60° \text{ kN} \cdot \text{m} = -8.66 \text{ kN} \cdot \text{m}$$

$$M_O(\boldsymbol{F}_R) = \sum M_O(\boldsymbol{F}_i) = (20 + 0 - 8.66) \text{ kN} \cdot \text{m} = 11.34 \text{ kN} \cdot \text{m}$$

三、力偶的概念及性质

1. 力偶的概念

在日常生活中,经常会遇到物体受大小相等、方向相反、作用线相互平行的两个力作用的情形,例如汽车司机用双手转动方向盘,如图 1-10(a)所示;钳工用丝锤攻螺纹,如图 1-10(b)所示。实践证明,物体在这样的两个力的作用下只产生转动效应,不产生移动效应。把这种由两个大小相等、方向相反且不共线的平行力组成的力系称为力偶,用符号 $(\boldsymbol{F}, \boldsymbol{F}')$ 表示。力偶所在的平面称为力偶的作用面,组成力偶的两力之间的距离称为力偶臂。

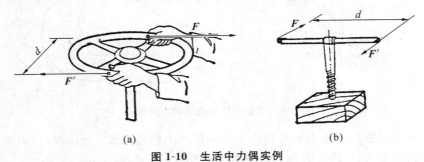

(a)　　　　　　　　(b)

图 1-10 生活中力偶实例

2. 力偶矩

力偶使物体产生转动,其转动效应与力的大小及力偶臂的长短有关。因此,把力偶中任一力的大小与力偶臂的乘积冠以适当的正负号作为力偶使物体转动效应的度量,称为力偶矩,用 M 表示,即

$$M = \pm Fd \tag{1-6}$$

通常规定:力偶使物体逆时针转动时取正号,反之取负号。力偶矩的单位与力矩的相同。

3. 力偶的性质

力偶作为一种特殊的力系,具有如下性质:

(1) 力偶不能简化为一个合力。力偶不能与一个力等效,也不能与一个力平衡,力偶只能由力偶来平衡。力偶不能合成更简单的力系,所以力偶和力都是组成力系的基本元素。

(2) 力偶对其作用平面内任一点之矩等于力偶矩,而与矩心位置无关。因此,力偶在作用平面内用 M)或 M ⌐ 表示力偶,其中 M 表示力偶的大小,箭头表示力偶的转向。

(3) 在同一平面内的两个力偶,如果它们的力偶矩大小相等、转向相同,则这两个力偶是等效的。

(4) 只要保持力偶矩的大小和力偶的转向不变,力偶可以在它的作用平面内任意移动或转动,而不改变它对刚体的作用效应,即力偶对刚体的转动效应与它在作用平面内的位置无关。

(5) 只要保持力偶矩的大小和力偶的转向不变,可以任意改变组成力偶的力的大小和力偶臂的长度,而不改变它对物体的转动效应,如图 1-11 所示。

(6) 力偶在任意坐标轴上的投影等于零。

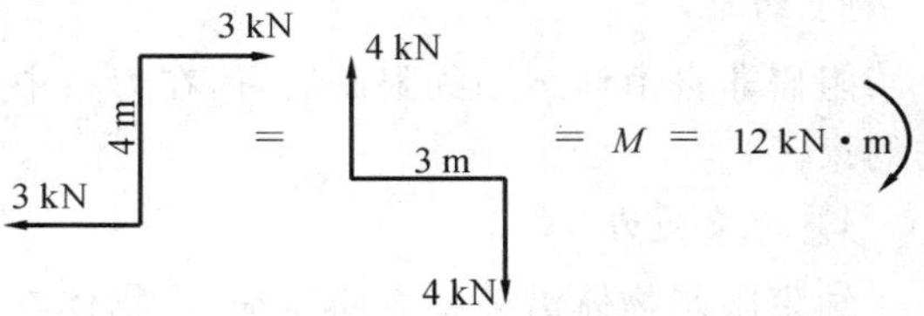

图 1-11 力偶的性质

4. 平面力偶系的合成

作用在同一物体的同一平面内的若干力偶,称为平面力偶系。由于力偶无合力,其作用效应完全取决于力偶矩,因此,平面力偶系的合成结果是一个合力偶,其合力偶矩等于力偶系中各个力偶矩的代数和,即

$$M = M_1 + M_2 + \cdots + M_n = \sum M \tag{1-7}$$

例 1-2 如图 1-12 所示,两个力偶同时作用在某平面上,$F = F' = 10$ kN,$d = 3$ m,$M_2 = 20$ kN·m,求合力偶。

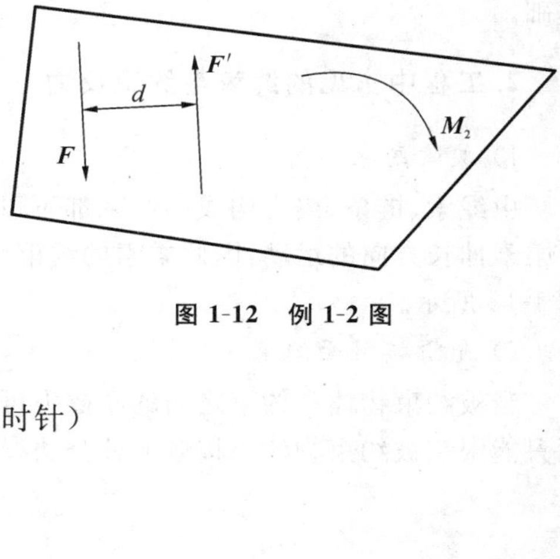

解 两个力偶在同一平面内可合成为一个力偶矩。

图 1-12 例 1-2 图

$M_1 = 10 \times 3$ kN·m $= 30$ kN·m(逆时针)

$M_2 = -20$ kN·m(顺时针)

合力偶矩为

$M = M_1 + M_2 = (30 - 20)$ kN·m $= 10$ kN·m(逆时针)

任务 2 物体的受力分析

一、约束和约束反力

1. 基本概念

1）自由体

如果一个物体在空间内不受任何限制，可以自由运动，这样的物体称为自由体，例如飞机、炮弹、火箭、断了线的风筝。

2）非自由体

受到某种限制，在某些方向不能运动的物体称为非自由体，例如放在桌面上的小球、用绳子挂起来的重物、在轨道上行使的汽车等。

3）约束

阻碍非自由体运动的限制装置，在力系中称为约束。例如，放在桌面上的小球，桌面是小球的约束。

4）约束反力

约束限制物体沿某些方向运动，当物体在这些方向有运动趋势时，约束就对物体有力的作用，这种力称为约束反力，简称反力。约束反力的作用点是约束与物体的接触点，方向与该约束能够限制物体运动的方向相反。

5）主动力

能主动使物体运动或有运动趋势的力，称为主动力或荷载，例如重力、水压力、削切力、牵引力等。

主动力通常是已知的，约束反力则是未知的。正确分析约束反力是求解静力学问题的基础。

2. 工程中常见的约束与约束反力

1）柔索约束

由绳索、链条、皮带构成的约束都可以简化为柔索约束。这种约束的特点是只能限制物体沿柔索伸长方向的运动，因此柔索的约束反力的方向沿柔索的中心线且背离物体，即为拉力，如图 1-13 所示。

2）光滑接触面约束

当被约束物体和约束之间的摩擦力可以忽略不计时，就构成了光滑接触面约束。光滑接触面只能限制被约束物体沿接触点处公法线朝接触面方向的运动，而不能限制其沿其他方向的运

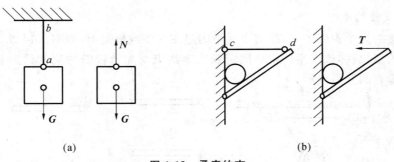

图 1-13 柔索约束

动。因此,光滑接触面的约束反力只能沿接触面在接触点处的公法线,且指向被约束物体,即为压力,如图 1-14 所示。

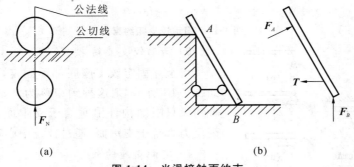

图 1-14 光滑接触面约束

3)光滑铰链约束

两个构件分别钻有同样大小的圆孔,用销钉连接起来,如图 1-15 所示,这种约束称为光滑铰链约束,或简称铰链约束或铰约束。这种约束只限制物体沿垂直于销钉轴线方向的运动,其约束反力作用在接触点上,垂直于销钉轴线,通过销钉中心,方向不定,可用两个相互垂直的分力表示。

4)链杆约束

用两端带有铰链的二力杆将构件连在基础上,这种约束称为链杆约束。链杆约束只能限制构件沿链杆轴线方向的移动,其约束反力通过链杆中心,沿链杆中心线,指向待定,即为拉力或压力,如图 1-16 所示。

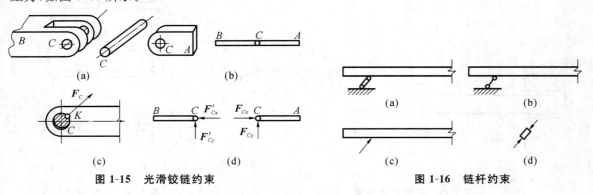

图 1-15 光滑铰链约束　　　　　**图 1-16 链杆约束**

5）固定铰支座约束

用铰链连接的两个构件中,如果其中一个固定在支座或机架上,如图 1-17 所示,这种约束称为固定铰支座约束,简称铰支座约束。固定铰支座约束与光滑铰链约束的情形相同,其约束反力用两个相互垂直的分力表示。

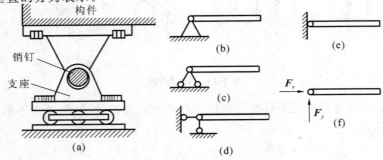

图 1-17　固定铰支座约束

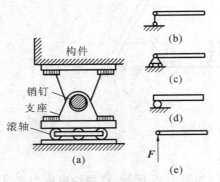

图 1-18　活动铰支座约束

6）活动铰支座约束

将上述固定铰支座底部不固定,直接放在辊轴上,如图 1-18 所示,则这种约束称为活动铰支座约束。这种约束只限制构件沿垂直于支承面方向的移动,其约束反力垂直于支承面,通过铰链中心,指向待定。

7）定向支座约束

定向支座约束能限制构件的转动和垂直于支承面方向的移动,但允许构件沿平行于支承面方向移动。定向支座的约束反力为垂直于支承面的反力和反力偶,如图 1-19 所示。

8）固定端约束

构件和支承物固定在一起,这种约束称为固定端约束。它在固定端处限制物体既不能沿任何方向移动,也不能转动,其约束反力为一个方向待定的力(用两个相互垂直的分力表示)和一个转向待定的力偶,如图 1-20 所示。

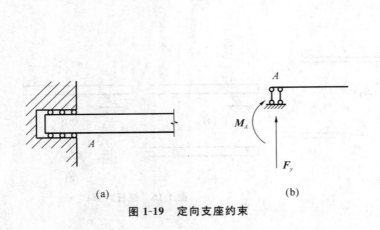

图 1-19　定向支座约束

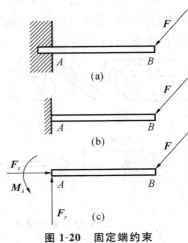

图 1-20　固定端约束

二、结构计算简图

1. 确定结构计算简图的原则

在确定结构计算简图时要遵循以下原则：
（1）略去次要因素，便于分析和计算；
（2）尽可能反映实际结构的主要受力特征。

2. 简化杆件结构

在选取杆件结构的计算简图时，通常对实际结构从以下几个方面进行简化。

1）结构的简化

结构的简化包含两个方面的内容：一个是结构体系的简化，另一个是结构中杆件的简化。结构体系的简化是把有些实际空间整体的结构简化或分解为若干平面结构。

对于延长方向结构的横截面保持不变的结构，如隧道、水管、厂房结构，可做两相邻横截面来截取平面结构进行计算；对于多跨多层的空间刚架，根据纵、横向刚度和荷载（风载、地震力、重力等），截取纵向或横向的平面刚架来分析。

除了短杆深梁外，杆件用其轴线表示，直杆简化为直线，曲杆简化为曲线，杆件之间的连接区域用结点表示，杆长用结点间的距离表示，并将荷载作用点转移到杆件的轴线上。

2）结点的简化

结构中各杆件间的相互连接处称为结点。结点可简化为以下三种基本类型。

（1）铰结点。

铰结点的特征是被连接的杆件在连接处不能相对移动，但可绕结点中心作相对转动，即可以传递力，但不能传递力矩。例如图1-21所示的木屋架结点，在计算简图中，铰结点用一个小圆圈表示。

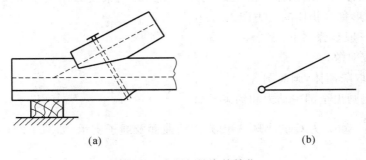

（a）　　　　　　　　　　　　　（b）

图1-21　木屋架结点的简化

（2）刚结点。

刚结点的特征是被连接的杆件在连接处既不能相对移动，又不能相对转动；既可以传递力，也可以传递力矩。现浇钢筋混凝土结构中的结点通常属于这类情形，如图1-22所示。

（3）组合结点。

若干杆件汇交于同一结点，当其中某些杆件连接视为刚结点，而另一些杆件连接视为铰结点时，便形成组合结点，如图 1-23 所示。

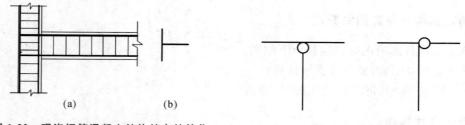

（a）　　　　　（b）

图 1-22　现浇钢筋混凝土结构结点的简化　　　　**图 1-23　组合结点**

3）支座的简化

把结构与基础或支承部分连接起来的装置称为支座。平面结构的支座根据其支承情况的不同，可简化为固定铰支座、活动铰支座、定向支座和固定端支座。

4）荷载的简化

作用于结构上的荷载通常简化为集中荷载和分布荷载。

三、物体受力分析和受力图绘制

受力分析就是分析被研究物体的受力情况，被研究物体叫作研究对象。受力分析首要的任务是确定物体上有哪些力以及这些力的作用位置和方向；其次是确定哪些力是已知力，哪些力是未知力。

为了正确对物体进行受力分析，必须把研究对象的周围约束全部去掉，并将其从周围物体中分离出来，画出研究对象的简图。把研究对象与周围所有相联系的物体隔离开来单独画出，所画物体称为隔离体。把隔离体上所受的全部主动力和约束反力用矢量形式标注在相应位置上，这样得到的图形称为物体的受力图。

画受力图的一般步骤如下：

（1）确定研究对象；

（2）去约束，取隔离体，画简图；

（3）在简图上画出全部主动力和约束反力。

例 1-3　　重力为 G 的小球 A 由光滑的曲面及绳子支承，如图 1-24（a）所示，试画出小球 A 的受力图。

解　　（1）取小球为研究对象。

（2）去掉约束，画出小球的简图。

（3）在小球上画出全部的主动力和约束反力。如图 1-24（b）所示，地球的引力即重力 G，作用在球心上，垂直向下；绳子的拉力为 T，光滑接触面的法向支持力为 N，两个力的作用线均通过球心。

例 1-4 图 1-25(a)所示为一梁 AB,其自重忽略不计,试画出梁 AB 的受力图。

解 (1) 取梁 AB 作为研究对象。

(2) 去掉约束,画出梁 AB 的简图。

(3) 画出梁 AB 上的主动力和约束反力。如图 1-25(b)所示,A 端为固定铰支座,约束反力用两个正交分力 F_{Ax}、F_{Ay} 表示,指向假定;B 处活动铰支座的约束反力用 F_B 表示,沿支承面的法向,指向假定。

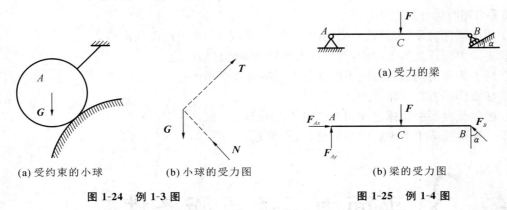

(a) 受约束的小球　　(b) 小球的受力图

图 1-24　例 1-3 图

(a) 受力的梁

(b) 梁的受力图

图 1-25　例 1-4 图

例 1-5 图 1-26(a)所示为两跨梁,试画出该梁整体受力图、CB 部分受力图以及 AC 部分受力图。

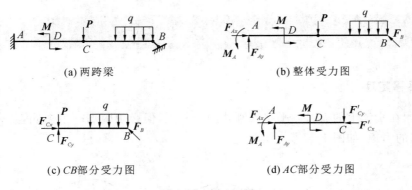

(a) 两跨梁

(b) 整体受力图

(c) CB 部分受力图

(d) AC 部分受力图

图 1-26　例 1-5 图

解 (1) 画整体受力图。

如图 1-26(b)所示,A 处为固定端支座,则支座反力为 F_{Ax}、F_{Ay} 以及 M_A,支座反力的指向以及力偶的转向都是任意预设的;B 处是可动铰支座,则支座反力是沿支承面法向的 F_B,指向任意预设。

(2) 画 CB 部分受力图。

如图 1-26(c)所示,C 处与 AC 部分隔离,B 处保留支座 B,画出 CB 部分的隔离体。照抄荷载 P 和 q;作用在 C 点的力 P,可以理解为作用在 AC 梁的 C 点或 CB 梁的 C 点,这里理解为作用在 CB 梁的 C 点;B 处支座反力照抄图 1-26(b)中的 F_B;C 处是圆柱铰约束,约束反力为 F_{Cx}、

F_{Cy},其指向是任意预设的。

（3）画 AC 部分受力图。

如图 1-26(d)所示,C 处与 CB 部分隔离,A 处保留坐标点 A,画出 AC 部分的隔离体。照抄力偶 M,C 处的力 P 在这里不可重复抄出,A 处支座反力照抄图 1-26(b)中的 F_{Ax}、F_{Ay} 以及 M_A,C 处由图 1-26(c)中的 F_{Cx}、F_{Cy} 按作用力和反作用力的关系在图 1-26(d)中画出 F'_{Cx}、F'_{Cy}。

系统内物体间的相互作用力称为内力,系统外物体对该系统的作用力称为外力,画系统的受力图时,应只画外力,不画内力;但当研究对象变化时,内力可能变为外力。

画受力图时应注意以下几点:

① 明确研究对象,将研究对象周围的约束全部去掉,单独画出其简图;

② 主动力按其真实方向画,约束反力根据约束的性质确定;

③ 同一约束的约束反力在不同受力图上符号方向相同;

④ 注意作用力与反作用力;

⑤ 整体受力图中物体之间相互作用的内力不必画出;

⑥ 一般情况下不考虑物体的重量,不画重力。

任务 3 平面力系的平衡条件

一、平面力系向一点简化的方法

1. 力的平移定理

定理:作用在刚体上的力可以平移到刚体的任一点,但必须附加一个力偶,其力偶矩等于原力对新作用点的力矩,如图 1-27 所示,即

$$M = M_0(\boldsymbol{F}) = \pm Fd \tag{1-8}$$

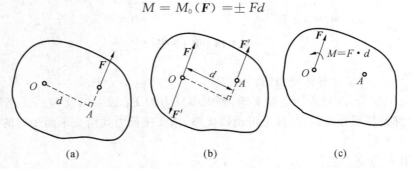

|(a)|(b)|(c)|

图 1-27 力的平移定理

应用力的平移定理可以将一个力分解为一个力和一个力偶,反之,也可以将同一平面内的一个力 F' 和一个力偶矩为 M 的力偶合成为一个合力。

力的平移定理揭示了力对物体作用的两种效应:移动和转动。利用力的平移定理可以分析和解决许多工程实际问题。

2. 平面力系向一点的简化

设在刚体上作用一个平面一般力系 F_1,F_2,$\cdots$,F_n,各力的作用点分别为 A_1,A_2,$\cdots$,A_n,如图 1-28(a)所示。在平面内任意取一点 O,称为简化中心。利用力的平移定理,将各力都向 O 点平移,得到一个汇交于 O 点的平面汇交力系 F'_1,F'_2,$\cdots$,F'_n 和一个附加的平面力偶系 M_{O1},M_{O2},$\cdots$,M_{On},如图 1-28(b)所示。这些附加力偶的力偶矩分别等于原力系中的各力对 O 点之矩,即

$$M_{O1} = M_O(F_1),M_{O2} = M_O(F_2),\cdots,M_{On} = M_O(F_n) \tag{1-9}$$

平面汇交力系 F'_1,F'_2,$\cdots$,F'_n,可以合成一个作用于 O 点的合矢量 F'_R,如图 1-28(c)所示,即

$$F'_R = \sum F' = \sum F \tag{1-10}$$

式中,F'_R——平面一般力系中各力的矢量和,称为该力系的主矢,它的大小和方向与简化中心的选择无关。

平面力偶系 M_{O1},M_{O2},$\cdots$,M_{On} 可以合成为一个力偶,其力偶矩 M_O 为

$$M_O = M_{O1} + M_{O2} + \cdots + M_{On} = \sum M_O(F) \tag{1-11}$$

即 M_O 等于各附加力偶的力偶矩的代数和,也就是等于原力系中各力对简化中心 O 之矩的代数和。M_O 称为该力系对简化中心 O 的主矩,它的大小和转向与简化中心的选择有关。

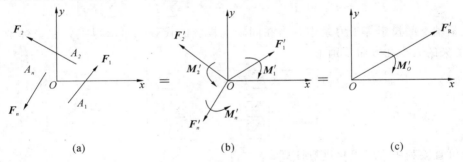

图 1-28 平面力系向一点的简化

3. 力在坐标轴上的投影

在力 F 作用的平面内建立直角坐标系 xOy,如图 1-29 所示。由力 F 的起点 A 和终点 B 分别向坐标轴作垂线,在 x、y 轴上截得的线段长度 ab 和 a_1b_1,冠以适当的正负号,称为 F 在 x、y 轴上的投影,分别用 F_x、F_y 表示,即

$$\left. \begin{array}{l} F_x = \pm ab = \pm F\cos\alpha \\ F_y = \pm a_1b_1 = \pm F\sin\alpha \end{array} \right\} \tag{1-12}$$

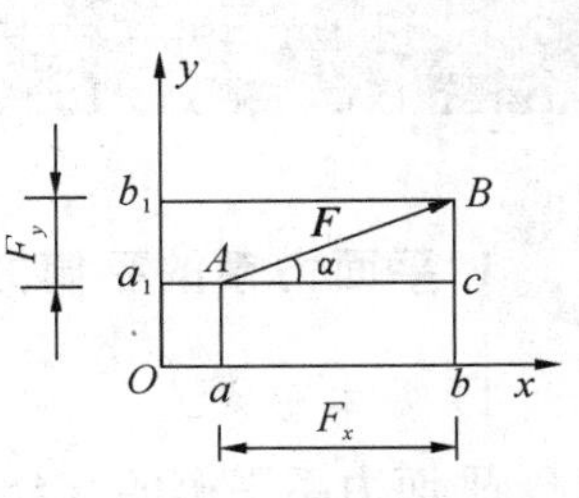

图 1-29 力在坐标轴上的投影

由式(1-12)可知:力在某一坐标轴上的投影,等于力的大小乘以力与该轴所夹锐角的余弦值。投影的正负号规定:力 F 指向与坐标轴正向一致时取正号,相反时取负号。

当力与坐标轴垂直时，力在该轴上的投影为零，由图 1-29 所示的几何关系，可以求出力 $\boldsymbol{F}$ 的大小和方向，即

$$\left.\begin{array}{l} F = \sqrt{F_x^2 + F_y^2} \\ \tan\alpha = \left|\dfrac{F_y}{F_x}\right| \end{array}\right\}\qquad(1\text{-}13)$$

式中，α——力 $\boldsymbol{F}$ 与 x 轴所夹的锐角，$\boldsymbol{F}$ 的指向由投影的正负号确定。

必须注意，力在坐标轴上的投影与力沿两个坐标轴的分力是两个不同的概念：力的投影是代数量，而分力是矢量。只有在直角坐标系中，力的投影和分力大小才相等。

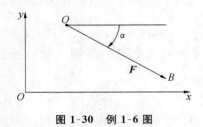

图 1-30　例 1-6 图

例 1-6　如图 1-30 所示，$F=60\ \mathrm{kN}$，与 x 轴的夹角 $\alpha=30°$，试计算力 $\boldsymbol{F}$ 在坐标轴上的投影。

解　$F_x = F\cos\alpha = 60\cos30°\ \mathrm{kN} = 51.96\ \mathrm{kN}$

$F_y = -F\sin\alpha = -60\sin30°\ \mathrm{kN} = -30\ \mathrm{kN}$（负号表示投影与坐标轴 y 的方向相反）

4. 主矢和主矩的计算

设主矢 $\boldsymbol{F}'_R$ 在 x、y 轴上的投影分别为 F'_{Rx}、F'_{Ry}，平面汇交力系中各力 $\boldsymbol{F}'_1,\boldsymbol{F}'_2,\cdots,\boldsymbol{F}'_n$ 在 x、y 轴上的投影分别为 F'_{xi}、$F'_{yi}(i=1,2,\cdots,n)$，则

$$\left.\begin{array}{l} F'_{Rx} = F'_{x1} + F'_{x2} + \cdots + F'_{xn} = \sum F'_x = \sum F_x \\ F'_{Ry} = F'_{y1} + F'_{y2} + \cdots + F'_{yn} = \sum F'_y = \sum F_y \end{array}\right\}\qquad(1\text{-}14)$$

即主矢在某轴上的投影等于力系中各力在同轴上投影的代数和。求得主矢在坐标轴上的投影后，可得主矢的大小和方向分别为

$$F'_R = \sqrt{\left(\sum F'_x\right)^2 + \left(\sum F'_y\right)^2} = \sqrt{\left(\sum F_x\right)^2 + \left(\sum F_y\right)^2}\qquad(1\text{-}15)$$

$$\tan\alpha = \left|\frac{\sum F'_y}{\sum F'_x}\right| = \left|\frac{\sum F_y}{\sum F_x}\right|\qquad(1\text{-}16)$$

主矩可直接利用式（1-11）进行计算。

二、平面力系的平衡条件及应用

1. 平面力系的平衡方程

1）基本形式

平面力系平衡的充分与必要条件是：力系的主矢和对平面内任一点的主矩都等于零。即

$$\left.\begin{array}{l} F'_R = 0 \\ M_O = 0 \end{array}\right\}\qquad(1\text{-}17)$$

因为 $F'_R = \sqrt{\left(\sum F_x\right)^2 + \left(\sum F_y\right)^2}$，$M_O = \sum M_O(F_i)$，所以有

$$\left.\begin{array}{l} \sum F_x = 0 \\ \sum F_y = 0 \\ \sum M_O(F_i) = 0 \end{array}\right\} \qquad (1\text{-}18)$$

式(1-18)称为平面力系的平衡方程的基本形式,又称为一矩式方程,其中前两式称为投影方程,它表示力系中所有力在两个坐标轴上投影的代数和分别等于零;后一式称为力矩方程,它表示力系中所有力对平面内任一点之矩的代数和等于零。

平面力系的平衡方程除了式(1-18)所示的基本形式外,还有其他两种形式。

2)二矩式

由一个投影方程和两个力矩方程组成,其形式为

$$\left.\begin{array}{l} \sum F_x = 0(\text{或} \sum F_y = 0) \\ \sum M_A(F_i) = 0 \\ \sum M_B(F_i) = 0 \end{array}\right\} \qquad (1\text{-}19)$$

式中 A、B 两点的连线不能与 x 轴(或 y 轴)垂直。

3)三矩式

由三个力矩方程组成,其形式为

$$\left.\begin{array}{l} \sum M_A(F_i) = 0 \\ \sum M_B(F_i) = 0 \\ \sum M_C(F_i) = 0 \end{array}\right\} \qquad (1\text{-}20)$$

式中,A、B、C 三点不能在同一直线上。

平面力系有三种不同形式的平衡方程,在解题时可根据具体情况选取其中任意一种形式。平面力系只有三个独立的平衡方程,只能求解三个未知量。任何第四个方程都不会是独立的,但可以利用这个方程来校核计算的结果。

2. 平面力系平衡方程的应用

应用平面力系的平衡方程求解平衡问题的步骤如下:

(1) 选取研究对象。根据已知条件和待求量,选择合适的研究对象。

(2) 画受力图。画出所有作用于研究对象上的外力。

(3) 列平衡方程。选择适当的坐标轴和力矩中心,列出平衡方程。坐标轴应尽量选取与力系中多个未知力平行或垂直,矩心选在两个未知力作用方向的交点上,尽量使一个方程只包含一个未知量,避免解联立方程。

(4) 解方程,求解未知量。

■ **例 1-7**　　如图 1-31(a)所示,梁 AB 上作用有集中力 F 和集中力偶 $M_0 = 3Fa/2$,试求 A、B 处的支座反力。

■ **解**　　(1) 选取研究对象。选梁 AB 作为研究对象。

(2) 画受力图。梁 AB 除了受主动力作用外,在支座 A 处还受约束反力 F_{Ax}、F_{Ay} 作用,在支

座 B 处受约束反力 $\boldsymbol{F}_{By}$ 作用,指向假定,如图 1-31(b)所示。

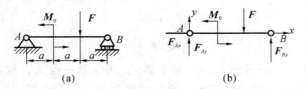

图 1-31 例 1-7 图

(3) 列平衡方程,并求解。

$$\sum F_x = 0 \quad F_{Ax} = 0$$

$$\sum M_A(F_i) = 0 \quad F_{By} \cdot 3a - F \cdot 2a + M_0 = 0$$

解得

$$F_{By} = \frac{2Fa - 3Fa/2}{3a} = \frac{F}{6}$$

$$\sum F_y = 0 \quad F_{Ay} + F_{By} - F = 0$$

解得

$$F_{Ay} = F - F_{By} = \frac{5F}{6}$$

例 1-8 如图 1-32(a)所示,梁 AB 一端是固定端,另一端无约束,梁自重忽略不计,均布荷载 $q=20$ kN/m,集中荷载 $P=100$ kN,作用线与 x 轴的夹角为 $45°$,$l=6$ m,求固定端 A 处的反力。

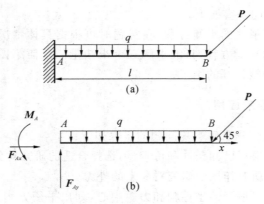

图 1-32 例 1-8 图

解 (1) 选取研究对象。选梁 AB 作为研究对象。

(2) 画受力图。梁 AB 除了受主动力作用外,在固定端 A 处还受约束反力 $\boldsymbol{F}_{Ax}$、$\boldsymbol{F}_{Ay}$ 和约束反力偶 $\boldsymbol{M}_A$ 的作用,指向假定,如图 1-32(b)所示。

(3) 列平衡方程,并求解。

$$\sum F_x = 0 \quad F_{Ax} - P\cos 45° = 0$$

解得

$$F_{Ax} = P\cos45° = 100 \times \frac{\sqrt{2}}{2} \text{ kN} = 70.71 \text{ kN}$$

$$\sum F_y = 0 \quad F_{Ay} - ql - P\sin45° = 0$$

解得

$$F_{Ay} = ql + P\sin45° = \left(20 \times 6 + 100 \times \frac{\sqrt{2}}{2}\right) \text{ kN} = 190.71 \text{ kN}$$

$$\sum M_A(F_i) = 0 \quad M_A - ql\frac{l}{2} - P\sin45° \times l = 0$$

解得

$$M_A = ql\frac{l}{2} + P\sin45° \times l = \left(20 \times 6 \times \frac{6}{2} + 100 \times \frac{\sqrt{2}}{2} \times 6\right) \text{ kN} \cdot \text{m} = 784.26 \text{ kN} \cdot \text{m}$$

3. 平面力系的几种特殊情况

1）平面汇交力系

对于平面汇交力系，式(1-18)中的力矩方程自然满足，因此其平衡方程为

$$\left.\begin{array}{l} \sum F_x = 0 \\ \sum F_y = 0 \end{array}\right\} \tag{1-21}$$

平面汇交力系只有两个独立的平衡方程，只能求解两个未知量。

2）平面力偶系

对于平面力偶系，式(1-18)中的投影方程自然满足，且由于力偶对平面内任一点之矩都相同，故其平衡方程为

$$\sum M = 0 \tag{1-22}$$

平面力偶系只有一个独立的平衡方程，只能求解一个未知量。

3）平面平行力系

若平面力系中各力的作用线全部平行，则该力系称为平面平行力系，如图 1-33 所示。若取 x 轴垂直于各力的作用线，y 轴平行于各力的作用线，显然 $\sum F_x = 0$。因此，平面平行力系的平衡方程为

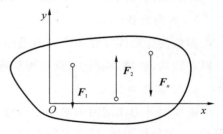

图 1-33 平面平行力系

（1）一矩式方程

$$\left.\begin{array}{l} \sum F_y = 0 \\ \sum M = 0 \end{array}\right\} \tag{1-23}$$

（2）二矩式方程

$$\left.\begin{array}{l} \sum M_A(F_i) = 0 \\ \sum M_B(F_i) = 0 \end{array}\right\} \tag{1-24}$$

式中，A、B 两点连线不能与各力作用线平行。

任务 4 平面杆件结构介绍

一、变形固体的概念及基本假设

1. 变形固体

构件由固体材料制成,在外力的作用下,固体将发生变形,称为变形固体。在进行静力分析和计算时,构件的微小变形对其结果的影响可以忽略不计,因而可将构件视为刚体,但在进行构件的强度、刚度、稳定性计算和分析时,则必须考虑构件的变形。

2. 变形固体的基本假设

工程中所用的材料多种多样,其力学性质也各不相同,为简化计算,对变形固体做如下基本假设:

1) 均匀性假设

即假设固体内部各部分之间的力学性质处处相同。宏观上可以认为固体内的微粒均匀分布,各部分的性质也是均匀的。

2) 连续性假设

即假设组成固体的物质毫无空隙地充满固体的几何空间。

3) 各向同性假设

即假设变形固体在各个方向上的力学性质完全相同。具有这种属性的材料称为各向同性材料。铸铁、玻璃、混凝土、钢材等都可以认为是各向同性材料。

4) 小变形假设

固体因外力作用而引起的变形与原始尺寸相比是微小的,这样的变形称为小变形。由于变形较小,在分析固体,建立平衡方程,计算固体的变形时,都以原始的尺寸进行。

二、杆件变形的基本形式

1. 杆件

杆件是指长度远大于其他两个方向尺寸的构件。垂直于杆件长度方向的截面称为横截面,各横截面形心的连线称为杆的轴线,如图 1-34 所示。

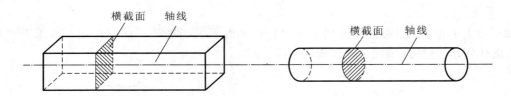

图 1-34　杆件轴线与横截面

杆件按照轴线情况可分为直杆和曲杆,按照横截面是否有变化可分为等截面杆和变截面杆,如图 1-35 所示。

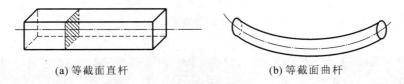

(a) 等截面直杆　　　　　　　　　　(b) 等截面曲杆

图 1-35　杆件类型

2. 杆件变形的基本形式

1) 轴向拉伸和轴向压缩

在杆件轴线上作用一对大小相等、方向相反的外力,杆件变形的显著特点是长度发生改变(伸长或缩短)。轴向受拉的杆件称为拉杆,轴向受压的杆件称为压杆,如图 1-36 所示。

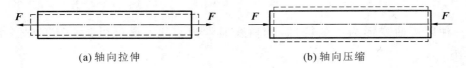

(a) 轴向拉伸　　　　　　　　　　(b) 轴向压缩

图 1-36　轴向拉伸和轴向压缩

2) 剪切

在杆件上作用一对大小相等、方向相反、相距很近的横向力,则杆件变形的显著特点就是相邻横截面沿外力作用方向发生错动,如图 1-37 所示。

3) 扭转

在垂直于杆件轴线的两平面内作用一对大小相等、方向相反的外力偶,则杆件的任意横截面将绕轴线发生相对转动,而轴线仍维持直线,如图 1-38 所示。

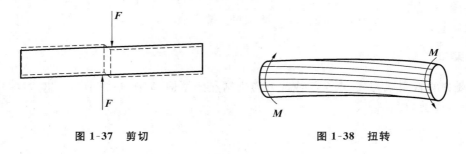

图 1-37　剪切　　　　　　　　　　图 1-38　扭转

4）弯曲

在一对大小相等、方向相反、作用于通过杆件轴线平面内的外力偶的作用下或垂直于轴线的外力的作用下,杆件的轴线由直线变成曲线,如图1-39所示。

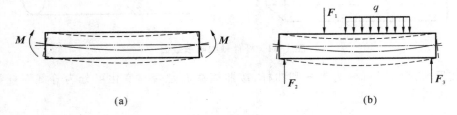

(a)　　　　　　　　　　(b)

图 1-39　弯曲

三、平面杆系结构的基本形式

杆系结构是指由若干杆件所组成的结构,也称为杆件结构。杆系结构可分为平面杆系结构和空间杆系结构。如果组成结构的所有杆件的轴线和作用于结构上的荷载都位于同一平面内,则这种结构称为平面杆系结构;如果组成结构的所有杆件的轴线或作用于结构上的荷载不在同一平面内,则这种结构称为空间杆系结构。

平面杆系结构可分为以下几种形式。

1. 梁

梁是一种以弯曲变形为主的构件,其轴线通常为直线。梁可以是单跨的或多跨的,如图 1-40所示。

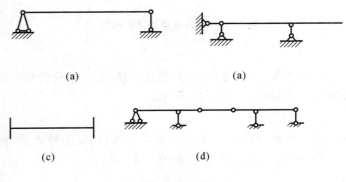

(a)　　　　　　　　　　(a)

(c)　　　　　　　　　(d)

图 1-40　梁

2. 刚架

刚架是由直杆组成,其结点全部或部分为刚结点的结构,如图 1-41 所示。刚架各杆主要承受弯矩,也承受剪力和轴力。

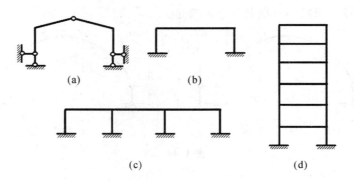

图 1-41 刚架

3. 桁架

桁架是由直杆组成,所有杆件均通过铰结点连接而构成的结构,外力主要作用在各结点上,如图 1-42 所示。在平面结点荷载的作用下,各杆主要产生轴力。

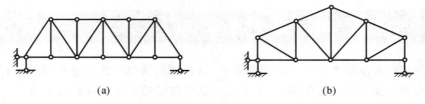

图 1-42 桁架

4. 组合结构

组合结构是由桁架和梁或刚架组合在一起而形成的结构,如图 1-43 所示。组合结构的特点是一部分杆件只承受轴力,而另一部分杆件则同时承受弯矩、剪力和轴力。

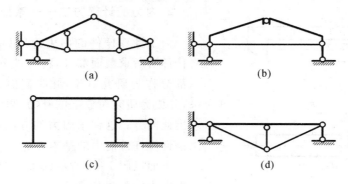

图 1-43 组合结构

5. 拱

拱的轴线多为曲线,如图 1-44 所示。拱的特点是在竖向荷载的作用下能产生水平支座反力,这种水平支座反力可减小拱横截面上的弯矩。

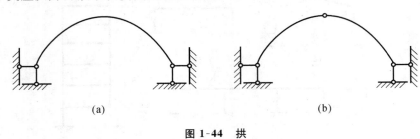

(a)   (b)

图 1-44 拱

任务 5 静定结构内力分析

一、轴向拉(压)杆的内力计算

轴向拉伸和轴向压缩是材料力学中最简单、最基本的变形形式。轴向拉(压)杆的受力特点是杆件在轴线方向受到外力的作用,其变形特点是杆件沿轴线方向伸长或缩短。

1. 内力的概念

当杆件受到外力作用后,整个杆件会产生小变形,杆件内相连两部分之间的作用力也会发生改变,这一改变量称为内力。外力越大,内力就越大,同时变形也越大,当内力达到某一限度时,杆件就会破坏。内力与杆件的强度、刚度等有密切的联系。

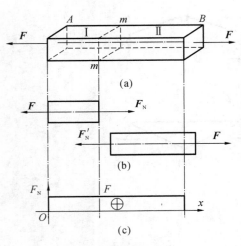

图 1-45 截面法求内力

2. 内力的计算方法——截面法

为了计算杆件的内力,可以用一个假想的平面将杆件沿所求截面截开,将杆件分为两部分,取其中一部分作为研究对象,此时截面上的内力就显示出来,并成为研究对象上的外力,再利用静力平衡条件求出此内力。这种求内力的方法称为截面法。截面法是计算杆件内力的基本方法。

下面以图 1-45 所示的轴向拉杆为例,介绍截面法求内力的具体步骤。

1)显示内力

用假想的截面在 m—m 截面处将杆件截开,把杆件分为两部分,取任一部分作为研究对象,画受力图。

画左段的受力图时,除了已知的主动力 **F** 外,在截开处还有右段对它作用的内力,此时已经显示出来。这一内力连续分布于截面上,其大小和方向都是未知的。在这里,只画内力的合力 F_N 即可。同理也可画出右段的受力图,如图 1-45(b)所示。

2)确定内力

利用平衡条件,求出所求内力。

由 $\sum x = 0$ 可得

$$F_N - F = 0$$

解得

$$F_N = F$$

3. 轴向拉(压)杆的内力——轴力

轴向拉(压)杆的内力的作用线与杆的轴线重合,称为轴力,用符号 F_N 表示,单位为 N 或 kN。沿着截面的法线背离截面的轴力,称为拉力;反之,称为压力。轴力的正负号规定:轴向受拉为正,轴向受压为负。

4. 轴力图

表明各横截面的轴力沿杆长变化规律的图形称为轴力图。以平行于杆轴线的坐标 x 表示横截面的位置,以垂直于杆轴线的坐标 F_N 表示轴力的数值,将各截面的轴力按一定比例画在坐标系上,并连以直线,就得到轴力图。轴力图可以直观地表示轴力变化的规律,以及最大轴力的数值、位置等。注意:一般正轴力画在上侧,负轴力画在下侧,并标明正负。

例 1-9　如图 1-46(a)所示,试画出杆件的轴力图。

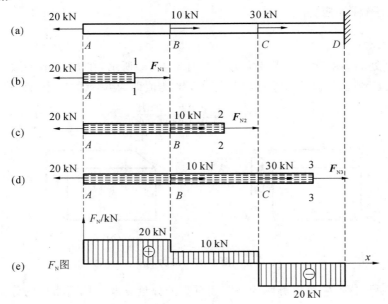

图 1-46　例 1-9 图

解 （1）计算各杆段的轴力。

在假设截面轴力指向时，一律假设杆先受拉（正号）。如果计算结果为正，表示实际指向与假设指向相同，即内力为拉力，反之为压力。

AB 段：在 AB 杆任意处，用 1—1 截面将杆截开，取左段为研究对象，画出其受力图，如图 1-46（b）所示，列平衡方程，即

$$\sum x = 0 \quad -20 + F_{N1} = 0$$

解得

$$F_{N1} = 20 \text{ kN}$$

BC 段：在 BC 杆任意处，用 2—2 截面将杆截开，取左段为研究对象，画出其受力图，如图 1-46（c）所示，列平衡方程，即

$$\sum x = 0 \quad -20 + 10 + F_{N2} = 0$$

解得

$$F_{N2} = 10 \text{ kN}$$

CD 段：在 CD 杆任意处，用 3—3 截面将杆截开，取左段为研究对象，画出其受力图，如图 1-46（d）所示，列平衡方程，即

$$\sum x = 0 \quad -20 + 10 + 30 + F_{N3} = 0$$

解得

$$F_{N3} = -20 \text{ kN}$$

（2）画轴力图。

建立坐标系，按一定比例画出各段的轴力值，画出的轴力图如图 1-46（e）所示。

5. 轴向拉（压）杆的应力

1）应力的概念

内力在一点处的集度称为该点的应力。如图 1-47（a）所示，在 K 点取一微小面积 ΔA，其上内力的合力为 ΔF，当 ΔA 趋近于零时，ΔF 与 ΔA 的比值即为 K 点的应力，即

$$p = \lim_{\Delta A \to 0} \frac{\Delta F}{\Delta A} = \frac{\mathrm{d}F}{\mathrm{d}A} \tag{1-25}$$

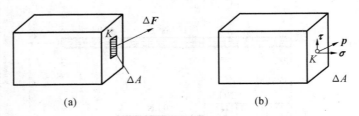

(a)　　　　　　　　　　(b)

图 1-47　应力

应力 p 是一个矢量，它可以分解为与截面垂直的分量 σ 和与截面相切的分量 τ，σ 称为正应力，τ 称为切应力。应力的单位为帕，记作 Pa，即 $1 \text{ N/m}^2 = 1 \text{ Pa}$。

常用工程单位计算：$1 \text{ N/mm}^2 = 1 \text{ MPa} = 10^6 \text{ Pa}$。

2）轴向拉（压）杆横截面上的正应力

轴向拉（压）杆横截面的内力为轴力，其方向与横截面垂直，由此可知，轴向拉（压）杆横截面上只有正应力，没有剪应力。因轴向拉（压）杆横截面上的内力是均匀分布的，也就是说横截面上各点的正应力相等，即

$$\sigma = \pm \frac{F_N}{A} \tag{1-26}$$

式中，A——轴向拉（压）杆横截面的面积。

正应力的正负号规定：拉应力为正，压应力为负。

例 1-10　图 1-48(a)所示为一杆件，AC 段横截面面积 $A_{AC} = 300 \text{ mm}^2$，$CD$ 段横截面面积 $A_{CD} = 400 \text{ mm}^2$，试画出其轴力图，并求各段横截面上的正应力。

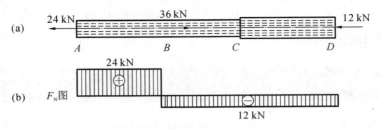

图 1-48　例 1-10 图

解　（1）计算各段轴力。

用截面法计算 AB 段、BC 段、CD 段的轴力，其值分别为

$$F_{NAB} = 24 \text{ kN}, \quad F_{NBC} = -12 \text{ kN}, \quad F_{NCD} = -12 \text{ kN}$$

（2）画轴力图。

轴力图如图 1-48(b)所示。

（3）计算各段横截面上的正应力。

AB 段：

$$\sigma_{AB} = \frac{F_{NAB}}{A_{AC}} = \frac{24 \times 10^3}{300} \text{ MPa} = 80 \text{ MPa}$$

BC 段：

$$\sigma_{BC} = \frac{F_{NBC}}{A_{AC}} = \frac{-12 \times 10^3}{300} \text{ MPa} = -40 \text{ MPa}$$

CD 段：

$$\sigma_{CD} = \frac{F_{NCD}}{A_{CD}} = \frac{-12 \times 10^3}{400} \text{ MPa} = -30 \text{ MPa}$$

6. 轴向拉（压）杆的变形及胡克定律

1）线应变

杆件在轴向拉力或压力的作用下沿杆轴线方向会伸长或缩短，这种变形称为纵向变形；同时，杆的横向尺寸将减小或增大，这种变形称为横向变形。设杆件变形前的长度为 l，变形后的长度为 l_1，其纵向变形

$$\Delta l = l_1 - l \tag{1-27}$$

为避免杆件长度的影响，用单位长度的变形量反映变形的程度，称为线应变，用符号 ε 表示，即

$$\varepsilon = \Delta l / l = (l_1 - l)/l \tag{1-28}$$

2）胡克定律

实验表明，应力和应变之间存在着一定的物理关系。在一定条件下，应力和应变成正比，这就是胡克定律，其表达式为

$$\sigma = E\varepsilon \tag{1-29}$$

式中，E——材料的弹性模量。

7. 轴向拉（压）杆的强度

轴向拉（压）杆在工作时由荷载引起的应力，称为工作应力。为保证轴向拉（压）杆的安全，杆内最大工作应力不得超过材料的许用应力，即

$$\sigma_{\max} = \frac{F_{N}}{A} \leqslant [\sigma] \tag{1-30}$$

式中，$[\sigma]$——材料的许用应力。

二、单跨静定梁的内力计算

房屋建筑中的楼面梁、阳台挑梁等，受到楼面荷载和梁自重的作用，将会发生弯曲变形，如图 1-49 所示。

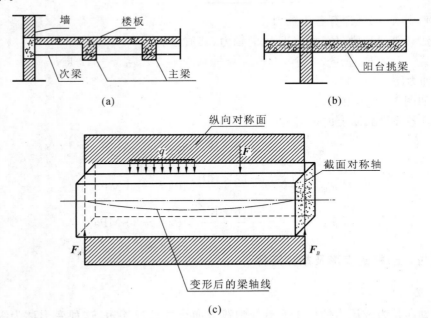

图 1-49　梁的弯曲变形

工程中常见的梁，其截面大多为矩形、工字形、T 形、槽形等，它们都至少有一根对称轴，如图 1-50 所示。

梁横截面的对称轴与梁轴线所组成的平面称为纵向对称平面。如果作用于梁上的外力（包

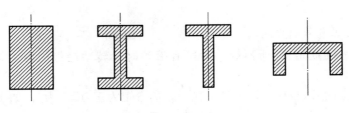

图 1-50　梁的截面形式

括荷载和支座反力)全部都在梁的纵向对称平面内,则梁变形后的轴线也在该平面内,这种力的作用平面与梁变形的平面相重合的弯曲称为平面弯曲。平面弯曲是一种最简单、最常见的弯曲变形。

本节主要讨论等截面单跨梁的内力计算。

1. 截面法计算梁的内力

1) 弯矩和剪力

图 1-51(a)所示为简支梁,荷载 F 和支座反力 F_A、F_B 是作用在梁的纵向对称平面内的平衡力系。先用截面法计算截面 C 上的内力。

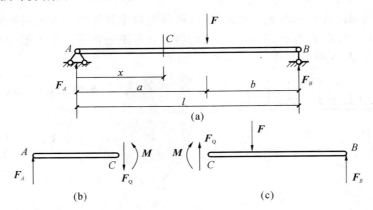

图 1-51　梁的剪力和弯矩

(1) 利用平衡条件求出支座反力 F_A、F_B。

(2) 用一个假想的平面将梁从截面 C 处截开,截断的两段梁都处于平衡状态。

(3) 取左段梁作为研究对象。在左段梁上有向上的支座反力 F_A,根据平衡条件,在截开的截面 C 上必定存在与 F_A 保持竖向平衡的内力。这一内力与截面相切,称为剪力,用符号 F_Q 表示。F_Q 可通过竖向投影方程求得,显然 $F_Q = F_A$,如图 1-51(b)。

在左段梁上只有剪力 F_Q 还不能使左段梁平衡,F_Q 与 F_A 形成的力偶(力偶矩为 $F_A \cdot x$)使左段梁有沿顺时针转动的趋势,因此可推断,在截开的截面 C 上必定存在一个内力偶矩,与力偶矩 $F_A \cdot x$ 平衡,这一内力偶矩称为弯矩,用符号 M 表示。弯矩 M 可通过力矩平衡方程求得。显然,该例中 $M = F_A \cdot x$,如图 1-51(b)所示。

(4) 如果取右段梁作为研究对象,也可以得出一样的结论。

由以上分析可知,平面弯曲梁的横截面上有两个内力——剪力 F_Q 和弯矩 M,它们都可以通过平衡方程求得。

2）剪力和弯矩正负号的规定

（1）剪力正负号的规定：使所研究的梁段有沿顺时针转动趋势的剪力为正，反之为负，如图1-52(a)所示。

（2）弯矩正负号的规定：使梁段产生下侧受拉的弯矩为正，反之为负，如图1-52(b)所示。

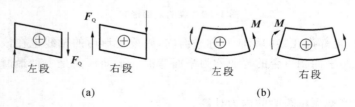

左段　右段　左段　右段

(a)　(b)

图 1-52　剪力和弯矩的正负号规定

2. 用截面法计算指定截面上的剪力和弯矩

用截面法求指定截面上的剪力和弯矩的步骤如下：

（1）计算支座反力（悬臂梁可不求）。

（2）用假想的截面将梁从所求内力处截开，取外力较少的简单一侧为研究对象。

（3）画出研究对象的受力图（截面上所求的剪力和弯矩通常都假定为正向）。

（4）列平衡方程，求剪力和弯矩。

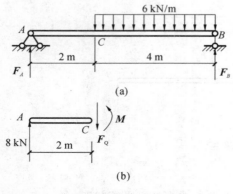

(a)

(b)

图 1-53　例 1-11 图

例 1-11　某简支梁如图 1-53(a)所示，求截面 C 处的剪力和弯矩。

解　（1）求支座反力。

列平衡方程，得

$$\sum M_A = 0 \quad -6 \times 4 \times 4 + 6 F_B = 0$$

$$\sum F_y = 0 \quad F_A - 6 \times 4 + F_B = 0$$

解得

$$F_A = 8 \text{ kN}, \quad F_B = 16 \text{ kN}$$

（2）将梁在截面 C 处截开，取左段梁为研究对象。

（3）画受力图，如图 1-53(b)所示，F_Q、M 都假定为正方向。

（4）列平衡方程，求剪力和弯矩。

$$\sum F_y = 0 \quad 8 - F_Q = 0$$

$$\sum M_C = 0 \quad M - 8 \times 2 = 0$$

解得

$$F_Q = 8 \text{ kN}, \quad M = 16 \text{ kN} \cdot \text{m}$$

3. 用剪力方程和弯矩方程绘制剪力图和弯矩图

为计算梁的强度和刚度,除了要计算指定截面的剪力和弯矩外,还需知道剪力和弯矩沿梁轴线的变化规律,从而找到梁内剪力和弯矩的最大值及它们所处的位置,这一目标可以通过作梁的剪力图和弯矩图来实现。

1) 剪力方程和弯矩方程

梁横截面上的剪力和弯矩一般随横截面的位置而变化。若横截面的位置用沿梁轴线的坐标 x 表示,则梁各横截面上的剪力和弯矩都可以表示为 x 的函数,即

$$F_Q = F_Q(x) \qquad\qquad (1-31)$$

$$M = M(x) \qquad\qquad (1-32)$$

以上两个函数表达式反映了剪力和弯矩沿梁轴线的变化规律,称为剪力方程和弯矩方程。

2) 剪力图和弯矩图

为了形象地表示剪力和弯矩沿梁轴线的变化规律,可根据剪力方程和弯矩方程分别绘制剪力图和弯矩图。绘图时,x 轴与梁轴线平行,表示梁横截面的位置;纵轴表示横截面上的剪力或弯矩的数值。在土建工程中,习惯上正的剪力画在 x 轴上方,负的剪力画在 x 轴下方,并标明正负;而把弯矩图画在梁的受拉一侧,即正弯矩画在 x 轴下方,负弯矩画在 x 轴上方。

3) 列方程作剪力图和弯矩图的步骤

(1) 求支座反力(悬臂梁可不求)。

(2) 判断是否分段,列剪力方程和弯矩方程,指明各段 x 的取值范围。

(3) 绘制剪力图和弯矩图。

例 1-12 如图 1-54(a)所示,简支梁受集中力作用,试画出梁的剪力图和弯矩图。

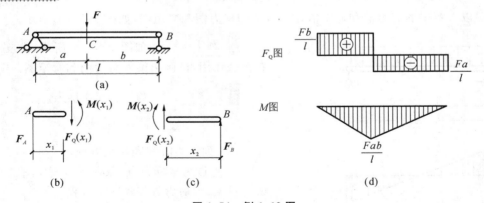

图 1-54 例 1-12 图

解 (1) 求支座反力。

$$F_A = \frac{Fb}{l} \qquad F_B = \frac{Fa}{l}$$

(2) 列剪力方程和弯矩方程。

因 AC、CB 两段梁的剪力方程和弯矩方程不同,所以需分段考虑。x_1、x_2 分别表示 AC 段、CB 段上的任意截面,如图 1-54(b)、图 1-54(c)所示。

AC 段：

$$F_Q(x_1) = F_A = \frac{Fb}{l} \quad (0 < x_1 < a)$$

$$M(x_1) = F_A x_1 = \frac{Fb}{l} x_1 \quad (0 \leqslant x_1 \leqslant a)$$

CB 段：

$$F_Q(x_2) = -F_B = -\frac{Fa}{l} \quad (0 < x_1 < b)$$

$$M(x_2) = F_B x_2 = \frac{Fa}{l} x_2 \quad (0 \leqslant x_1 \leqslant b)$$

（3）画剪力图和弯矩图。

属于哪一段的截面，就用哪一段的方程算值。应注意，在集中力 **F** 作用的 C 截面处，F_{QC}无定值，故必须分别计算 F_{QCA} 和 F_{QCB}，而 $M_C = M_{CA} = M_{CB}$，故只需计算 M_C，并可用任一段的方程计算。

剪力值：

$$F_{QAC} = F_{QCA} = \frac{Fb}{l}$$

$$F_{QCB} = F_{QBC} = -\frac{Fa}{l}$$

弯矩值：

$$M_{AC} = 0$$

$$M_C = \frac{Fab}{l}$$

$$M_{BC} = 0$$

按照以上算得的剪力值和弯矩值作出该梁的剪力图和弯矩图，如图 1-54(d)所示。

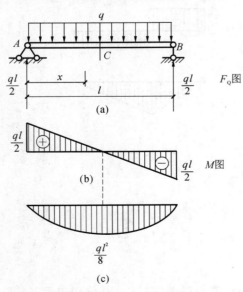

图 1-55　例 1-13 图

例 1-13　如图 1-55(a)所示，简支梁受均布荷载作用，试画出梁的剪力图和弯矩图。

解　（1）求支座反力。

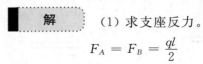

$$F_A = F_B = \frac{ql}{2}$$

（2）列剪力方程和弯矩方程。

以 A 点为坐标原点，取任意截面 x，取左段梁为研究对象，则剪力方程和弯矩方程为

$$F_Q(x) = F_A - qx = \frac{ql}{2} - qx \,(0 < x < l)$$

$$M(x) = F_A x - \frac{qx^2}{2} = \frac{qlx}{2} - \frac{qx^2}{2} \,(0 < x < l)$$

（3）画剪力图和弯矩图。

该梁的剪力方程是一次方程，图形是直线，因此只需求出两个点即可作图；而弯矩方程是二次方程，

图形是抛物线,因此必须求出三个点才能作图。计算如下:

当 $x \to 0$ 时,$F_{QA} = \dfrac{ql}{2}$;

当 $x \to l$ 时,$F_{QB} = -\dfrac{ql}{2}$;

当 $x \to 0$ 时,$M_{AB} = 0$;

当 $x \to l$ 时,$M_{BA} = \dfrac{ql^2}{2} - \dfrac{ql^2}{2} = 0$;

当 $x = l/2$ 时,$M_{中} = \dfrac{ql}{2} \cdot \dfrac{l}{2} - \dfrac{q}{2}(\dfrac{l}{2})^2 = \dfrac{ql^2}{8}$(下部受拉)。

按照以上算得的剪力值和弯矩值,作出剪力图和弯矩图,如图 1-55(b)、图 1-55(c)所示。

例 1-14 如图 1-56(a)所示,悬臂梁受集中力作用,试画出梁的剪力图和弯矩图。

解 (1)以 A 点为坐标原点,取任意 x 截面,该截面以左的受力图如图 1-56(b)所示。若将该截面以右作为研究对象,则需先求支座反力。

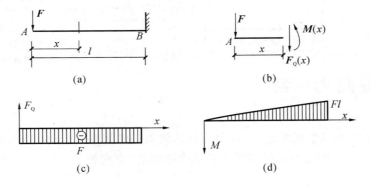

图 1-56　例 1-14 图

(2)列剪力方程和弯矩方程。

$$F_Q(x) = -F \quad (0 < x < l)$$
$$M(x) = -Fx \quad (0 < x < l)$$

(3)画剪力图和弯矩图。

由剪力方程和弯矩方程可知

$$F_{QA} = F_{QB} = -F$$
$$M_{AB} = 0$$
$$M_{BA} = -Fl$$

按照以上算得的剪力值和弯矩值作出该梁的剪力图和弯矩图,如图 1-56(c)、图 1-56(d)所示。

模块导图

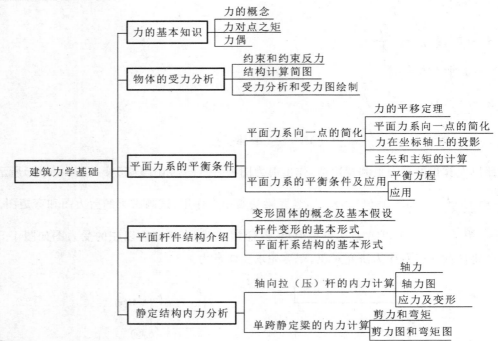

 职业能力训练

一、判断题

1.力是物体之间相互的机械运动,这种运动的效果是使物体的运动状态发生改变。( )

2.两个物体之间的作用力和反作用力总是大小相等、方向相反、沿同一直线,并分别作用在两个物体上。( )

3.若物体相对于地面保持静止或匀速直线运动状态,则物体处于不平衡状态。( )

4.在平面力系中,各力的作用线都汇交于一点的力系,称为平面平行力系。( )

5.力的分解即为力的投影。( )

6.力偶在坐标轴上没有投影。( )

7.力偶可以用一个合力来平衡。( )

8.力偶的作用效果可能产生转动,也可能产生移动。( )

9.以轴线变形为主要特征的变形称为弯曲变形。( )

10.变形固体的基本假设是为了使计算简化,同时又不影响计算和分析结果。( )

二、单项选择题

1.轴力杆如图 1-57 所示,其中最小的拉力为( )。

A.12 kN

B.7 kN

C.8 kN

D.13 kN

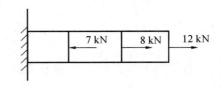

图 1-57　题 1 图

2. 杆 *ABC* 如图 1-58 所示,其正确的受力图为(　　)。

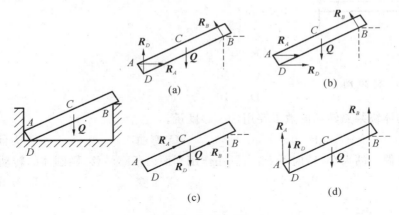

图 1-58　题 2 图

A. 图(a)　　　　　　B. 图(b)　　　　　　C. 图(c)　　　　　　D. 图(d)

3. 由绳索、链条、胶带等柔体构成的约束称为(　　)。

A. 链杆约束　　　　　B. 固定端约束　　　　C. 光滑面约束　　　　D. 柔体约束

4. 光滑面对物体的约束反力作用在接触点处,其方向沿接触面的公法线(　　)。

A. 指向受力物体,为压力　　　　　　　　　B. 指向受力物体,为拉力

C. 背离受力物体,为拉力　　　　　　　　　D. 背离受力物体,为压力

5. 固定端支座不仅可以限制物体的(　　),还能限制物体的(　　)。

A. 移动,活动　　　　B. 转动,活动　　　　C. 运动,移动　　　　D. 移动,转动

6. 如图 1-59 所示,结构中 *BC* 杆和 *AC* 杆属于(　　)。

A. 压杆,拉杆

B. 压杆,压杆

C. 拉杆,压杆

D. 拉杆,拉杆

7. 一力 **F** 的大小为 40 kN,其在 x 轴上的分力大小为 20 kN,力 **F** 与 x 轴的夹角应为(　　)。

A. 60°　　　　　　　B. 30°　　　　　　　C. 90°　　　　　　　D. 无法确定

8. 两个大小为 6 N、8 N 的力合成一个力时,此合力最大值为(　　)。

A. 6 N　　　　　　　B. 8 N　　　　　　　C. 10 N　　　　　　　D. 14 N

9. 力偶对物体的作用效应取决于(　　)。

A. 力偶矩的大小

B. 力偶的转向

C. 力偶的作用平面

D. 力偶矩的大小、力偶的转向和力偶的作用平面

10. 力矩的单位是(　　)。

A. kN　　　　　　　B. kN·m　　　　　　　C. kN/m　　　　　　　D. N

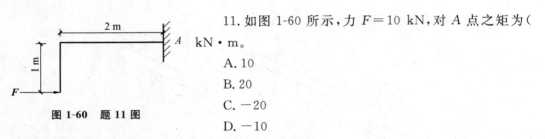

图 1-60　题 11 图

11. 如图 1-60 所示，力 $F=10$ kN，对 A 点之矩为（　　）kN·m。

A. 10

B. 20

C. −20

D. −10

12. 力使物体绕某点转动的效果要用（　　）度量。

A. 力矩　　　　　　B. 力　　　　　　C. 弯曲　　　　　　D. 力偶

13. 保持力偶矩的大小、转向不变，力偶在作用平面内任意转移，则刚体的转动效应（　　）。

A. 变大　　　　　　B. 变小　　　　　　C. 不变　　　　　　D. 变化，但不确定变大还是变小

14. 平行于横截面的竖向外力称为（　　），此力是梁横截面上的切向分布内力的合力。

A. 拉力　　　　　　B. 压力　　　　　　C. 剪力　　　　　　D. 弯矩

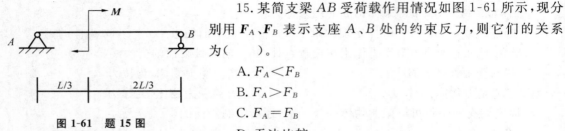

图 1-61　题 15 图

15. 某简支梁 AB 受荷载作用情况如图 1-61 所示，现分别用 F_A、F_B 表示支座 A、B 处的约束反力，则它们的关系为（　　）。

A. $F_A < F_B$

B. $F_A > F_B$

C. $F_A = F_B$

D. 无法比较

16. 常用的应力单位是兆帕，1 MPa＝（　　）。

A. 10^3 N/m² 　　　B. 10^6 N/m² 　　　C. 10^9 N/m² 　　　D. 10^{12} N/m²

17. 物体受一个力系作用，此时只能（　　）不会改变原力系对物体的外效应。

A. 加上由两个力组成的力系　　　　　B. 去掉由两个力组成的力系

C. 加上或去掉由两个力组成的力系　　D. 加上或去掉另一平衡力系

18. 平面汇交力系的平衡条件是（　　）。

A. $\sum F_x = 0$

B. $\sum F_y = 0$

C. $\sum F_x = 0$ 和 $\sum F_y = 0$

D. 都不正确

19. 假设固体内部各部分之间的力系性质处处相同，为（　　）。

A. 均匀性假设　　　B. 连续性假设　　　C. 各向同性假设　　　D. 小变形假设

20. 某杆的受力形式如图 1-62 所示，该杆件的基本受力形式为（　　）。

A. 拉伸

B. 剪切

C. 扭转

D. 弯曲

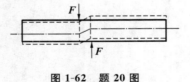

图 1-62　题 20 图

21.拉(压)胡克定律的表达式为(　　)。

A.$\sigma=\dfrac{F_N}{A}$ 　　　　B.$\sigma=E\varepsilon$ 　　　　C.$\left|\dfrac{\varepsilon'}{\varepsilon}\right|=\mu$ 　　　　D.$\varepsilon=\dfrac{\Delta l}{l}$

22.阶梯形杆 AC 如图 1-63 所示,设 AB 段、BC 段的轴
力分别为 F_{N1}、F_{N2},应力分别为 σ_1、σ_2,则(　　)。

A.$F_{N1}=F_{N2}$

B.$\sigma_1=\sigma_2$

C.$F_{N1}\neq F_{N2}$

D.$\sigma_1\neq\sigma_2$

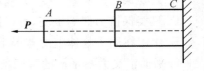

图 1-63　题 22 图

三、多项选择题

1.两物体间的作用力和反作用力总是(　　)。

A.大小相等　　　　　　　　　　　B.方向相同

C.沿同一直线分别作用在两个物体上　　D.作用在同一物体上

E.方向相反　　　　　　　　　　　F.大小不相等

2.对力的基本概念的表述正确的是(　　)。

A.力总是成对出现,分为作用力和反作用力

B.力只有大小,没有方向

C.根据力的可传性原理,力的大小、方向不变,作用点发生改变,力对刚体的作用效应不变

D.力的三要素中,力的任一要素发生改变时,都会对物体产生不同的效果

E.在国际单位制中,力的单位是牛顿或千牛顿

3.下列关于平面汇交力系的说法正确的是(　　)。

A.各力的作用线在平面内交于一点的力系,称为平面汇交力系

B.力在 x 轴上投影的绝对值$|F_x|=\pm F\sin\alpha$

C.力在 y 轴上投影的绝对值$|F_y|=F\cos\alpha$

D.合力在任意轴上的投影等于各分力在同一轴上投影的代数和

E.力的分解即为力的投影

4.合力与分力之间的关系说法正确的是(　　)。

A.合力一定比分力大

B.两个分力夹角越小,合力越大

C.合力不一定比分力大

D.两个分力夹角(锐角范围内)越大,合力越小

E 分力方向相同时合力最大

5.力偶的特性是(　　)。

A.两个力的大小相等　　　　　　　B.两个力的方向相反

C.两个力的大小不等　　　　　　　D.两个力的方向相同

E 两个力的作用线平行

6.有关力偶的性质叙述不正确的是( )。

A.力偶对任意点取矩都等于力偶矩,不因矩心的改变而改变

B.力偶有合力,力偶可以用一个合力来平衡

C.只要保持力偶矩不变,力偶可在其作用面内任意移动,对刚体的作用效应不变

D.只要保持力偶矩不变,可以同时改变力偶中力的大小与力臂的长短

E.作用在同一物体上的若干个力偶组成一个力偶系

7.平面汇交力系平衡的解析条件是( )。

A. $\sum F_x = 0$ B. $\sum F_y = 0$ C. $\sum F_0 = 0$

D. $\sum M_x = 0$ E. $\sum M_y = 0$

8.平面一般力系的平衡条件是力系的( )均等于零。

A.力矩   B.力偶   C.投影

D.主矩   E.主矢

9.变形固体的基本假设主要有( )。

A.均匀性假设   B.连续性假设   C.各向同性假设

D.小变形假设   E.各向异性假设

10.下列结论不正确的是( )。

A.杆件某截面上的内力是该截面上应力的代数和

B.杆件某截面上的应力是该截面上内力的平均值

C.应力是内力的集度

D.内力必大于应力

E.垂直于截面的力称为正应力

11.横截面面积相等、材料不同的两等截面直杆,承受相同的轴向拉力,则两杆的( )。

A.轴力相同   B.横截面上的正应力相同

C.轴力不同   D.横截面上的正应力不同

E.线应变相同

12.对于在弹性范围内受力的拉(压)杆,以下说法中正确的是( )。

A.长度相同、受力相同的杆件,抗拉(压)刚度越大,轴向变形越大

B.材料相同的杆件,正应力越大,轴向正应变也越大

C.杆件受力相同,横截面面积相同,但性质不同,其横截面上的轴力相等

D.正应力是由杆件所受外力而引起的,故只要所受外力相同,正应力也相同

E.质地相同的杆件,应力越大,应变也越大

四、计算题

1.试求图 1-64 中力 F 对 O 点的力矩。

2.画出图 1-65 中 C 点处的约束反力。

3.画出图 1-66 所示的结构中指定构件的受力图。

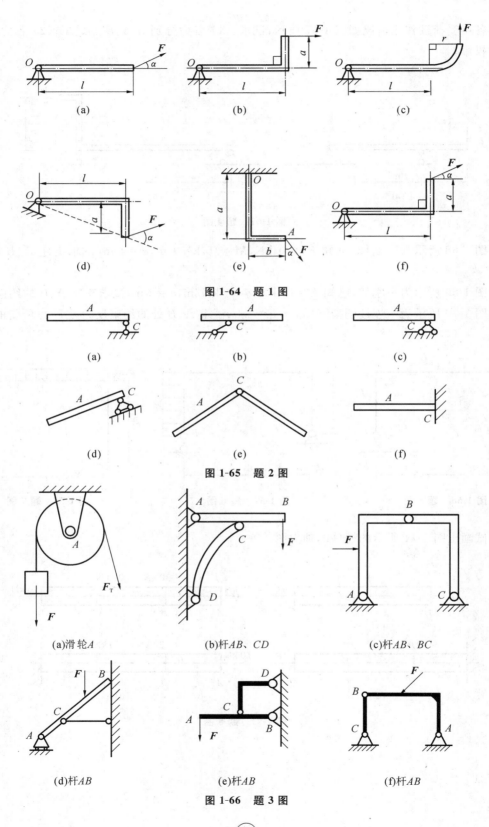

图 1-64　题 1 图

图 1-65　题 2 图

(a)滑轮A　　　(b)杆AB、CD　　　(c)杆AB、BC

(d)杆AB　　　(e)杆AB　　　(f)杆AB

图 1-66　题 3 图

4.各梁受荷载作用情况如图 1-67 所示,试求:(1) 各力分别对 A、B 点之矩;(2) 各力在 x、y 轴上的投影。

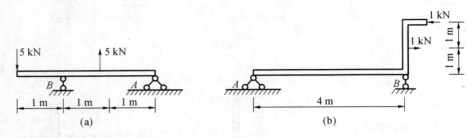

图 1-67　题 4 图

5.图 1-68 所示为一刚架,已知 $F=20$ kN,$M=15$ kN·m,$a=4$ m,试求支座 A、B 的约束反力。

6.图 1-69 所示为一刚架,已知 $F=10$ kN,$q=4$ kN/m,$a=2$ m,试求支座 A、B 的约束反力。

7.图 1-70 所示为一连续刚架,已知 q,$F=2qa$,试求 A、B 处的约束反力及 D 点所受的力。

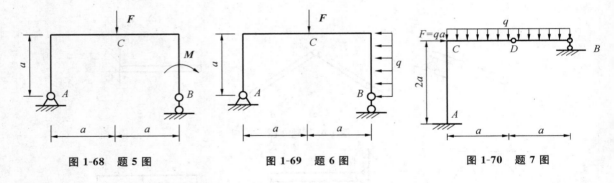

图 1-68　题 5 图　　　　图 1-69　题 6 图　　　　图 1-70　题 7 图

8.试画出图 1-71 所示的杆件的轴力图。

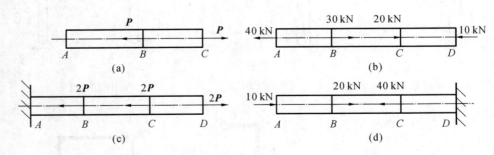

图 1-71　题 8 图

9.计算图 1-72 中指定截面上的剪力和弯矩。

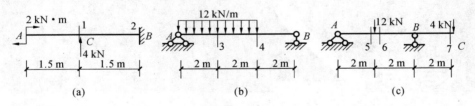

图 1-72　题 9 图

10.利用内力方程作图 1-73 所示的各梁的剪力图和弯矩图。

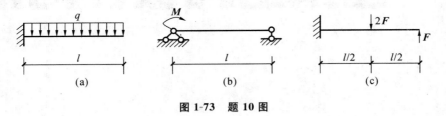

图 1-73　题 10 图

建筑结构设计方法

知识目标

(1) 掌握结构上的作用、作用效用、结构抗力等的概念；

(2) 掌握结构的功能要求、承载能力极限状态和正常使用极限状态的设计表达式及各符号的含义；

(3) 了解地震相关知识，掌握抗震设防的基本概念和设防内容等。

能力目标

(1) 能区分荷载的类型和荷载的代表值；

(2) 能进行简单的荷载效应组合；

(3) 能确定结构的抗震等级。

任务 1 荷载效应和结构抗力

一、结构上的作用

1. 基本概念

结构上的作用是指施加在结构上的集中或分布荷载以及引起结构外加变形或约束变形的原因。前者以力的形式作用于结构上,称为直接作用,习惯上称为荷载,如结构自重、楼面上的人群、屋面的雪荷载等;后者以变形的形式作用于结构上,称为间接作用,如地震、地基沉降、混凝土收缩及温度等。

2. 荷载的分类

1) 按荷载随时间的变异性分类

(1) 永久荷载。

永久荷载又称为恒荷载,是指在结构设计使用期间,其值不随时间变化,或其变化与平均值相比可以忽略不计的荷载,如结构自重、土压力、预应力等。

(2) 可变荷载。

可变荷载又称为活荷载,是指在结构使用期间,其值随时间发生变化,且变化的程度与平均值相比不可忽略的荷载,如安装荷载、楼面上的人群、家具等产生的活荷载,风荷载,雪荷载,还有吊车荷载以及温度变化等。

(3) 偶然荷载。

偶然荷载是指在结构使用期间不一定出现,而一旦出现,其值很大,且持续的时间也较短的荷载,如地震、爆炸以及撞击等。

2) 按荷载的作用范围分类

(1) 集中荷载。

集中荷载是指荷载的作用面积与结构尺寸相比很小,可将其简化为作用于一点的荷载,单位是 kN 或 N。如梁传给柱子的力、次梁传给主梁的力,都可以看作是集中荷载。

(2) 分布荷载。

分布荷载是指荷载连续地分布在整个结构或结构某一部分上。分布荷载包括体荷载、面荷载、线荷载。体荷载是指分布在物体的体积内的荷载,单位是 N/mm^3 或 kN/m^3。面荷载是指分布在物体表面的荷载,单位是 N/mm^2 或 kN/m^2。线荷载是指将面荷载、体荷载简化成连续分布在一段长度上的荷载,单位是 N/mm 或 kN/m。

3. 荷载的代表值

荷载是随机变量,任何一种荷载的大小都具有不同程度的变异性。因此,进行建筑结构设计时,对于不同的荷载和不同的设计情况,应采用不同的代表值。荷载代表值是设计中用以验算极限状态所采用的荷载量值,包括标准值、组合值、频遇值和准永久值。

1) 荷载标准值

荷载标准值是荷载的基本代表值,是指结构在正常使用情况下,在其设计基准期(50 年)内可能出现的具有一定保证率的最大荷载值。

(1) 永久荷载的标准值。

对于永久荷载,只有一个代表值,就是它的标准值,用大写字母 G_k(小写字母 g_k)表示。永久荷载的标准值,对于结构自重,可按结构构件的设计尺寸与材料单位体积的自重计算确定。对于常用材料和构件,可参考《建筑结构荷载规范》(GB 50009—2012)采用。部分常用材料和构件的自重如表 2-1 所示。

表 2-1 部分常用材料和构件的自重

名　称	单　位	自　重	备　注
素混凝土	kN/m³	22.0～24.0	振捣或不振捣
钢筋混凝土	kN/m³	24.0～25.0	—
水泥砂浆	kN/m³	20	—
石灰砂浆	kN/m³	17	—
混合砂浆	kN/m³	17	—
普通砖	kN/m³	18	240 mm×115 mm×53 mm
普通砖	kN/m³	19	机制
水磨石地面	kN/m³	0.65	10 mm 面层,20 mm 水泥砂浆打底
贴瓷砖墙面	kN/m³	0.5	包括水泥砂浆打底,共厚 25 mm
木框玻璃窗	kN/m³	0.2～0.3	—

例如,钢筋混凝土矩形截面梁的尺寸为 $b \times h = 250$ mm $\times 500$ mm,计算跨度 $l_0 = 5$ m。查表 2-1,取钢筋混凝土自重为 25 kN/m³,则该梁沿跨度方向均匀分布的自重标准值为 $g_k = 0.25 \times 0.5 \times 25$ kN/m $= 3.125$ kN/m。

(2) 可变荷载的标准值。

可变荷载的标准值是可变荷载的基本代表值,用大写符号 Q_k(小写符号 q_k)表示。可变荷载的标准值是根据观测资料和实验数据,并考虑工程实践经验而确定的,可由《建筑结构荷载规范》(GB 50009—2012)确定。民用建筑楼面均布活荷载的标准值及组合值系数、频遇值系数和准永久值系数如表 2-2 所示。

表 2-2　民用建筑楼面均布活荷载的标准值及组合值系数、频遇值系数和准永久值系数

项次	类别			标准值/(kN/m^2)	组合值系数 ψ_c	频遇值系数 ψ_f	准永久值系数 ψ_q
1	(1) 住宅、宿舍、旅馆、办公室、医院病房、托儿所、幼儿园			2.0	0.7	0.5	0.4
	(2) 实验室、阅览室、会议室、医院门诊室			2.0	0.7	0.6	0.5
2	教室、食堂、餐厅、一般资料档案室			2.5	0.7	0.6	0.5
3	(1) 礼堂、剧场、影院、有固定座位的看台			3.0	0.7	0.5	0.3
	(2) 公共洗衣店			3.0	0.7	0.6	0.5
4	(1) 商店、展览厅、车站、港口、机场大厅及其旅馆等候室			3.5	0.7	0.6	0.5
	(2) 无固定座位的看台			3.5	0.7	0.5	0.3
5	(1) 健身房、演出舞台			4.0	0.7	0.5	0.3
	(2) 运动场、舞厅			4.0	0.7	0.6	0.3
6	(1) 书库、档案库、贮藏室			5.0	0.9	0.9	0.8
	(2) 密集柜书库			12.0	0.9	0.9	0.8
7	通风机房、电梯机房			7.0	0.9	0.9	0.8
8	汽车通道及客车停车库	(1) 单向板楼盖(板跨不小于2 m)和双向板楼盖(板跨不小于3 m×3 m)	客车	4.0	0.7	0.7	0.6
			消防车	35.0	0.7	0.5	0.0
		(2) 双向板楼盖(跨度不小于6 m×6 m)和无梁楼盖(柱网不小于6 m×6 m)	客车	2.5	0.7	0.7	0.6
			消防车	20.0	0.7	0.5	0.0
9	厨房	(1) 餐厅		4.0	0.7	0.7	0.7
		(2) 其他		2.0	0.7	0.6	0.5
10	浴室、卫生间、盥洗室			2.5	0.7	0.6	0.5
11	走廊、门厅	(1) 宿舍、旅馆、医院病房、托儿所、幼儿园、住宅		2.0	0.7	0.5	0.4
		(2) 办公室、餐厅、医院门诊部		2.5	0.7	0.6	0.5
		(3) 教学楼及其他可能出现人员密集的情况		3.5	0.7	0.5	0.3
12	楼梯	(1) 多层住宅		2.0	0.7	0.5	0.4
		(2) 其他		3.5	0.7	0.5	0.3
13	阳台	(1) 可能出现人员密集的情况		3.5	0.7	0.6	0.5
		(2) 其他		2.5	0.7	0.6	0.5

2) 可变荷载组合值 $\psi_c Q_k$

当结构上同时作用两种或两种以上可变荷载时,可变荷载同时达到其标准值的可能性较小,因此要考虑其组合值。除其中产生最大效应的荷载(主导荷载)仍取其代表值外,其他伴随

的可变荷载均采用小于其标准值的组合值为代表值。这种经调整后的可变荷载代表值称为可变荷载组合值。

可变荷载组合值取可变荷载标准值 Q_k 乘以可变荷载组合值系数 ψ_c，即 $\psi_c Q_k$，ψ_c 的取值如表 2-2 所示。

3）可变荷载频遇值 $\psi_f Q_k$

可变荷载频遇值是指可变荷载在设计基准期内，其超越的总时间为规定的较小比率或超越频率为规定频率的荷载值。

可变荷载频遇值取可变荷载标准值 Q_k 乘以可变荷载频遇值系数 ψ_f，即 $\psi_f Q_k$，ψ_f 取值如表 2-2所示。

4）可变荷载准永久值 $\psi_q Q_k$

可变荷载准永久值是指可变荷载在设计基准期内，其超越的总时间约为设计基准期一半的荷载值。可变荷载准永久值针对的是在结构上经常作用的可变荷载，即在规定的期限内，该可变荷载具有较长的总持续时间，对结构的影响类似于永久荷载。

可变荷载准永久值取可变荷载标准值 Q_k 乘以可变荷载准永久值系数 ψ_q，即 $\psi_q Q_k$，ψ_q 的取值如表 2-2 所示。

二、作用效应

作用效应（S）是指各种作用在结构上的内力（弯矩、剪力、轴力、扭矩等）和变形（挠度、扭转、弯曲、拉伸、压缩、裂缝等）。当作用的是荷载时，引起的效应称为荷载效应。

一般情况下，荷载效应（S）与荷载（Q）的关系为

$$S = CQ \tag{2-1}$$

式中，C——荷载效应系数，由力学分析确定。

例如，某简支梁跨中作用有集中荷载 F，其跨度为 l，由力学分析可知，跨中最大弯矩 $M = \dfrac{Fl}{4}$，支座处剪力 $V = \dfrac{F}{2}$。F 相当于荷载 Q，弯矩 M 和剪力 V 相当于荷载效应 S，$\dfrac{l}{4}$ 和 $\dfrac{1}{2}$ 则相当于荷载效应系数 C。

三、结构抗力

结构构件的截面形式、尺寸以及材料等级确定以后，各截面将具有一定的抵抗作用效应的能力，结构的这种抵抗作用效应的能力称为结构抗力，用符号 R 表示。如构件的承载力（轴力、剪力、弯矩、扭矩）、刚度、抗裂度等，都统称为结构抗力。

影响结构抗力的主要因素有材料性能（强度、变形模量等）、几何参数（构件尺寸等）和计算模式的精确度。这些因素是随机变量，由这些因素综合而成的结构抗力也是一个随机变量。

任务 2 结构设计方法

一、结构的功能要求

结构设计的目的是要科学地解决结构的可靠与经济的矛盾,力求以最经济的途径使所建造的结构以适当的可靠度满足各项预定功能的要求。建筑结构的功能要求包括:安全性、适用性和耐久性。

1. 安全性

安全性是指建筑结构在正常施工和正常使用时,能承受可能出现的各种作用;在偶然事件发生时及发生后,仍能保持必需的整体稳定性,不致倒塌。

2. 适用性

适用性是指建筑结构在正常使用时,具有良好的工作性能,不出现过大的变形和过宽的裂缝。

3. 耐久性

耐久性是指建筑结构在正常维护下,具有足够的耐久性能,不发生锈蚀和风化现象。

安全性、适用性、耐久性统称为结构的可靠性,即在规定的时间(设计使用年限)内,在规定的条件(正常设计、正常施工、正常使用和维护)下,完成结构预定功能(安全性、适用性和耐久性)的能力。结构满足其功能要求的概率称为可靠概率或可靠度。

设计使用年限是指设计规定的结构或结构构件不需进行大修即可按其预定目的使用的年限。《建筑结构可靠度设计统一标准》(GB 50068—2001)规定了各类建筑结构设计的使用年限,如表 2-3 所示。

表 2-3　建筑结构设计的使用年限

类　　别	设计使用年限/年	示　　例
1	5	临时性结构
2	25	易于替换的结构构件
3	50	普通房屋和构筑物
4	100	纪念性建筑和特别重要的建筑物

二、结构的极限状态

整个结构或结构的一部分超过某一特定状态就不能满足设计规定的某一功能要求,这个特定状态称为该功能的极限状态。极限状态实质上是区分结构可靠与失效的界限。

结构的极限状态分为两类:承载能力极限状态和正常使用极限状态。

1.承载能力极限状态

承载能力极限状态对应于结构或结构构件达到最大承载能力或者不适合继续承载的变形状态。

当结构或结构构件出现下列状态时,应认为其超过了承载能力极限状态。

(1)结构构件或连接因超过材料强度而破坏,或因过度变形而不适合继续承载;

(2)整个结构或结构的一部分作为刚体失去平衡(如倾覆);

(3)结构转变为机动体系;

(4)结构或结构构件丧失稳定(如压屈);

(5)地基丧失承载能力而破坏(如失稳);

(6)结构因局部破坏而发生连续倒塌;

(7)结构或结构构件的疲劳破坏。

2.正常使用极限状态

正常使用极限状态对应于结构或结构构件达到正常使用或耐久性能的某项规定限值。

当结构或结构构件出现下列状态时,应认为其超过了正常使用极限状态。

(1)影响正常使用或外观的变形;

(2)影响正常使用或耐久性能的局部损伤(包括裂缝);

(3)影响正常使用的振动;

(4)影响正常使用的其他特定状态。

三、设计状况与极限状态设计

在设计建筑结构时,除了考虑结构功能的极限状态之外,还需根据结构在施工和使用中的环境条件和影响,区分下列设计状况:

1.持久设计状况

持久设计状况,即在结构使用过程中一定出现,持续期很长的状况,例如房屋结构承受家具和正常人员荷载的状况。持续期一般与设计使用年限为同一数量级。这种状况适用于结构使用时的正常情况。

2.短暂设计状况

短暂设计状况,即在结构施工和使用过程中出现概率较大,而与设计使用年限相比持续期很短的状况。这种状况适用于结构出现的临时情况,包括结构施工和维修时的情况等。

3. 偶然设计状况

偶然设计状况,即在结构使用过程中出现概率很小,且持续期很短的状况。这种状况适用于结构出现的异常情况,包括结构遭受火灾、爆炸、撞击时的情况等。

4. 地震设计状况

地震设计状况,即结构遭受地震时的设计状况。在抗震设防地区必须考虑地震设计状况。

以上四种设计状况均应进行承载能力极限状态设计;对于持久设计状况,应进行正常使用极限状态设计;对于短暂设计状况和地震设计状态,可根据需要进行正常使用极限状态设计;对于偶然设计状况,可不进行正常使用极限状态设计。

四、混凝土结构极限状态的设计

《混凝土结构设计规范》(GB 50010—2010)采用以概率理论为基础的极限状态设计方法,以可靠指标度量结构构件的可靠度,采用分项系数的设计表达式进行设计。

1. 极限状态方程

结构和结构构件的工作状况可用作用效应 S 和结构抗力 R 的关系来描述,即

$$Z = g(R, S) = R - S \tag{2-2}$$

式中,Z——结构极限状态功能函数,R——结构抗力,S——作用效应。

因 R、S 都是随机变量,所以功能函数 Z 也是随机变量。

当 $Z>0$,即 $R>S$ 时,结构能够完成预定功能,结构处于可靠状态。

当 $Z<0$,即 $R<S$ 时,结构不能完成预定功能,结构处于失效状态。

当 $Z=0$,即 $R=S$ 时,结构处于极限状态,称为极限状态方程。

2. 承载能力极限状态设计

1) 设计表达式

对于持久设计状况、短暂设计状况和地震设计状况,当用内力的形式表达时,结构构件应采用下列承载能力极限状态设计表达式,即

$$\gamma_0 S \leqslant R \tag{2-3}$$

$$R = R(f_c, f_s, a_k, \cdots)/\gamma_{Rd} \tag{2-4}$$

式中:γ_0——结构重要性系数,在持久设计状况和短暂设计状况下,对于安全等级为一级的结构构件应不小于 1.1,对于安全等级为二级的结构构件应不小于 1.0,对于安全等级为三级的结构构件应不小于 0.9,在地震设计状况下应不小于 1.0;S——承载能力极限状态下作用组合的效应设计值,对于持久设计状况和短暂设计状况,按作用的基本组合计算,对于地震设计状况,按作用的地震组合计算;R——结构构件的抗力设计值;$R(\cdot)$——结构构件的抗力函数;f_c、f_s——混凝土、钢筋的强度设计值;γ_{Rd}——结构构件的抗力模型不定性系数,对于静力设计,一

般结构构件取 1.0,重要结构构件或不确定性较大的结构构件根据具体情况取大于 1.0 的数值,对于抗震设计,采用承载力抗震调整系数 γ_{RE} 代替 γ_{Rd};α_k——几何参数的标准值,当几何参数的变异性对结构性能有明显的不利影响时,可另增加一个附加值。

2) 结构安全等级

设计工程结构时,根据结构破坏可能产生的后果(危及人的生命、造成经济损失、对社会或环境产生影响等)的严重性,采用不同的安全等级。根据结构破坏后果的严重程度,将建筑结构划分为三个安全等级,如表 2-4 所示。

表 2-4　建筑结构的安全等级

安全等级	破坏后果	建筑物类型
一级	很严重:对人的生命、经济、社会或环境的影响很大	大型的公共建筑等
二级	严重:对人的生命、经济、社会或环境的影响较大	普通的住宅和办公楼等
三级	不严重:对人的生命、经济、社会或环境的影响较小	小型的或临时性储存建筑等

3) 荷载组合的效应设计值 S

在荷载作用下,式(2-3)中的 S 为荷载组合的效应设计值,在规范中用轴力、弯矩、剪力、扭矩等表达,这与建筑力学中的计算方法一致,只是这里要用荷载的设计值进行计算。

承载能力极限状态下作用组合的效应设计值 S,对于持久设计状态和短暂设计状态,按作用的基本组合计算。《建筑结构荷载规范》(GB 50009—2012)规定:对于基本组合,荷载组合的效应设计值应从由可变荷载效应控制的组合和由永久荷载效应控制的组合中取最不利值进行确定。

(1) 由可变荷载效应控制的组合:

$$S = \sum_{j=1}^{m} \gamma_{Gj} S_{Gjk} + \gamma_{Q1} \gamma_{L1} S_{Q1k} + \sum_{i=2}^{n} \gamma_{Qi} \gamma_{Li} \psi_{ci} S_{Qik} \qquad (2-5)$$

(2) 由永久荷载效应控制的组合:

$$S = \sum_{j=1}^{m} \gamma_{Gj} S_{Gjk} + \sum_{i=1}^{n} \gamma_{Qi} \gamma_{Li} \psi_{ci} S_{Qik} \qquad (2-6)$$

式中:γ_{Gj}——第 j 个永久荷载的分项系数,按下列规定取用,当荷载效应对结构不利时,对于由可变荷载效应控制的组合,应取 1.2,对于由永久荷载效应控制的组合,应取 1.35,当荷载效应对结构有利时,一般情况下应取 1.0,对结构的倾覆、滑移等进行验算时,应取 0.9;γ_{Qi}——第 i 个可变荷载的分项系数,其中 γ_{Q1} 为可变荷载 Q_1 的分项系数,一般取 1.4,对于标准值大于 4 kN/m^2 的工业房屋楼面的活荷载,应取 1.3;γ_{Li}——第 i 个可变荷载考虑设计使用年限的调整系数,其中 γ_{L1} 为可变荷载 Q_1 考虑设计使用年限的调整系数,设计使用年限为 5 年、50 年、100 年的调整系数分别取 0.9、1.0、1.1;S_{Gjk}——按第 j 个永久荷载标准值 G_{jk} 计算的荷载效应值;S_{Qik}——按第 i 个可变荷载 Q_{ik} 计算的荷载效应值,其中 S_{Q1k} 为可变荷载效应中起控制作用者;ψ_{ci}——可变荷载 Q_{ki} 的组合值系数;m——参与组合的永久荷载数;n——参与组合的可变荷载数。

3. 正常使用极限状态设计

1）设计表达式

对于正常使用极限状态，钢筋混凝土构件、预应力混凝土构件应分别按荷载的准永久组合并考虑长期作用的影响或标准组合并考虑长期作用的影响，采用下列极限状态设计表达式进行验算，即

$$S \leqslant C \tag{2-7}$$

式中，S——正常使用极限状态的荷载组合效应值，C——结构构件达到正常使用要求所规定的变形、应力、裂缝宽度和自振频率等的限值。

2）荷载组合效应值 S

在计算正常使用极限状态的荷载组合效应值 S 时，需确定荷载效应的标准组合、频遇组合和准永久组合。

（1）标准组合：

$$S = \sum_{j=1}^{m} S_{Gjk} + S_{Q1k} + \sum_{i=2}^{n} \psi_{ci} S_{Qik} \tag{2-8}$$

（2）频遇组合：

$$S = \sum_{j=1}^{m} S_{Gjk} + \psi_{f1} S_{Q1k} + \sum_{i=2}^{n} \psi_{Qi} S_{Qik} \tag{2-9}$$

（3）准永久组合：

$$S = \sum_{j=1}^{m} S_{Gjk} + \sum_{i=1}^{n} \psi_{Qi} S_{Qik} \tag{2-10}$$

式中，ψ_{f1}——可变荷载的频遇组合值系数，ψ_{Qi}——可变荷载准永久值系数。

例 2-1　某钢筋混凝土办公楼矩形截面简支梁的安全等级为二级，设计使用年限为50 年，计算跨度 $l_0 = 6$ m，承受恒荷载（含自重）标准值 $g_k = 13$ kN/m，活荷载标准值 $q_k = 6$ kN/m，试分别计算承载能力极限状态和正常使用极限状态设计时的梁跨中弯矩设计值。

解　（1）计算均布荷载作用下梁跨中弯矩标准值。

恒荷载作用下：$M_{Gk} = \dfrac{1}{8} g_k l_0^2 = \dfrac{1}{8} \times 13 \times 6^2$ kN·m $= 58.5$ kN·m

活荷载作用下：$M_{Qk} = \dfrac{1}{8} q_k l_0^2 = \dfrac{1}{8} \times 6 \times 6^2$ kN·m $= 27$ kN·m

（2）计算承载能力极限状态设计时梁跨中弯矩设计值。

安全等级为二级，$\gamma_0 = 1.0$；设计使用年限为 50 年，$\gamma_L = 1.0$。

由可变荷载控制时，$\gamma_G = 1.2$，$\gamma_Q = 1.4$，则梁跨中弯矩设计值为

$M = \gamma_0(\gamma_G M_{Gk} + \gamma_Q \gamma_L M_{Qk}) = 1.0 \times (1.2 \times 58.5 + 1.4 \times 1.0 \times 27)$ kN·m $= 108$ kN·m

由永久荷载控制时，$\gamma_G = 1.35$，$\gamma_Q = 1.4$，查表 2-2 得 $\psi_c = 0.7$，则梁跨中弯矩设计值为

$M = \gamma_0(\gamma_G M_{Gk} + \gamma_Q \gamma_L \psi_c M_{Qk}) = 1.0 \times (1.35 \times 58.5 + 1.4 \times 1.0 \times 0.7 \times 27)$ kN·m

　　$= 105.435$ kN·m

故承载能力极限状态设计时，该梁跨中弯矩设计值应取上述较大值，即 $M = 108$ kN·m。

（3）计算正常使用极限状态设计时梁跨中弯矩设计值。

查表 2-2 得，$\varphi_f=0.5$，$\varphi_c=0.4$。

标准组合时：$M=M_{Gk}+M_{Qk}=(58.5+27)\ kN\cdot m=85.5\ kN\cdot m$

频遇组合时：$M=M_{Gk}+\varphi_{f1}M_{Qk}=(58.5+0.5\times27)\ kN\cdot m=72\ kN\cdot m$

准永久组合时：$M=M_{Gk}+\varphi_{c1}M_{Qk}=(58.5+0.4\times27)\ kN\cdot m=69.3\ kN\cdot m$

任务 3 建筑抗震设防知识

地震给人类社会带来灾害，造成不同程度的人员伤亡和经济损失，这主要是地震导致建筑物破坏所引起的。为最大限度地减轻地震灾害，做好建筑结构的抗震设计是目前最根本的减灾措施。

一、地震基本知识

1. 基本概念

1）地震

地球运动过程中积累巨大的能量，当能量积聚超过地壳薄弱处岩层的承受能力时，该处岩层就会发生断裂和错动来释放能量，并以波的形式传递到地面，地面随之振动，形成地震，这种地震称为构造地震。有时火山喷发会引起火山地震，地表或地下岩层由于某种陷落和崩塌而引起塌陷地震。

2）震源

地球内部岩层发生断裂或错动的部位称为震源。

3）震中

震源正上方的地面位置称为震中。

4）震中距

地震影响区的地面某处到震中的水平距离称为震中距。震中距越小，振动越剧烈，破坏越严重。

5）震源深度

震中到震源的垂直距离称为震源深度。

根据震源深度的不同，可将地震分为浅源地震、中源地震和深源地震。震源深度小于 60 km 的地震称为浅源地震，震源深度为 60～300 km 的地震称为中源地震，震源深度大于 300 km 的地震称为深源地震。

对于同样大小的地震，由于震源深度不一样，对地面造成的破坏程度也不一样。震源越浅，破坏越大，但波及范围越小，反之亦然。

2. 地震波

由地震震源发出的在地球介质中传播的弹性波称为地震波。其中在地球内部传播的波称为体波,而沿地球表面传播的波称为面波。

1) 体波

体波有纵波和横波两种。

纵波是由震源向外传递的压缩波,其质点的振动方向与波的前进方向一致。纵波一般周期较短,振幅较小,在地面引起上下颠簸运动。

横波是由震源向外传递的剪切波,其质点的振动方向与波的传播方向垂直。横波一般周期较长,振幅较大,引起地面水平方向的运动。

2) 面波

面波主要有瑞雷波和乐夫波两种形式。前者在地面上呈滚动形式,后者在地面上呈蛇形运动形式。面波周期长,振幅大。由于面波比体波衰减慢,故面波能传播到很远的地方。

地震波的传播速度,以纵波最快,横波次之,面波最慢。所以,在地震发生的中心地区,人们的感觉是先上下颠簸,后左右摇晃。

3. 地震强度

地震强度通常用震级和烈度来反映。

1) 地震震级

地震震级是衡量一次地震本身强弱程度和大小的尺度,通常用里氏震级(M)表示。震级每增加一级,地震所释放的能量约增加 32 倍。

通常小于 2 级的地震,人们是感觉不到的,称为微震;2~4 级的地震,人们能够感觉到,称为有感地震;5 级以上的地震,能引起建筑物不同程度的破坏,称为破坏性地震;7 级以上的地震称为强烈地震或称为大震;8 级以上的地震会造成建筑物严重破坏,称为特大地震。

2) 地震烈度

地震烈度是指某一区域内的地表和各类建筑物遭受一次地震影响的强弱程度。一次地震,表示地震大小的震级只有一个。但由于同一次地震对不同地点的影响不一样,随着距离震中的远近变化,会出现多种不同的地震烈度。一般情况下,离震中越近,地震烈度越高,反之越低。

为评定地震烈度而建立起来的标准称为地震烈度表。我国采用的地震烈度表是 12 度烈度表,详见《中国地震烈度表》(GB/T 17742—2008)。根据地震发生的概率(50 年发生的超越频率)将地震分为:

(1) 多遇烈度,又称小震,超越概率为 63.2%;

(2) 基本烈度,又称中震,超越概率为 10%;

(3) 罕遇烈度,又称大震,超越概率为 2%~3%。

4. 抗震设防烈度

抗震设防烈度是按照国家规定的权限批准,作为一个地区抗震设防依据的地震烈度。一般情况下,取 50 年内超越概率 10% 的地震烈度。抗震设防烈度为 6 度及以上地区的建筑,必须进行抗震设计。

二、建筑抗震设计的基本内容及建筑抗震设防目标

1. 建筑抗震设计的基本内容

建筑抗震设计包括三个层次的内容：概念设计、抗震计算和抗震构造措施。

概念设计在总体上定性地把握建筑抗震设计的基本原则，例如选择合适的场地、选择合适的建筑体型、利用结构的延性、设置多道防线等。

抗震计算采用底部剪力法、振型分解反应谱法、时程分析等算法对建筑进行定量的抗震计算或验算，以保证结构的抗震能力。

抗震构造措施则采用不同等级的抗震构造手段加强或弥补结构的抗震薄弱环节及不足。

2. 建筑抗震设防目标

《建筑抗震设计规范》(GB 50011—2010)明确给出了"三水准"的设防目标。

第一水准：当遭受低于本地区设防烈度的多遇地震时，建筑物一般不损坏或不需维修仍可继续使用，即"小震不坏"。

第二水准：当遭受相当于本地区设防烈度的地震时，建筑物可能损坏，但经一般修理后仍可以继续使用，即"中震可修"。

第三水准：当遭受高于本地区设防烈度的罕遇地震时，建筑物不致倒塌或发生危及生命的严重破坏，即"大震不倒"。

在进行建筑抗震设计时，原则上应满足上述三水准的抗震设防要求。在具体做法上，规范提出了二阶段设计方法。第一阶段设计是保证结构构件在地震荷载效应的组合情况下第一水准的承载力与变形要求，第二阶段设计则是保证结构满足第三水准的抗震设防要求。对于大多数结构，一般可只进行第一阶段的设计；对于少部分特殊结构，第一、二阶段的设计都应进行。

三、建筑抗震设防标准

对于不同性质的建筑物，地震破坏所造成后果的严重性不一样，因此，对于不同用途的建筑物的抗震设防，不宜采用同一标准，而应根据其破坏后果加以区别对待。《建筑工程抗震设防分类标准》(GB 50223—2008)按建筑抗震的重要性，将建筑分为四类：

1) 特殊设防类建筑

特殊设防类建筑又称甲类建筑，指使用上有特殊设施，涉及国家公共安全的重大建筑工程和地震时可能发生严重的次生灾害等重大灾难后果的建筑。本类建筑享受的抗震待遇是"双高"，即享受的抗震构造及结构计算待遇都高于本建筑所在地的抗震设防烈度所对应的标准。

2) 重点设防类建筑

重点设防类建筑又称乙类建筑，指地震时功能不能中断或需尽快恢复的生命线工程建筑，如医院、电信大楼。本类建筑享受的抗震待遇是"一高一平"，即享受的抗震构造待遇高于本建

筑所在地的抗震设防烈度所对应的标准,但享受的抗震计算待遇与本建筑所在地的抗震设防烈度所对应的标准持平。

3）标准设防类建筑

标准设防类建筑又称丙类建筑,指大量的除甲、乙、丁类以外的按标准要求进行设防的建筑。本类建筑享受的抗震待遇是"双平",即享受的抗震构造及结构计算待遇都持平于本建筑所在地的抗震设防烈度所对应的标准。

4）适度设防类建筑

适度设防类建筑又称丁类建筑,指使用上人员稀少且地震损坏后不致产生次生灾害,允许在一定条件下适当降低要求的建筑。本类建筑享受的抗震待遇是"一低一平",即享受的抗震构造待遇可低于本建筑所在地的抗震设防烈度所对应的标准,六度设防时不应降低,但享受的抗震计算待遇与本建筑所在地的抗震设防烈度所对应的标准持平。

四、抗震等级

抗震等级是结构构件抗震设防的标准。钢筋混凝土房屋应根据设防类别、烈度、结构类型和房屋高度采用不同的抗震等级,并应符合相应的计算和构造措施要求。抗震等级体现了不同的抗震要求,共分为四级,其中一级抗震等级要求最高。

丙类建筑的抗震等级应按表2-5确定。

表 2-5 现浇钢筋混凝土房屋的抗震等级

结构类型		设防烈度									
		6		7			8			9	
框架结构	高度/m	≤24	>24	≤24	>24		≤24	>24		≤24	
	框架	四	三	三	二		二	一		一	
	大跨度框架	三		二			一				
框架-抗震墙结构	高度/m	≤60	>60	≤24	25～60	>60	≤24	25～60	>60	≤24	25～50
	框架	四	三	四	三	二	三	二	二	二	一
	抗震墙	三		三	二		二			一	
抗震墙结构	高度/m	≤80	>80	≤24	25～80	>80	≤24	25～80	>80	≤24	25～60
	抗震墙	四	三	四	三	二	三	二	二	二	一
部分框支抗震墙结构	高度/m	≤80	>80	≤24	25～80	>80	≤24	25～80			
	抗震墙 一般部位	四	三	四	三	二	三	二			
	抗震墙 加强部位	三	二	三	二	二	二	二			
	框支层框架	二		二			一				
框架-核心筒结构	框架	三		二			一			一	
	核心筒	二		二			一			一	

续表

结构类型		设防烈度						
		6		7		8		9
筒中筒结构	外筒	三		二		一		一
	内筒	三		二		一		一
板柱-抗震墙结构	高度/m	≤35	>35	≤35	>35	≤35	>35	
	框架、板柱的柱	三	二	二	二	一		
	抗震墙	二	二	二	一	二		

注:1.建筑场地为Ⅰ类时,除六度外,应允许按表内降低一度所对应的抗震等级采取抗震构造措施,但相应的计算要求不应降低;

2.接近或等于高度分界时,应允许结合房屋不规则程度以及场地、地基条件确定抗震等级;

3.大跨度框架指跨度不小于18 m的框架;

4.高度不超过60 m的框架-核心筒结构按框架-抗震墙的要求设计时,应按表中框架-抗震墙结构的规则确定其抗震等级。

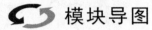 **模块导图**

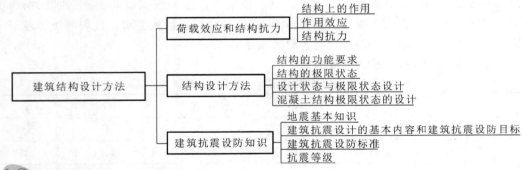

 职业能力训练

一、选择题

1.地震时可能发生严重的次生灾害的建筑,抗震设防分类为(　　)。

A.甲类　　　　　　B.乙类　　　　　　C.丙类　　　　　　D.丁类

2.永久荷载采用(　　)作为代表值。

A.标准值　　　　　B.组合值　　　　　C.频遇值　　　　　D.准永久值

3.结构的功能要求包括(　　)。

A.安全性　　　　　B.适用性　　　　　C.耐久性　　　　　D.安全性、适用性、耐久性

4.根据结构的重要性及破坏可能产生后果的严重程度,将结构的安全等级划分为(　　)。

A.3级　　　　　　B.5级　　　　　　C.7级　　　　　　D.10级

5.下列哪种状态不应按正常使用极限状态设计?(　　)

A.构件丧失稳定　　　　　　　　　　B.因过大的变形和侧移而导致非结构构件受力破坏

C.影响耐久性能的局部损坏　　　　　D.过大的振动使人感到不舒适

6.（　　）属于超出承载能力极限状态。

A. 裂缝宽度超过规范限值

B. 度超过规范限值

C. 结构或构件视为刚体失去平衡

二、简答题

1. 什么是结构上的作用？什么是直接作用和间接作用？

2. 荷载作用按其随时间的变异性分为哪些类型？

3. 什么是荷载的代表值？荷载的代表值有哪些？

4. 什么是结构的极限状态？结构的极限状态分为哪几类，其含义是什么？

5. 什么是地震震级、地震烈度和抗震设防烈度？

6. 怎样理解抗震设防目标？

7. 建筑抗震设防的基本内容是什么？

8. 建筑物的抗震设防分类及各类的设防标准是什么？

三、计算题

某钢筋混凝土简支梁，计算跨度 $l_0 = 5.1$ m，承受的均布荷载为永久荷载，其标准值 $g_k = 3$ kN/m，跨中承受的集中荷载为可变荷载，其标准值 $F_k = 2$ kN，结构安全等级为二级，设计使用年限为 50 年，试分别计算承载能力极限状态和正常使用极限状态设计时的梁跨中弯矩设计值。

钢筋和混凝土材料认知

（1）掌握混凝土的力学性能及变形能力；

（2）掌握钢筋的类型、力学性能和变形性能。

（1）会查找混凝土强度标准值、设计值和弹性模量；

（2）会查找钢筋强度标准值、设计值和弹性模量。

任务 1 混凝土强度指标的选取

混凝土是由水泥、砂、石子和水、少量的外加剂按照一定比例拌和在一起,经过凝结和硬化而形成的人造石材,是最常见的建筑材料。

一、混凝土的强度

1. 混凝土的抗压强度

1)混凝土立方体抗压强度

混凝土立方体抗压强度是衡量混凝土强度大小的基本指标,用符号 f_{cu} 表示。立方体抗压强度标准值是按照标准方法制作的边长为 150 mm 的立方体试件,在标准养护条件(温度为 20 ℃±3 ℃,相对湿度不小于 90%)下养护 28 天,用标准试验方法测得的具有 95% 保证率的抗压强度,用符号 $f_{cu,k}$ 表示。

立方体抗压强度标准值 $f_{cu,k}$ 是混凝土各种力学指标的基本代表值。混凝土强度等级由立方体抗压强度标准值确定。混凝土的强度等级共有 14 个,分别为 C15、C20、C25、C30、C35、C40、C45、C50、C55、C60、C65、C70、C75、C80。强度等级的数字即为 $f_{cu,k}$ 值。例如 C20 表示 $f_{cu,k}=20$ N/mm² 的混凝土强度。等级高于 C50 的混凝土,称为高强混凝土。

2)混凝土轴心抗压强度

用标准棱柱体试件(150 mm×150 mm×300 mm)测定的混凝土抗压强度,称为混凝土轴心抗压强度,用符号 f_c 表示,其标准值用符号 f_{ck} 表示。

混凝土轴心抗压强度标准值(见表 3-1)由立方体抗压强度标准值 $f_{cu,k}$ 经计算确定,混凝土轴心抗压强度设计值(见表 3-2)由混凝土轴心抗压强度标准值除以混凝土材料分项系数 γ_c ($\gamma_c=1.4$)确定。

表 3-1 混凝土轴心抗压(拉)强度标准值

强度等级	C15	C20	C25	C30	C35	C40	C45	C50	C55	C60	C65	C70	C75	C80
f_{ck}	10.0	13.4	16.7	20.1	23.4	26.8	29.6	32.4	35.5	38.5	41.5	44.5	47.4	50.2
f_{tk}	1.27	1.54	1.78	2.01	2.20	2.39	2.51	2.64	2.74	2.85	2.93	2.99	3.05	3.11

2. 混凝土的轴心抗拉强度

混凝土的抗拉强度远小于其抗压强度,一般只有抗压强度的 5%~10%。混凝土轴心抗拉

强度用符号 f_t 表示,其标准值用符号 f_{tk} 表示。混凝土轴心抗拉强度标准值(见表 3-1)由立方体抗拉强度标准值经计算确定,混凝土轴心抗拉强度设计值(见表 3-2)由混凝土轴心抗拉强度标准值除以混凝土材料分项系数 γ_c 确定。

表 3-2　混凝土轴心抗压(拉)强度设计值

强度等级	C15	C20	C25	C30	C35	C40	C45	C50	C55	C60	C65	C70	C75	C80
f_c	7.2	9.6	11.9	14.3	16.7	19.1	21.1	23.1	25.3	27.5	29.7	31.8	33.8	35.9
f_t	0.91	1.10	1.27	1.43	1.57	1.71	1.80	1.89	1.96	2.04	2.09	2.14	2.18	2.22

二、混凝土的变形

混凝土的变形分为两类:一类是荷载作用下的受力变形;另一类是体积变形,包括收缩、膨胀和温度变形。

1. 混凝土的受力变形

1) 应力-应变曲线

混凝土的应力-应变曲线通常用一次短期加载棱柱体试件进行测定,如图 3-1 所示。

在第 Ⅰ 阶段,即从开始加载至 A 点($\sigma = 0.3 \sim 0.4 f_{ck}$),由于试件应力较小,混凝土的变形主要是骨料和水泥结晶体的弹性变形,应力-应变关系接近直线,A 点称为比例极限点。超过 A 点后,进入稳定裂缝扩展的第 Ⅱ 阶段,至临界点 B,临界点 B 相对应的应力可作为长期受压强度的依据(一般取为 $0.8 f_{ck}$)。此后,试件中所积蓄的弹性应变能始终保持大于裂缝发展所需的能量,形成裂缝快速发展的不稳定状态直至 C 点,即第 Ⅲ 阶段。应力达到的最高点为 f_{ck},f_{ck} 相对应的应变称为峰值应变 ε_0,一般 $\varepsilon_0 = 0.0015 \sim 0.0025$,平均取 $\varepsilon_0 = 0.002$。在 f_{ck} 以后,裂缝迅速发展,结构内部的整体性受到愈来愈严重的破坏,试件的平均应力强度下降。当曲线下降到拐点 D 后,$\sigma\text{-}\varepsilon$ 曲线又凸向水平方向发展。在拐点 D 之后,$\sigma\text{-}\varepsilon$ 曲线中曲率最大点 E 称为"收敛点"。E 点以后主裂缝已很宽,结构内聚力已几乎耗尽,对于无侧向约束的混凝土,已失去结构的意义。

影响混凝土应力-应变曲线形状的因素很多,如混凝土的强度、组成材料的性质、配合比、龄期、试验方法以及箍筋约束等。

不同强度等级的受压混凝土的应力-应变曲线如图 3-2 所示。对于上升段,混凝土强度的影响较小,随着混凝土强度的增大,应力峰值点的应变也稍微增大;对于下降段,混凝土强度有较大影响,混凝土的强度越高,下降段的坡度越陡,应力下降越快,即延性越差。强度等级低的混凝土,曲线的下降段平缓,应力下降慢,即低强度混凝土的延性比高强度混凝土的延性好。

2) 混凝土的弹性模量

在分析混凝土构件的截面应力、构件变形以及预应力混凝土构件的预应力和预应力损失时,需要用到混凝土的弹性模量。《混凝土结构设计规范》(GB 50010—2010)给出了由立方体抗压强度标准值确定弹性模量数值的计算公式。混凝土的弹性模量如表 3-3 所示。

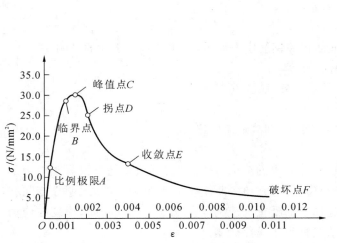

图 3-1 受压混凝土的应力-应变曲线

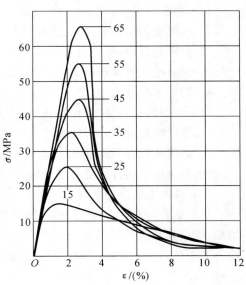

图 3-2 不同强度等级的受压
混凝土的应力-应变曲线

表 3-3 混凝土的弹性模量（×10⁴ N/mm²）

强度等级	C15	C20	C25	C30	C35	C40	C45	C50	C55	C60	C65	C70	C75	C80
E_c	2.20	2.55	2.80	3.00	3.15	3.25	3.35	3.45	3.55	3.60	3.65	3.70	3.75	3.80

3）混凝土的徐变

混凝土在长期荷载的作用下，应力不变，应变随时间继续增长的现象称为徐变。典型的徐变与时间的关系曲线如图 3-3 所示。

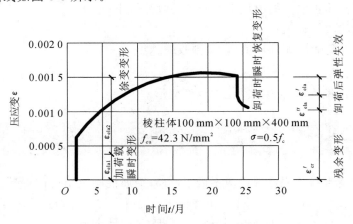

图 3-3 典型的徐变与时间的关系曲线

影响徐变的因素如下。

(1) 内在因素：混凝土的组成和配合比。

① 水泥用量越多和水灰比越大，徐变也越大；

② 骨料越坚硬，弹性模量越大，徐变就越小；

③ 骨料的相对体积越大，徐变越小；

④ 构件形状及尺寸、混凝土内钢筋的面积和钢筋应力性质，对徐变也有不同的影响。

(2) 环境因素：养护及使用条件下的温、湿度。

① 养护时温度高、湿度大、水泥水化作用充分，徐变就小；

② 采用蒸汽养护可使徐变减小 20%～35%；

③ 加荷载后构件所处环境的温度越高、湿度越低，则徐变越大。

(3) 混凝土的应力条件。

加荷载时混凝土的龄期越长，徐变越小；混凝土的应力越大，徐变越大。随着混凝土应力的增加，徐变将发生不同的变化。当应力较小（$\sigma \leqslant 0.5f_c$）时，曲线接近等距离分布，说明徐变与初应力成正比，这种情况称为线性徐变；当施加于混凝土的应力 $\sigma = (0.5 \sim 0.8)f_c$ 时，徐变与应力不成正比，徐变比应力增加得较快，这种情况称为非线性徐变。

2. 混凝土的体积变形

1) 收缩与膨胀

混凝土的收缩是一种非受力变形。混凝土在空气中硬结时会产生体积缩小的现象，称为收缩；混凝土在水中硬结时会产生体积膨胀。膨胀的量很小，且发展缓慢，对结构不会产生值得考虑的影响；收缩的量则比膨胀的量大得多，发展也较快，对结构有明显的不利影响，故必须予以注意。

混凝土的收缩包括凝缩和干缩两部分。影响混凝土收缩的因素如下：

(1) 水灰比和水泥用量越大，收缩越大；

(2) 骨料级配好，骨料的弹性模量大，收缩小；

(3) 使用环境温度越高，湿度越低，收缩越大；

(4) 混凝土蒸汽养护的收缩值比常温养护的收缩值小；

(5) 高强水泥的收缩较大；

(6) 构件的体积与表面积的比值越大，则收缩越小。

2) 温度变形

混凝土的热胀冷缩变形称为混凝土的温度变形。

三、混凝土的选用

素混凝土结构的混凝土强度等级应不低于 C15；钢筋混凝土结构的混凝土强度等级应不低于 C20；采用强度等级为 400 MPa 及以上的钢筋时，混凝土强度等级应不低于 C25。

预应力混凝土结构的混凝土强度等级宜不低于 C40，且应不低于 C30。

承受重复荷载的钢筋混凝土构件的混凝土强度等级应不低于 C30。

任务 2 钢筋强度指标的选取

一、钢筋的种类

根据钢筋产品标准的修改,不再限制钢筋材料的化学成分和制作工艺,而按性能确定钢筋的牌号和强度等级。《混凝土结构设计规范》(GB 50010—2010)根据"四节一环保"的要求,提倡应用高强高性能钢筋,主要有热轧钢筋、细晶粒带肋钢筋、余热处理钢筋、预应力钢丝、钢绞线和预应力螺纹钢筋等。

钢筋按外形的不同分为光圆钢筋、带肋钢筋(人字纹、螺旋纹、月牙纹)、刻痕钢筋和钢绞线。

钢筋按使用前是否施加预应力分为普通钢筋和预应力钢筋。普通钢筋是混凝土结构构件中的各种非预应力钢筋的总称;预应力钢筋是混凝土结构构件中施加预应力的钢丝、钢绞线和预应力螺纹钢筋等的总称。

1. 热轧钢筋

热轧钢筋是经热轧成形并自然冷却的成品钢筋,按其强度由低到高分为 HPB300 级、HRB335 级、HRB400 级和 HRB500 级,强度随级别依次升高,塑性降低。《混凝土结构设计规范》(GB 50010—2010)推广 HRB400 级、HRB500 级作为纵向受力的主导钢筋,限制并准备逐步淘汰 HRB335 级热轧带肋钢筋的应用,用 HPB300 级光圆钢筋取代 HPB235 级光圆钢筋。

2. 细晶粒带肋钢筋

采用控温轧制工艺生产的 HRBF 系列细晶粒带肋钢筋有 HRBF335 级、HRBF400 级和 HRBF500 级。

3. 余热处理钢筋

RRB 系列余热处理钢筋由轧制钢筋经高温淬火、余热处理后提高强度,但其延性、可焊性等降低,一般用于对变形性能及加工性能要求不高的构件,如基础、大体积混凝土、楼板、墙体,以及次要的中、小结构构件中。

4. 预应力钢丝、钢绞线

直径小于 6 mm 的钢筋称为钢丝。钢丝外形有光面、刻痕、月牙肋及螺旋肋几种,而钢绞线则为绳状,由 2 股、3 股或 7 股钢丝捻制而成,均可盘成卷状。刻痕钢丝、螺纹肋钢丝、钢绞线的形状如图 3-4 所示。

5. 预应力螺纹钢筋

预应力螺纹钢筋是在整根钢筋上轧有外螺纹的大直径、高强度、高尺寸精度的直条钢筋,可

(a)刻痕钢丝(二面、三面)　　　　(b)螺纹肋钢丝　　　　　(c)钢绞线

图 3-4　刻痕钢丝、螺纹肋钢丝、钢绞线

作为预应力钢筋。

二、钢筋的力学性能

钢筋混凝土结构所用的钢筋按其单向受拉试验所得的应力-应变曲线的不同性质,可分为有明显屈服点的钢筋和无明显屈服点的钢筋两大类。

1. 有明显屈服点的钢筋(软钢)

1) 应力-应变曲线的特征

有明显屈服点的钢筋的应力-应变曲线如图 3-5 所示。由图可知,在 a 点以前应力与应变为直线关系,a 点对应的钢筋应力称为比例极限。

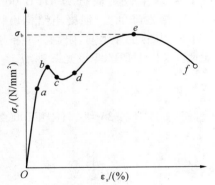

图 3-5　有明显屈服点的钢筋的应力-应变曲线

过 a 点以后应变增长加快,到达 b 点后钢筋开始进入屈服阶段,其强度与加载速度、截面形式、试件表面粗糙度等有关,很不稳定,b 点对应的钢筋应力称为屈服上限。

超过 b 点以后,钢筋的应力下降到 c 点,此时应力基本不变,应变不断增加,产生较大的塑性变形,c 点称为屈服下限或屈服点。c 点对应的钢筋应力称为屈服强度,用 σ_s 表示。水平段 cd 称为屈服台阶或流幅。

超过 d 点以后,钢筋的应力-应变曲线表现为上升,到达顶点 e 后,钢筋产生颈缩现象,应力开始下降,但应变仍继续增加,直到 f 点钢筋在其某个较为薄弱部位被拉断。e 点对应的钢筋应力称为极限抗拉强度,用 σ_b 表示。通常曲线 de 段称为"强化段",ef 段称为"下降段"。

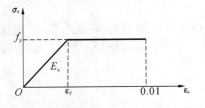

图 3-6　热轧钢筋的简化应力-应变曲线

屈服强度是钢筋强度的设计依据,一般取屈服下限作为屈服强度。这是因为钢筋应力达到屈服强度后将产生很大的塑性变形,且卸载后塑性变形不可恢复,这会使钢筋混凝土构件产生很大的变形和不可闭合的裂缝,影响结构的正常使用。热轧钢筋属于有明显屈服点的钢筋,取屈服强度作为强度设计指标,经简化后,热轧钢筋的应力-应变曲线如图 3-6 所示。E_s 为钢筋的弹性模

量,按表 3-4 取用。

表 3-4　钢筋的弹性模量($\times 10^5$ N/mm^2)

牌号或种类	弹性模量 E_s
HPB300 级钢筋	2.10
HRB335 级、HRB400 级、HRB500 级钢筋 HRBF335 级、HRBF400 级、HRBF500 级钢筋 RRB400 级钢筋 预应力螺纹钢筋	2.00
消除应力钢丝、中强度预应力钢丝	2.05
钢绞线	1.95

2)塑性性能

(1)伸长率。

伸长率是衡量钢筋塑性性能的一个指标,伸长率越大,塑性越好。伸长率用 δ 表示,可按下式计算,即

$$\delta = \frac{l' - l}{l} \tag{3-1}$$

式中:l——钢筋拉伸试验试件的应变量测标距(一般取 $5d$ 或 $10d$,d 为钢筋直径);l'——试件经过拉断并重新拼合后量测断口两侧的标距,即产生残留伸长后的标距。

(2)冷弯性能。

冷弯性能是检验钢筋塑性的另一项指标。伸长率一般不能反映钢材脆化的倾向。为使钢筋在弯折时不致断裂和在使用过程中不致脆断,需对钢筋试件进行冷弯试验。如图 3-7 所示,要求钢筋绕一辊轴弯心而不产生裂缝、鳞落或断裂现象。通常,弯心直径 D 值越小,α 值越大,钢筋的塑性就越好。

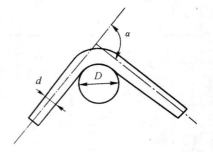

图 3-7　冷弯试验

3)强度

(1)屈强比。

热轧钢筋的强度以屈服点应力为依据。但是作为一种安全储备,钢筋的极限抗拉强度仍有重要意义。即通常希望构件的某个(或某些)截面已经破坏时,钢筋仍不致被拉断而造成整个结构倒塌。因此,在力学性能方面,要求钢筋的屈服应力不低于规定值,而且"屈服应力/极限抗拉强度"值(通常称为"屈强比")不宜过大。

(2)钢筋强度的标准值和设计值。

取具有 95% 以上的保证率的屈服强度作为钢筋的强度标准值 f_{yk},而钢筋强度设计值等于其强度标准值除以材料分项系数 γ_s。延性较好的热轧钢筋的 γ_s 取 1.10;对于强度为 500 MPa 级的钢筋,适当提高安全储备,γ_s 取 1.15。普通钢筋的强度标准值和设计值如表 3-5 所示。

表 3-5　普通钢筋的强度标准值和设计值

牌　　号	符　　号	公称直径 d/mm	屈服强度标准值 f_{yk}/(N/mm²)	抗拉强度设计值 f_y/(N/mm²)	抗压强度设计值 f_y/(N/mm²)
HPB300	Φ	6~22	300	270	270
HRB335 HRBF335	Φ ΦF	6~50	335	300	300
HRB400 HRBF400 RRB400	Φ ΦF ΦR	6~50	400	360	360
HRB500 HRBF500	Φ ΦF	6~50	500	435	410

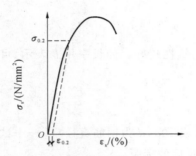

图 3-8　无明显屈服点钢筋的应力-应变曲线

2. 无明显屈服点的钢筋(硬钢)

图 3-8 所示为无明显屈服点的钢筋的应力-应变曲线。对于这类钢筋,规范规定在设计构件承载力时,取极限抗拉强度的 85% 作为条件屈服点,即 $0.85\sigma_b$ 称为条件屈服强度,该强度值所对应的残余应变约为 0.2%。钢丝、钢绞线、预应力螺纹钢筋等为硬钢,其强度标准值和设计值如表 3-6 所示。

表 3-6　硬钢的强度标准值和设计值

种　　类		符　　号	公称直径 d/mm	强度标准值		强度设计值	
				屈服强度标准值 f_{pyk}/(N/mm²)	极限强度标准值 f_{ptk}/(N/mm²)	抗拉强度设计值 f_{py}/(N/mm²)	抗压强度设计值 f'_{py}/(N/mm²)
中强度预应力钢丝	光面 螺纹肋	Φ^PM Φ^HM	5、7、9	620	800	510	410
				780	970	650	
				980	1 270	810	
预应力螺纹钢筋	螺纹	Φ^T	18、25、32、40、50	785	980	650	410
				930	1 080	770	
				1 080	1 230	900	
消除应力钢丝	光面 螺纹肋	Φ^P Φ^H	5	—	1 570	1 110	410
				—	1 860	1 320	
			7	—	1 570	1 110	
			9	—	1 470	1 040	
				—	1 570	1 110	

续表

种　类		符　号	公称直径 d/mm	强度标准值		强度设计值	
				屈服强度标准值 f_{pyk}/(N/mm²)	极限强度标准值 f_{ptk}/(N/mm²)	抗拉强度设计值 f_{py}/(N/mm²)	抗压强度设计值 f'_{py}/(N/mm²)
钢绞线	1×3 三股	ϕ^5	8.6、10.8、 12.9	—	1 570	1 110	390
				—	1 860	1 320	
				—	1 960	1 390	
	1×7 七股		9.5、12.7、 15.2、17.8	—	1 720	1 220	
				—	1 860	1 320	
				—	1 960	1 390	
			21.6	—	1 860	1 320	

注:极限强度标准值为 1 960 N/mm² 的钢绞线做后张预应力配筋时,应有可靠的工程经验。

三、钢筋的冷加工

冷加工钢筋是指在常温下采用某种工艺对热轧钢筋进行加工得到的钢筋。常用的加工工艺有冷拉、冷拔、冷轧和冷轧扭四种,其目的是提高钢筋的强度,节约钢材。但经冷加工后的钢筋在强度提高的同时,伸长率显著降低,除冷拉钢筋仍有明显的屈服点外,其余冷加工钢筋均无屈服点和屈服台阶。

1. 冷拉钢筋

冷拉是在常温下把热轧钢筋拉到超过其原有的屈服点,然后完全放松,若钢筋再次受拉,则能获得较高屈服强度的一种加工方法,如图 3-9 所示。冷拉只能提高钢筋的抗拉屈服强度,不能提高其抗压屈服强度。

2. 冷拔钢筋

冷拔是将钢筋用强力拔过比它本身直径还小的硬质合金拔丝模,如图 3-10 所示。这时钢筋受到纵向拉力和横向压力的作用,其强度提高。经过几次冷拔,钢筋截面变细而长度增加,强度比原来有很大提高,但塑性显著降低,且没有明显的屈服点。冷拔可以同时提高钢筋的抗拉强度和抗压强度。

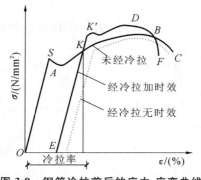

图 3-9　钢筋冷拉前后的应力-应变曲线

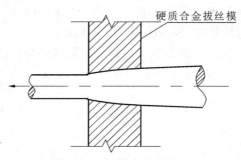

图 3-10　钢筋冷拔示意图

3. 冷轧带肋钢筋

冷轧带肋钢筋是以低碳钢筋或低合金钢筋为原材料,在常温下进行轧制而成的表面带有纵肋和月牙纹横肋的钢筋,如图 3-11 所示。它的极限强度与冷拔低碳钢丝相近,但伸长率比冷拔低碳钢丝有明显提高。用这种钢筋逐步取代普通低碳钢筋和冷拔低碳钢丝,可以改善构件在正常使用阶段的受力性能和节省钢材。

4. 冷轧扭钢筋

冷轧扭钢筋是以热轧光面钢筋为原材料,按规定的工艺参数,经钢筋冷轧扭机一次加工轧扁扭曲呈连续螺旋状的冷强化钢筋,如图 3-12 所示。

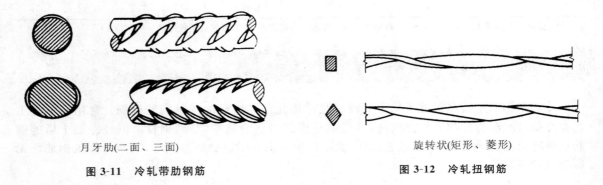

月牙肋(二面、三面)	旋转状(矩形、菱形)
图 3-11 冷轧带肋钢筋	图 3-12 冷轧扭钢筋

冷拔低碳钢丝、冷轧带肋钢筋和冷轧扭钢筋都有专门的设计与施工规程,供设计和施工时查用。

四、钢筋的选用

混凝土结构用钢筋应按下列规定选用:

(1)纵向受力普通钢筋宜采用 HRB400 级、HRB500 级、HRBF400 级、HRBF500 级钢筋,也可采用 HPB300 级、HRB335 级、HRBF335 级、RRB400 级钢筋。

(2)梁、柱纵向受力普通钢筋应采用 HRB400 级、HRB500 级、HRBF400 级、HRBF500 级钢筋。

(3)箍筋宜采用 HRB400 级、HRBF400 级、HPB300 级、HRB500 级、HRBF500 级钢筋,也可采用 HRB335 级、HRBF335 级钢筋。

(4)预应力钢筋宜采用预应力钢丝、钢绞线和预应力螺纹钢筋。

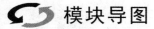

模块导图

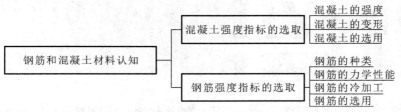

职业能力训练

一、填空题

1. 衡量混凝土强度大小的基本指标是（　　）。

2. 混凝土极限压应变值随混凝土强度等级的提高而（　　）。

3. 混凝土的变形分为两类，即（　　）和（　　）。

4. 混凝土在长期荷载作用下，应力不变，应变随时间继续增长的现象称为（　　）。

5. 混凝土在空气中硬结时会产生体积缩小的现象，称为（　　）；混凝土在水中硬结时会产生体积（　　）。

6. 材料强度设计值等于材料强度标准值（　　）材料分项系数。

7. 钢筋按使用前是否施加预应力分为（　　）和（　　）。

8. 衡量钢筋塑性性能的指标有（　　）和（　　）。

9. 热轧钢筋属于有明显屈服点的钢筋，取（　　）作为强度设计指标；对于无明显屈服点的钢筋，取（　　）作为条件屈服点。

10. 对钢筋进行冷加工的目的是提高钢筋的（　　）。

二、简答题

1. 什么是混凝土的立方体抗压强度、轴心抗压强度和轴心抗拉强度？混凝土强度等级是按哪一种强度指标确定的？

2. 什么是混凝土的徐变？影响徐变的因素有哪些？

3. 根据混凝土强度表，查 C30 混凝土的抗压强度设计值和抗拉强度设计值。

4. 根据钢筋强度表，查 HRB400 级钢筋的抗拉强度设计值和抗压强度设计值。

学习情境 **4**

钢筋混凝土结构基本构件

▌ **知识目标**

（1）掌握受弯构件的一般构造要求、破坏形态及特征，并掌握其计算方法；

（2）掌握受压构件的类型及构造要求，理解轴心受压构件的计算方法，了解偏心受压构件的破坏形态；

（3）了解受扭构件的受力特点及构造要求；

（4）了解预应力混凝土的基本概念、施工方法及构造要求等。

▌ **能力目标**

（1）能对单筋矩形截面梁进行截面设计和截面复核，能进行简单的斜截面承载力计算；

（2）能对轴心受压构件进行配筋计算；

（3）能按构造配置受扭钢筋；

（4）能正确选择预应力混凝土结构材料、预应力施加方法。

任务 1 钢筋混凝土受弯构件

受弯构件是指以承受弯矩和剪力为主的构件。梁和板是典型的受弯构件，两者的区别仅在于：梁的截面高度一般大于截面宽度，而板的截面高度则远小于截面宽度。

受弯构件在荷载作用下可能发生两种破坏。当受弯构件沿弯矩最大的截面发生破坏时，破坏截面与构件的纵轴线垂直，称为沿正截面破坏，如图 4-1（a）所示；当受弯构件沿剪力最大或弯矩和剪力都较大的截面发生破坏时，破坏截面与构件的纵轴线斜交，称为沿斜截面破坏，如图 4-1（b）所示。

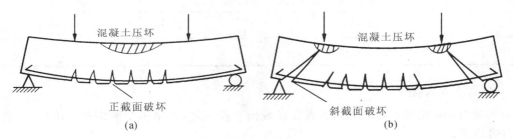

图 4-1 受弯构件的破坏形式

受弯构件的设计一般包括正截面受弯承载力计算、斜截面受剪承载力计算、构件的变形和裂缝宽度验算，同时必须满足各种构造要求。

一、受弯构件一般构造要求

1. 板的构造要求

1）板的截面形式和尺寸

板按截面形式一般分为矩形板、空心板、槽形板等，如图 4-2 所示。

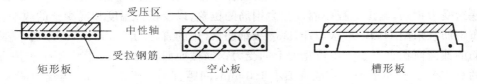

图 4-2 板的截面形式

板的截面尺寸除应满足强度条件外，还应满足刚度、施工及经济等方面的要求，其厚度应符合表 4-1 的规定。工程中现浇板的常用厚度为 60～120 mm，板厚以 10 mm 为模数。

表 4-1　现浇钢筋混凝土板的最小厚度

板 的 类 别		最小板厚/mm
单向板	屋面板	60
	民用建筑楼板	60
	工业建筑楼板	70
	行车道下的楼板	80
双向板		80
密肋楼盖	面板	50
	肋高	250
悬臂板（根部）	悬臂长度不大于 500 mm	60
	悬臂长度 1 200 mm	100
无梁楼板		150
现浇空心楼盖		200

2）板的受力钢筋

板的受力钢筋沿板的传力方向布置在板截面受拉一侧，用来承受弯矩产生的拉力，其数量通过计算确定。

板的受力钢筋直径常采用 6 mm、8 mm、10 mm、12 mm。

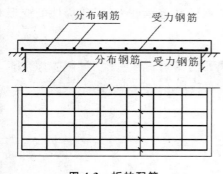

图 4-3　板的配筋

为保证钢筋周围混凝土的密实性，板的受力钢筋不宜太密；为了正常地分担内力，也不宜过稀。板的受力钢筋间距一般为 70～200 mm，如图 4-3 所示。当板厚 $h \leqslant 150$ mm 时，板的受力钢筋的间距宜不大于 200 mm；当板厚 $h > 150$ mm 时，板的受力钢筋的间距宜不大于 $1.5h$，且宜不大于 250 mm。

3）板的分布钢筋

板的分布钢筋是指垂直于受力钢筋方向上布置的构造钢筋。分布钢筋与受力钢筋绑扎或焊接在一起，形成钢筋骨架。分布钢筋的作用是：将板面荷载更均匀地传递给受力钢筋，施工过程中固定受力钢筋的位置，以及抵抗温度和混凝土的收缩应力等。

分布钢筋宜采用 HPB300 级、HRB335 级钢筋，常用的直径为 6 mm、8 mm。单位长度上的分布钢筋的截面面积宜不小于单位宽度上的受力钢筋截面面积的 15%，且宜不小于该方向板截面面积的 0.15%。分布钢筋的直径宜不小于 6 mm，间距宜不大于 250 mm；当集中荷载较大时，分布钢筋截面面积应适当增加，且间距宜不大于 200 mm。

2. 梁的构造要求

1）梁的截面形式和尺寸

梁最常用的截面形式有矩形和 T 形，此外，根据需要可以做成花篮形、工字形、倒 T 形等截面，如图 4-4 所示。

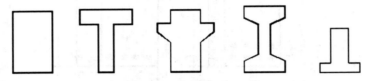

图 4-4　梁的截面形式

梁的截面尺寸应满足强度、刚度及抗裂等方面的要求，同时应满足施工方便。矩形截面梁的高宽比 h/b 一般取 2.0～3.5，T 形截面梁的 h/b（b 为梁肋宽）一般取 2.5～4.0。梁的截面宽度 b 一般为 100 mm 、150 mm（180 mm）、200 mm（220 mm）、250 mm、300 mm，300 mm 以上级差一般为 50 mm，括号里的值仅用于木模；梁的高度一般为 250 mm、300 mm、350 mm……750 mm、800 mm、900 mm、1 000 mm，800 mm 以下级差为 50 mm，以上级差为 100 mm。

2）梁的配筋

梁中通常配有纵向受力钢筋、弯起钢筋、箍筋、架立钢筋，构成钢筋骨架，如图 4-5 所示。有时根据需要，还需配置纵向构造钢筋及相应的拉筋。

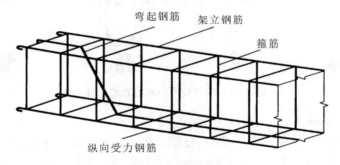

图 4-5　梁的配筋

（1）梁的纵向受力钢筋。

配置在受拉区的纵向受力钢筋主要用来承受由弯矩在梁内产生的拉力，配置在受压区的纵向受力钢筋则是用来补充混凝土受压能力的不足。

梁中纵向受力钢筋的直径为 10～28 mm，根数不得少于 2 根。梁高不小于 300 mm 时，钢筋直径应不小于 10 mm；梁高小于 300 mm 时，钢筋直径应不小于 8 mm。梁的纵向受力钢筋的直径宜尽可能相同。当采用两种不同直径的钢筋时，它们直径之间相差至少应为 2 mm，以便在施工时容易用肉眼识别，但相差也不宜超过 6 mm。

为了保证钢筋周围的混凝土浇筑密实，避免钢筋锈蚀而影响结构的耐久性，梁的纵向受力钢筋间必须留有足够的净间距，如图 4-6 所示。

为解决施工的困难，可将 2 根或 3 根钢筋并在一起配置，称为并筋，如图 4-7 所示。直径为

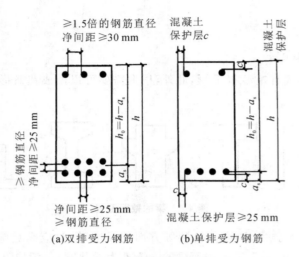

图 4-6　钢筋净间距

28 mm 及以下的钢筋,并筋数量应不超过 3 根;直径为 32 mm 的钢筋,并筋数量宜为 2 根;直径为 36 mm 及以上钢筋,应不采用并筋。并筋应按单根等效钢筋进行计算,等效钢筋的等效直径应按截面面积相等的原则换算确定。

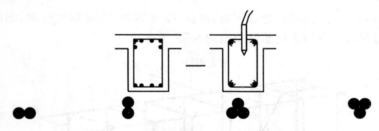

图 4-7　梁的纵向受力钢筋的并筋配置方式

（2）弯起钢筋和箍筋。

弯起钢筋在跨中下侧承受正弯矩产生的拉力,在靠近支座的弯起段弯矩较小处承受弯矩和剪力共同产生的主拉应力。当梁高 $h \leqslant 800$ mm 时,弯起角度采用 $45°$;当梁高 $h > 800$ mm 时,弯起角度采用 $60°$。

箍筋的作用是承受剪力,固定纵筋,并和其他钢筋一起形成钢筋骨架。梁内箍筋宜采用 HPB300 级、HRB335 级、HRB400 级钢筋,常用的箍筋直径为 6 mm、8 mm、10 mm。

箍筋有开口式和封闭式两种形式,如图 4-8 所示。除无振动荷载且计算不需要配置纵向受压钢筋的现浇 T 形梁的跨中部分可用开口式箍筋外,其余均应采用封闭式箍筋。当梁宽 $b \leqslant$ 150 mm 时,可采用单肢箍筋;当梁宽 $b > 400$ mm,且一层内的纵向受压钢筋多于 3 根时,或梁宽 $b \leqslant 400$ mm,但一层内的纵向受压钢筋多于 4 根时,应设置复合箍筋。

箍筋的最大间距应符合《混凝土结构设计规范》(GB 50010—2010)的相关要求。

（3）架立钢筋。

架立钢筋的作用是固定箍筋的位置,与纵向受力钢筋形成钢筋骨架,承受温度变化及混凝土收缩而产生的拉应力,防止裂缝产生。架立钢筋一般配置 2 根,设置在梁的受压区外缘两侧,

(a)封闭式　(b)开口式　(c)单肢箍筋　(d)双肢箍筋　(e)四肢箍筋

图 4-8　箍筋的形式与肢数

并平行于纵向受力钢筋。如在受压区已配置受压钢筋,受压钢筋可兼做架立钢筋。

架立钢筋的直径与梁的跨度有关,其最小直径如表 4-2 所示。

表 4-2　架立钢筋的最小直径

梁的跨度/m	<4	4~6	>6
最小直径/mm	8	10	12

（4）纵向构造钢筋及拉筋。

当梁的腹板高度 $h_w \geq 450$ mm 时,应在梁的两侧设置纵向构造钢筋,并用拉筋固定,如图 4-9 所示。纵向构造钢筋可抵抗温度应力及混凝土收缩产生的裂缝,同时与箍筋构成钢筋骨架。

每侧纵向构造钢筋（不包括梁上、下部受力钢筋及架立钢筋）的间距宜不大于 200 mm,截面面积应不大于腹板截面面积的 0.1%。拉筋直径一般与箍筋直径相同。

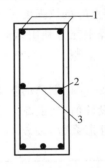

图 4-9　纵向构造钢筋及拉筋

1—架立钢筋;2—纵向构造钢筋;3—拉筋

3. 混凝土保护层厚度

为了防止钢筋锈蚀,保证钢筋与混凝土之间有足够的黏结,同时在火灾等情况下,避免钢筋过早软化,梁、板的钢筋表面必须有足够的混凝土保护层厚度。混凝土保护层是指结构构件中钢筋外边缘至构件表面用于保护钢筋的混凝土,简称保护层,其厚度用符号 c 表示。

设计使用年限为 50 年的混凝土结构,最外层钢筋的保护层厚度应符合表 4-3 的规定;设计使用年限为 100 年的混凝土结构,最外层钢筋的保护层厚度应不小于表 4-3 中数值的 1.4 倍。

表 4-3　混凝土保护层的最小厚度 c　　　　　　　　　　　　　　单位:mm

环境类别	板、墙、壳	梁、柱、杆
一	15	20
二$_a$	20	25
二$_b$	25	35
三$_a$	30	40
三$_b$	40	50

注:1.混凝土强度等级不大于 C25 时,表中保护层厚度数值应增加 5 mm;

2.钢筋混凝土基础宜设置混凝土垫层,其受力钢筋的混凝土保护层厚度应从垫层算起,且应不小于 40 mm。

4. 保证黏结的构造措施

钢筋和混凝土能够共同工作的一个主要原因是它们之间存在黏结力。为保证钢筋和混凝土之间具有足够的黏结力,需要在材料选用和构造方面采取一些措施。

保证黏结的构造措施主要有如下几个方面:对于不同等级的混凝土和钢筋,要保证最小搭接长度和锚固长度,必须满足钢筋的最小间距和混凝土保护层最小厚度的要求,在钢筋的搭接接头范围内应加密箍筋,在钢筋端部应设弯钩。此外,在浇筑深度超过 300 mm 以上的混凝土构件时,由于混凝土的泌水、骨料下沉和水分气泡的逸出,会形成一层强度较低的空隙层,它将削弱钢筋与混凝土的黏结作用,因此,对于高度较大的梁,应分层浇筑和采用二次振捣。

1) 锚固长度

为发挥钢筋在某个截面的强度,必须从该截面处向前延伸一个长度,以借助该长度上的钢筋与混凝土的黏结力把钢筋锚固在混凝土中,这一长度称为锚固长度。锚固长度取决于钢筋的强度、混凝土的抗拉强度及钢筋的外形。

当计算中充分利用钢筋的抗拉强度时,普通受拉钢筋的基本锚固长度按下式计算,即

$$l_{ab} = \alpha \frac{f_y}{f_t} d \qquad (4-1)$$

式中:l_{ab}——受拉钢筋的基本锚固长度;f_y——普通钢筋的抗拉强度设计值;f_t——混凝土轴心抗拉强度设计值,当混凝土强度等级高于 C60 时,按 C60 取值;d——锚固钢筋的直径;α——锚固钢筋的外形系数,按表 4-4 采用。

表 4-4 锚固钢筋的外形系数 α

钢筋类型	光圆钢筋	带肋钢筋	螺旋肋钢筋	三股钢绞线	七股钢绞线
α	0.16	0.14	0.13	0.16	0.17

普通受拉钢筋的锚固长度应根据锚固条件按下式计算,且应不小于 200 mm。

$$l_a = \zeta_a l_{ab} \qquad (4-2)$$

式中:l_a——受拉钢筋的锚固长度;ζ_a——锚固长度修正系数,按下列规定取用,当多于一项时,可按连乘计算,但应不小于 0.6,对于预应力钢筋,可取 1.0。

① 当带肋钢筋的公称直径大于 25 mm 时,锚固长度修正系数取 1.10。

② 环氧树脂涂层带肋钢筋锚固长度修正系数取 1.25。

③ 施工过程中易受扰动的钢筋锚固长度修正系数取 1.10。

④ 当纵向受力钢筋的实际配筋面积大于其设计计算面积时,锚固长度修正系数取设计计算面积与实际配筋面积的比值,但对于有抗震设防要求及直接承受动力荷载的结构构件,应不考虑此项修正。

⑤ 锚固钢筋在保护层厚度为 $3d$(d 为锚固钢筋的直径)时,锚固长度修正系数可取 0.80;保护层厚度为 $5d$ 时,锚固长度修正系数可取 0.70;中间按内插取值。

当纵向受拉普通钢筋末端采用弯钩或机械锚固措施时,包括弯钩或锚固端头在内的锚固长度(投影长度)可取为基本锚固长度 l_{ab} 的 60%。弯钩和机械锚固的形式及技术要求如图 4-10所示。

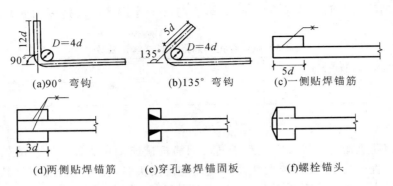

(a)90°弯钩　　　　　　　　(b)135°弯钩　　　　　　　(c)一侧贴焊锚筋

(d)两侧贴焊锚筋　　　　(e)穿孔塞焊锚固板　　　　(f)螺栓锚头

图4-10　弯钩和机械锚固的形式及技术要求

当计算中充分利用纵向受压钢筋的抗压强度时,锚固长度应不小于相应受拉钢筋锚固长度的70%。

2)钢筋的连接

钢筋的连接可采用绑扎搭接、机械连接或焊接。钢筋连接接头传力不如直接传力的整体钢筋,任何形式的钢筋连接均会削弱其传力性能,因此钢筋连接的基本原则是:连接接头应设置在受力较小处,同一根钢筋上宜少设接头;在结构的重要构件和关键传力部位以及纵向受力钢筋不宜设置连接接头。

(1)绑扎搭接。

对于轴心受拉及小偏心受拉杆件,纵向受力钢筋不得采用绑扎搭接;对于其他构件,当受拉钢筋直径小于25 mm,受压钢筋直径小于28 mm时,可采用绑扎搭接。其连接区的长度为搭接长度 l_1 的1.3倍。凡搭接接头中点位于连接区段长度内的搭接接头,均属于同一连接区段的搭接接头。

同一连接区段内的纵向受力钢筋搭接接头面积百分率是指该区段内有搭接接头的纵向受力钢筋截面面积与全部纵向受力钢筋截面面积之比,如图4-11所示。图中同一连接区段内的搭接接头钢筋有两根,当钢筋的直径相同时,钢筋的搭接接头面积百分率是50%。《混凝土结构设计规范》(GB 50010—2010)规定:对于梁类、板类及墙类构件,同一连接区段内的纵向受拉钢筋搭接接头面积百分率宜不大于25%;对于柱类构件,宜不大于50%。

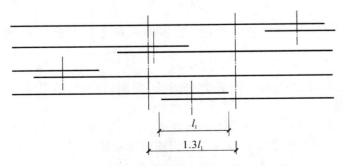

图4-11　同一连接区段内的纵向受力钢筋绑扎搭接接头

纵向受拉钢筋绑扎搭接接头的搭接长度 l_1 可按下式计算,即

$$l_1 = \zeta_1 l_a \tag{4-3}$$

式中，ζ_l——纵向受拉钢筋搭接长度修正系数，它与同一连接区段内搭接钢筋的截面面积有关，按表4-5取值。

表 4-5　纵向受拉钢筋搭接长度修正系数 ζ_l

纵向搭接钢筋接头面积百分率/（%）	≤25	50	100
ζ_l	1.2	1.4	1.6

（2）机械连接。

纵向受力钢筋机械连接接头宜相互错开。钢筋机械连接接头连接区段的长度为 $35d$（d 为连接钢筋的较小直径）。在受力较大处设置机械连接接头时，位于同一连接区段内的纵向受拉钢筋机械连接接头面积百分率宜不大于 50%，但对于板、墙、柱及预制构件的拼接处，可根据实际情况放宽；纵向受压钢筋机械连接接头面积百分率可不受限制。在直接承受动力荷载的结构构件中，纵向受力钢筋机械连接接头面积百分率应不大于 50%。

（3）焊接。

细晶粒热轧带肋钢筋以及直径大于 28 mm 的带肋钢筋，其焊接应经试验确定；余热处理钢筋不宜焊接。

纵向受力钢筋焊接接头应相互错开。钢筋焊接接头连接区段的长度为 $35d$（d 为连接钢筋的较小直径），且不小于 500 mm。位于同一连接区段内的纵向受拉钢筋焊接接头面积百分率宜不大于 50%，但对于预制构件的拼接处，可根据实际情况放宽；纵向受压钢筋焊接接头面积百分率可不受限制。

二、受弯构件正截面承载力

1. 配筋率

钢筋混凝土受弯构件正截面的破坏形式与钢筋和混凝土的强度以及纵向受拉钢筋的配筋率有关。纵向受拉钢筋的配筋率是指纵向受拉钢筋总截面面积与正截面的有效面积的比值，用符号 ρ 表示，即

$$\rho = \frac{A_s}{bh_0} \tag{4-4}$$

式中：A_s——纵向受拉钢筋总截面面积；b——梁的截面宽度；h_0——梁的截面有效高度，如图 4-12 所示。

$$h_0 = h - a_s \tag{4-5}$$

式中，a_s——纵向受拉钢筋的重心到截面受拉边缘的距离，它与保护层厚度、箍筋直径及受拉钢筋的直径及排放有关。

对于室内正常环境下的梁，当混凝土的强度等级为 C25 及以上时，若梁内纵向受力钢筋一排布置，则 $h_0 = h - (35 \sim 40)$；若梁内纵向受力钢筋两排布置，则 $h_0 = h - (60 \sim 70)$。对于板，一般取 $h_0 = h - 20$。

2. 正截面破坏形态

根据梁内纵向受力钢筋配筋率的不同，钢筋混凝土梁有少筋破坏、适筋破坏和超筋破坏三

种形态,如图 4-13 所示。

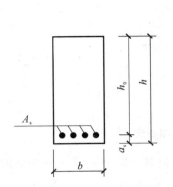

图 4-12　矩形截面受力钢筋配筋示意图

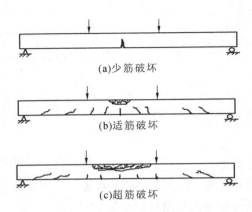

(a)少筋破坏

(b)适筋破坏

(c)超筋破坏

图 4-13　梁的正截面破坏形态

1）少筋破坏

当构件的配筋率低于某一定值时,构件不但承载能力很低,而且只要其一开裂,裂缝就急速展开,裂缝截面处的拉力全部由钢筋承受,由于钢筋的应力屈服突然增大,构件立即发生破坏,如图 4-13（a）所示。这种破坏是突然的,破坏前没有明显预兆,属于脆性破坏。

2）适筋破坏

当构件的配筋率不是太低也不是太高时,构件的破坏首先是受拉区纵向受力钢筋屈服,然后受压区混凝土被压碎,钢筋和混凝土的强度都得到充分利用,如图 4-13（b）所示。由于钢筋屈服后产生很大的塑性变形,使裂缝急剧展开,挠度急剧增大,给人以明显的破坏预兆,这种破坏属于延性破坏。

3）超筋破坏

当构件的配筋率超过某一定值时,构件的破坏特征又发生质的变化。构件的破坏是由于受压区的混凝土被压碎而引起的,受拉区纵向受力钢筋不屈服,如图 4-13（c）所示。构件在破坏前虽然也有一定的变形和裂缝预兆,但不像适筋破坏那样明显,而且当混凝土被压碎时,破坏突然发生,钢筋的强度得不到充分利用,破坏带有脆性性质,属于脆性破坏。

以上三种不同类型的破坏形态中,少筋破坏和超筋破坏都具有脆性性质,破坏前无明显预兆,破坏时造成严重后果,材料强度得不到充分利用,因此应避免将受弯构件设计成少筋构件和超筋构件,只允许设计成适筋构件。

3. 正截面承载力计算方法

1）基本假定

进行受弯构件正截面承载力计算时,引入如下基本假定。

（1）截面应变保持平面。

（2）不考虑混凝土的抗拉强度。

（3）受压混凝土采用理想化的应力-应变关系曲线,如图 4-14 所示。当混凝土强度等级为 C50 及以下时,混凝土极限压应变 $\varepsilon_{cu} = 0.0033$。

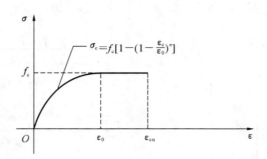

图 4-14　混凝土应力-应变关系曲线

（4）钢筋的应力等于钢筋应变与其弹性模量的乘积，但其绝对值应不大于相应的强度设计值。受拉钢筋的极限拉应变取 0.01，即

$$\left.\begin{array}{l} \sigma_s = \varepsilon_s E_s \leqslant f_y \\ \sigma'_s = \varepsilon'_s E'_s \leqslant f'_y \\ \varepsilon_{s,max} = 0.01 \end{array}\right\} \tag{4-6}$$

2）单筋矩形截面正截面承载力计算

矩形截面通常分为单筋矩形截面和双筋矩形截面两种形式。只在截面的受拉区配有纵向受力钢筋的矩形截面，称为单筋矩形截面；不但在截面的受拉区，而且在截面的受压区同时配有纵向受力钢筋的矩形截面，称为双筋矩形截面。

需要说明的是，架立钢筋是根据构造要求设置的，通常直径较细，根数较少；而受力钢筋则是根据受力要求按计算设置的，通常直径较粗，根数较多。受压区配有架立钢筋的截面，不是双筋截面。

根据受弯构件基本假定，将受压区混凝土用等效矩形应力分布图代替曲线应力分布图，单筋矩形截面的计算简图如图 4-15 所示。等效代换的原则是：受压区混凝土的合力大小相等，合力的作用点不变。

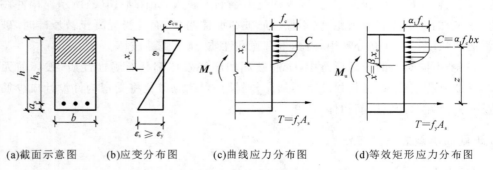

(a)截面示意图　　(b)应变分布图　　(c)曲线应力分布图　　(d)等效矩形应力分布图

图 4-15　单筋矩形截面正截面承载力计算图

图中 α_1 为受压区混凝土等效矩形应力分布图的应力值与混凝土轴心抗压强度设计值的比值，按表 4-6 采用；β_1 为等效矩形应力分布图中受压区高度与中和轴高度的比值，按表 4-6 采用。

表 4-6 α_1、β_1 值

混凝土强度等级	≤C50	C55	C60	C65	C70	C75	C80
β_1	0.8	0.79	0.78	0.77	0.76	0.75	0.74
α_1	1.0	0.99	0.98	0.97	0.96	0.95	0.94

根据静力平衡条件,单筋矩形截面正截面承载力计算的基本公式为

$$\sum x = 0 \quad \alpha_1 f_c bx = f_y A_s \tag{4-7}$$

$$\sum M = 0 \quad M \leqslant M_u = \alpha_1 f_c bx \left(h_0 - \frac{x}{2} \right) \tag{4-8}$$

或

$$M \leqslant M_u = f_y A_s \left(h_0 - \frac{x}{2} \right) \tag{4-9}$$

式中,f_c——混凝土轴心抗压强度设计值,b——梁的截面宽度,x——混凝土受压区高度,f_y——钢筋抗拉强度设计值,A_s——纵向受拉钢筋截面面积,M——弯矩设计值,M_u——破坏时的极限弯矩,h_0——截面的有效高度。

为保证不发生超筋破坏和少筋破坏,式(4-7)～式(4-9)应满足下列两个适用条件。

（1）防止超筋破坏。

$$x \leqslant \xi_b h_0 \tag{4-10}$$

或

$$\xi \leqslant \xi_b \tag{4-11}$$

式中:ξ——相对受压区高度,$\xi = \dfrac{x}{h_0}$;ξ_b——界限相对受压区高度,当混凝土强度等级为 C50 及以下时,对于 HPB300 级钢筋,ξ_b 取 0.576,对于 HRB335 级、HRBF335 级钢筋,ξ_b 取 0.550,对于 HRB400 级、HRBF400 级、RRB400 级钢筋,ξ_b 取 0.518,对于 HRB500 级、HRBF500 级钢筋,ξ_b 取 0.482。

（2）防止少筋破坏。

$$A_s \geqslant \rho_{min} bh \tag{4-12}$$

式中:ρ_{min}——截面最小配筋率,$\rho_{min} = 0.45 \dfrac{f_t}{f_y} \geqslant 0.20\%$;$f_t$——混凝土抗拉强度设计值。

由于不考虑混凝土抵抗拉力的作用,因此,只要是受压区为矩形而受拉区为其他形状的受弯构件（如倒 T 形受弯构件）,均可按矩形截面计算。

3）截面设计与承载能力校核

在受弯构件设计过程中,通常会遇到两类问题:一类是截面设计问题,另一类是承载能力校核问题。

（1）截面设计。

已知构件的截面尺寸（$b \times h$）、混凝土的强度等级（α_1、f_c、f_t）、钢筋的品种（f_y）、截面上的弯矩设计值（M）,求受拉区纵向受力钢筋的面积（A_s）。

计算步骤如下:

① 确定截面的有效高度 h_0。

② 计算受压区高度 x。

由式(4-8)得

$$x = h_0 - \sqrt{h_0^2 - \frac{2M}{\alpha_1 f_c b}}$$

③ 判断是否为超筋梁。

若 $x \leqslant \xi_b h_0$，则不属于超筋梁；若 $x > \xi_b h_0$，则要加大截面尺寸，或提高混凝土的强度等级，或改用双筋矩形截面重新计算。

④ 求 A_s。

由式(4-7)得

$$A_s = \frac{\alpha_1 f_c b x}{f_y}$$

⑤ 判断是否为少筋梁。

若 $A_s \geqslant \rho_{min} bh$，则不属于少筋梁；若 $A_s < \rho_{min} bh$，按 $A_s = \rho_{min} bh$ 配置。

参考构造要求，查表 4-7，选择钢筋的根数和直径，并复核一排是否能放下。如纵筋需两排放置，应改变截面有效高度，重新计算，并再次选择钢筋。

表 4-7　钢筋的计算截面面积及理论质量

公称直径/mm	不同根数钢筋的计算截面面积/mm²									单根钢筋的理论质量/(kg/m)
	1	2	3	4	5	6	7	8	9	
6	28.3	57	85	113	142	170	198	226	255	0.222
6.5	33.2	66	100	133	166	199	232	265	299	0.260
8	50.3	101	151	201	252	302	352	402	453	0.395
8.2	52.8	106	158	211	264	317	370	423	475	0.432
10	78.5	157	236	314	393	471	550	628	707	0.617
12	113.1	226	339	452	565	678	791	904	1 017	0.888
14	153.9	308	461	615	769	923	1 077	1 231	1 385	1.21
16	201.1	402	603	804	1 005	1 206	1 407	1 608	1 809	1.58
18	254.5	509	763	1 017	1 272	1 526	1 780	2 036	2 290	2.00
20	314.2	628	942	1 256	1 570	1 884	2 200	2 513	2 827	2.47
22	380.1	760	1 140	1 520	1 900	2 281	2 661	3 041	3 421	2.98
25	490.9	982	1 473	1 964	2 454	2 945	3 436	3 927	4 418	3.85
28	615.8	1 232	1 847	2 463	3 079	3 695	4 310	4 926	5 542	4.83
32	804.2	1609	2 413	3 217	4 021	4 826	5 630	6 434	7 238	6.31
36	1 017.9	2 036	3 054	4 072	5 089	6 107	7 125	8 143	9 161	7.99
40	1 256.6	2 513	3 770	5 027	6 283	7 540	8 796	10 053	11 310	9.87
50	1 964.0	3 928	5 892	7 856	9 820	11 784	13 748	15 712	17 676	15.42

注：表中直径 $d=8.2$ mm 的计算截面面积及理论质量仅适用于有纵肋的热处理钢筋。

例 4-1　某办公楼中一矩形截面钢筋混凝土简支梁,截面尺寸为 200 mm×600 mm,采用 C30 混凝土及 HRB400 级钢筋,由荷载设计值产生的弯矩 $M=223$ kN·m,试求纵向受力钢筋的面积。

解　(1) 查表得出有关数据,即 $f_c=14.3$ N/mm², $f_t=1.43$ N/mm², $\alpha_1=1.0$, $f_y=360$ N/mm², $\xi_b=0.518$。

(2) 确定截面有效高度 h_0。

先假定纵向受力钢筋按一排布置,则

$$h_0 = h - 40 = (600 - 40) \text{ mm} = 560 \text{ mm}$$

(3) 计算受压区高度 x。

$$x = h_0 - \sqrt{h_0^2 - \frac{2M}{\alpha_1 f_c b}} = \left(560 - \sqrt{560^2 - \frac{2 \times 223 \times 10^6}{1.0 \times 14.3 \times 200}}\right) \text{ mm} = 162.94 \text{ mm}$$

(4) 判断是否为超筋梁。

$$x = 162.94 \text{ mm} < \xi_b h_0 = 0.518 \times 560 \text{ mm} = 290.08 \text{ mm}$$

因此不属于超筋梁。

(5) 计算纵向受拉钢筋的面积 A_s。

$$A_s = \frac{\alpha_1 f_c b x}{f_y} = \frac{1.0 \times 14.3 \times 200 \times 162.94}{360} \text{ mm} = 1\,294.47 \text{ mm}^2$$

(6) 判断是否为少筋梁。

$$0.45 \frac{f_t}{f_y} = 0.45 \times \frac{1.43}{360} \times 100\% = 0.179\% < 0.20\%$$

取 $\rho_{min}=0.20\%$。

$$A_s = 1\,294.47 \text{ mm}^2 > \rho_{min} b h = 0.20\% \times 200 \times 600 \text{ mm}^2 = 240 \text{ mm}^2$$

因此不属于少筋梁,符合要求。

根据计算结果选用钢筋的直径和根数,查表 4-7,本题选用 3 Φ 25(实际配筋面积 $A_s=1\,473$ mm²)。

(2) 承载能力校核。

已知截面设计弯矩(M),截面尺寸($b \times h$),钢筋的品种、数量和配筋方式(f_y、A_s),混凝土的强度等级(α_1、f_c、f_t),求正截面承载力(M_u)。

计算步骤如下:

① 根据实际配筋情况,确定截面有效高度 h_0。

② 计算受压区高度 x。

由式(4-7)得

$$x = \frac{f_y A_s}{\alpha_1 f_c b}$$

③ 检验是否满足 $x \leqslant \xi_b h_0$。

若 $x \leqslant \xi_b h_0$,则不属于超筋梁;若 $x > \xi_b h_0$,则按 $x = \xi_b h_0$ 计算。

④ 检验是否满足 $A_s \geqslant \rho_{min} b h$。

若 $A_s \geqslant \rho_{min} b h$,则不属于少筋梁;若 $A_s < \rho_{min} b h$,则按 $A_s = \rho_{min} b h$ 配筋或修改截面重新计算。

⑤求 M_u。

由式(4-8)得

$$M_u = \alpha_1 f_c bx(h_0 - 0.5x)$$

或

$$M_u = f_y A_s(h_0 - 0.5x)$$

若 $M_u > M$,认为正截面承载力满足要求,否则不安全。但若 M_u 大于 M 过多,则认为截面设计不经济。

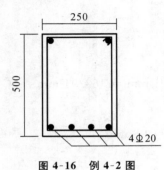

图 4-16 例 4-2 图

例 4-2 一钢筋混凝土矩形截面梁,跨中最大弯矩设计值 $M = 130$ kN·m,梁的截面尺寸 $b \times h = 250$ mm $\times 500$ mm,混凝土强度等级为 C25,受拉区有 4 根直径为 20 mm 的 HRB335 级钢筋,如图 4-16 所示,验算该梁是否安全。

解 (1) 查表得出有关数据,即 $f_c = 11.9$ N/mm^2,$f_t = 1.27$ N/mm^2,$\alpha_1 = 1.0$,$f_y = 300$ N/mm^2,$A_s = 1\ 256$ mm^2,$\xi_b = 0.55$。

(2) 确定截面有效高度 h_0。

$$h_0 = (500 - 40)\ \text{mm} = 460\ \text{mm}$$

(3) 计算受压区高度 x。

$$x = \frac{f_y A_s}{\alpha_1 f_c b} = \frac{300 \times 1\ 256}{1.0 \times 11.9 \times 250}\ \text{mm} = 126.66\ \text{mm}$$

(4) 检验是否满足 $x \leqslant \xi_b h_0$。

$$x = 126.66\ \text{mm} < \xi_b h_0 = 0.55 \times 460\ \text{mm} = 253\ \text{mm}$$

因此不属于超筋梁。

(5) 检验是否满足 $A_s \geqslant \rho_{min} bh$。

$$0.45 \frac{f_t}{f_y} = 0.45 \times \frac{1.27}{300} \times 100\% = 0.19\% < 0.20\%$$

取 $\rho_{min} = 0.2\%$。

$$A_s = 1\ 256\ \text{mm}^2 \geqslant 0.2\% \times 250 \times 500\ \text{mm}^2 = 250\ \text{mm}^2$$

因此不属于少筋梁。

(6) 求 M_u。

$$M_u = \alpha_1 f_c bx(h_0 - 0.5x) = 1.0 \times 11.9 \times 250 \times 126.66 \times (460 - 0.5 \times 126.66)\ \text{N·mm}$$
$$= 149.47\ \text{kN·m} > M = 130\ \text{kN·m}$$

故截面安全。

4) 双筋矩形截面的特点

如前所述,不但在截面的受拉区,而且在截面的受压区同时配有纵向受力钢筋的矩形截面,称为双筋矩形截面。双筋截面的用钢量比单筋截面的多,为节约钢材,尽可能不要将截面设计成双筋截面。

双筋截面适用于以下几种情况:

(1) 结构或构件承受某种交变作用(如地震),使截面上的弯矩改变方向。

（2）截面承受的弯矩设计值大于单筋截面所能承受的最大弯矩设计值,而截面尺寸和材料品种等由于某些原因又不能改变。

（3）结构或构件的截面由于某种原因,在其受压区已经预先布置了一定数量的受力钢筋(如连续梁的某些支座截面)。

5）T 形截面的特点

在矩形截面受弯构件的承载力计算中,没有考虑混凝土的抗拉强度。因此,对于尺寸较大的矩形截面构件,可将受拉区两侧的混凝土挖去,形成图 4-17 所示的 T 形截面,以减轻结构自重,获得经济效果。

T 形截面的伸出部分称为翼缘,其宽度为 b'_f,厚度为 h'_f;中间部分称为肋或腹板,肋宽为 b,高为 h。有时为了需要,也采用翼缘在受拉区的倒 T 形截面或工字形截面。

T 形截面根据受压区高度的大小,可分为两种类型:第一类 T 形截面,中和轴在翼缘内,即 $x \leqslant h'_f$,如图 4-18(a)所示;第二类 T 形截面,中和轴在梁肋内,即 $x > h'_f$,如图 4-18(b)所示。

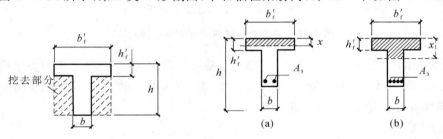

图 4-17　T 形截面　　　　图 4-18　各类 T 形截面中和轴的位置

第一类 T 形截面相当于宽度 $b = b'_f$ 的矩形截面,可用 b'_f 代替 b 按矩形截面的计算公式进行计算。

三、受弯构件斜截面承载力

受弯构件在荷载作用下,截面除产生弯矩 **M** 外,常常还产生剪力 **V**,在弯矩和剪力共同作用的弯剪区段产生斜裂缝,如果斜截面承载力不足,可能沿斜裂缝发生斜截面受剪破坏或斜截面受弯破坏。因此,受弯构件还需保证斜截面承载力,即斜截面受剪承载力和斜截面受弯承载力。

工程设计中,斜截面受剪承载力由抗剪计算来满足,斜截面受弯承载力则通过构造要求来满足。

1. 影响斜截面受力性能的主要因素

1）剪跨比和跨高比

对于承受集中荷载作用的梁而言,剪跨比是影响斜截面受力性能的主要因素之一。集中荷载作用下梁的某一截面的剪跨比 λ 等于该截面的弯矩值与该截面的剪力和有效高度乘积之比,即

$$\lambda = \frac{M}{V h_0} \tag{4-13}$$

对于图 4-19 所示的承受对称集中荷载作用的简支梁,截面 C 和截面 D 的剪跨比为

$$\lambda = \frac{M}{Vh_0} = \frac{Fa}{Fh_0} = \frac{a}{h_0} \tag{4-14}$$

即剪跨比等于剪跨跨长 a 与截面的有效高度 h_0 之比。

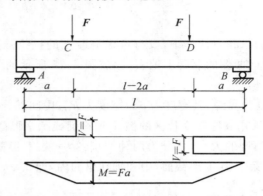

图 4-19　承受对称集中荷载作用的简支梁

试验表明,对于承受集中荷载作用的简支梁,随着剪跨比的增大,受剪承载力下降。对于承受均布荷载作用的简支梁,构件跨度与截面高度之比(简称跨高比)l_0/h 是影响受剪承载力的主要因素;随着跨高比的增大,受剪承载力降低。

2)腹筋的数量

腹筋是箍筋和弯起钢筋的总称。无腹筋梁是指不配置箍筋和弯起钢筋的梁。实际工程中的梁一般都要配箍筋,有时还配有弯起钢筋。腹筋数量增多时,斜截面的承载力增大。

3)混凝土的强度等级

混凝土的强度对斜截面受剪承载力有重要影响。试验表明,在剪跨比和其他条件相同时,斜截面受剪承载力随混凝土强度的提高而增大。

4)纵向钢筋的配筋率

在其他条件相同时,纵向钢筋的配筋率越大,斜截面受剪承载力也越大。

5)其他因素

(1)截面形状。

试验表明,受压区翼缘的存在对提高斜截面受剪承载力有一定的作用,因此 T 形截面梁与矩形截面梁相比,前者的斜截面受剪承载力一般要高 10%～30%。

(2)预应力。

预应力能阻滞斜裂缝的出现和展开,增加混凝土剪压区高度,从而提高混凝土的抗剪能力。

(3)梁的连续性。

试验表明,连续梁的斜截面受剪承载力与相同条件下的简支梁相比,仅在受集中荷载作用时低于简支梁,而在受均布荷载作用时则是相当的。

2. 斜截面破坏的主要形态

大量试验结果表明,无腹筋梁斜截面主要有斜拉、剪压和斜压三种破坏形态。

1）斜拉破坏

当剪跨比 λ 较大（一般 $\lambda > 3$）时，如图 4-20（a）所示，斜裂缝一旦出现，便迅速向集中荷载作用点延伸，并很快形成临界斜裂缝，梁随即破坏。

整个破坏过程急速而突然，破坏荷载与开裂时的荷载接近，破坏前梁的变形很小，且只有一条斜裂缝，这种破坏使拱体混凝土拉坏。破坏具有明显的脆性。这种梁的抗剪强度取决于混凝土的抗拉强度，承载力低。

2）剪压破坏

当剪跨比 λ 适中（一般 $1 < \lambda \leqslant 3$）时，如图 4-20（b）所示，常发生剪压破坏。其特征是当荷载加载到一定阶段时，斜裂缝中的某一条发展成为临界斜裂缝；随着荷载继续增大，临界斜裂缝将不断向荷载作用点延伸，剪压区高度不断减小，最后剪压区混凝土被压碎，梁丧失承载能力。

剪压破坏有一定的预兆，破坏荷载较出现斜裂缝时的荷载高。但与适筋梁的正截面破坏相比，剪压破坏仍属于脆性破坏。

3）斜压破坏

当剪跨比 λ 很小（一般 $\lambda \leqslant 1$）时，如图 4-20（c）所示，常发生斜压破坏。其破坏过程是：首先在荷载作用点与支座间梁的腹部出现若干平行的斜裂缝，随着荷载的增大，梁腹被这些斜裂缝分割为若干斜向"短柱"，最后因柱体混凝土被压碎而破坏。这种破坏使拱体混凝土被压坏。

斜压破坏的破坏荷载很大，但变形小，也属于脆性破坏。

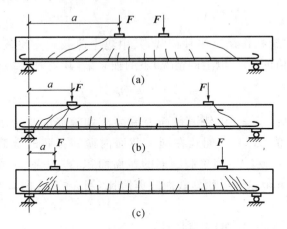

图 4-20　斜截面破坏形态

不同剪跨比的梁的破坏形态和承载力不同，斜压破坏承载力最大，剪压破坏承载力次之，斜拉破坏承载力最小。三种破坏均属于脆性破坏，其中斜拉破坏最明显，斜压破坏次之，剪压破坏稍好。

除上述三种破坏外，还有可能发生由于纵向钢筋在梁端锚固不足而引起的锚固破坏或混凝土局部受压破坏，也有可能发生斜截面受弯破坏。进行受弯构件设计时，应使斜截面破坏呈剪压破坏，避免斜拉、斜压和其他形式的破坏。

配置箍筋的梁，其斜截面破坏形态与无腹筋梁类似。当配箍率 ρ_{sv} 太小或箍筋间距太大且剪

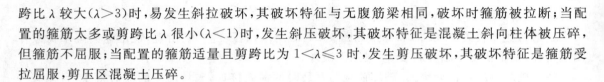

跨比 λ 较大（$\lambda > 3$）时，易发生斜拉破坏，其破坏特征与无腹筋梁相同，破坏时箍筋被拉断；当配置的箍筋太多或剪跨比 λ 很小（$\lambda < 1$）时，发生斜压破坏，其破坏特征是混凝土斜向柱体被压碎，但箍筋不屈服；当配置的箍筋适量且剪跨比为 $1 < \lambda \leqslant 3$ 时，发生剪压破坏，其破坏特征是箍筋受拉屈服，剪压区混凝土压碎。

3. 斜截面承载力的计算公式及适用条件

1）不配置箍筋和弯起钢筋的一般板类受弯构件

板类构件通常承受的荷载不大，剪力较小，因此，一般不必进行斜截面承载力的计算，也不配置箍筋和弯起钢筋。但是当板上承受的荷载较大时，需要对其斜截面承载力进行计算。

不配置箍筋和弯起钢筋的一般板类受弯构件，其斜截面的受剪承载力应按下式计算，即

$$V \leqslant 0.7 \beta_\mathrm{h} f_\mathrm{t} b h_0 \tag{4-15}$$

$$\beta_\mathrm{h} = \left(\frac{800}{h_0}\right)^4 \tag{4-16}$$

式中，β_h——截面高度影响系数，当 $h_0 < 800 \text{ mm}$ 时，取 $h_0 = 800 \text{ mm}$，当 $h_0 > 2\,000 \text{ mm}$ 时，取 $h_0 = 2\,000 \text{ mm}$。

2）矩形、T 形和工字形截面的一般受弯构件

（1）基本计算公式。

① 仅配置箍筋的受弯构件。

对于矩形、T 形和工字形截面的一般受弯构件，其受剪承载力基本计算公式为

$$V \leqslant V_\mathrm{cs} = 0.7 f_\mathrm{t} b h_0 + f_\mathrm{yv} \frac{A_\mathrm{sv}}{s} h_0 \tag{4-17}$$

对于集中荷载作用（包括作用有多种荷载，其中集中荷载对支座截面或节点边缘所产生的剪力值占该截面总剪力值的 75% 以上的情况）下的独立梁，其受剪承载力基本计算公式为

$$V \leqslant V_\mathrm{cs} = \frac{1.75}{\lambda + 1.0} f_\mathrm{t} b h_0 + f_\mathrm{yv} \frac{A_\mathrm{sv}}{s} h_0 \tag{4-18}$$

式（4-17）和式（4-18）中：V_cs——构件斜截面上混凝土和箍筋的受剪承载力设计值；f_t——混凝土轴心抗拉强度设计值；A_sv——配置在同一截面内箍筋各肢的全截面面积，$A_\mathrm{sv} = n A_\mathrm{sv1}$，其中 n 为同一截面内箍筋肢数，A_sv1 为单肢箍筋的截面面积；s——箍筋间距；f_yv——箍筋抗拉强度设计值，$f_\mathrm{yv} \leqslant 360 \text{ N/mm}^2$；$\lambda$——计算截面的剪跨比，当 $\lambda < 1.5$ 时，取 $\lambda = 1.5$，当 $\lambda > 3$ 时，取 $\lambda = 3$。

② 同时配置箍筋和弯起钢筋的受弯构件。

同时配置箍筋和弯起钢筋的受弯构件，其受剪承载力基本计算公式为

$$V \leqslant V_\mathrm{cs} + 0.8 f_\mathrm{y} A_\mathrm{sb} \sin\alpha_\mathrm{s} \tag{4-19}$$

式中：f_y——弯起钢筋的抗拉强度设计值；A_sb——同一平面内弯起钢筋的截面面积；α_s——弯起钢筋与梁轴线的夹角，一般取 45°，当梁高 $h > 800 \text{ mm}$ 时，取 60°；0.8——应力不均匀系数，用来考虑靠近剪压区的弯起钢筋在斜截面破坏时可能达不到钢筋抗拉强度设计值的情况。

（2）计算公式的适用条件。

梁的斜截面受剪承载力计算公式式（4-17）～式（4-19）仅适用于剪压破坏情况，为防止斜压和斜拉破坏，还应规定其上、下限值。

① 上限值——最小截面尺寸。

当发生斜压破坏时,梁腹的混凝土被压碎,箍筋不屈服,其受剪承载力主要取决于构件的腹板宽度、梁截面高度及混凝土强度。因此,只要保证构件截面尺寸不太小,就可以防止斜压破坏发生。对于矩形、T 形和工字形截面的一般受弯构件,应满足下列条件,即

当 $\dfrac{h_w}{b} \leqslant 4$ 时 $\qquad\qquad V \leqslant 0.25 \beta_c f_c b h_0$ $\qquad\qquad$ (4-20)

当 $\dfrac{h_w}{b} \geqslant 6$ 时 $\qquad\qquad V \leqslant 0.2 \beta_c f_c b h_0$ $\qquad\qquad$ (4-21)

当 $4 < \dfrac{h_w}{b} < 6$ 时,按直线内插法取用。

式中:V——构件斜截面上的最大剪力设计值;β_c——混凝土强度影响系数,当混凝土强度等级不超过 C50 时,β_c 取 1.0,当混凝土强度等级为 C80 时,β_c 取 0.8,其间按线性内插法确定;b——矩形截面的宽度或 T 形截面和工字形截面的腹板宽度;h_w——截面的腹板高度,对于矩形截面,取有效高度,对于 T 形截面,取有效高度减去翼缘高度,对于工字形截面,取腹板净高。

在设计时,如不满足式(4-20)和式(4-21),可加大截面尺寸或提高混凝土强度等级。

② 下限值——最小配箍率和箍筋最大间距。

试验表明,当箍筋的配箍率过小或箍筋间距过大时,若 λ 较大,一旦出现斜裂缝,可能使箍筋迅速屈服甚至拉断,斜裂缝急剧展开,导致发生斜拉破坏。此外,箍筋直径过小,也不能保证钢筋骨架的刚度。

为防止斜拉破坏,梁中箍筋间距宜不大于表 4-8 所规定的值,直径宜不小于表 4-9 所规定的值。

表 4-8　梁中箍筋最大间距 s_{max}　　　　　　　　　　　　　单位:mm

梁高 h	$V > 0.7 f_t b h_0$	$V \leqslant 0.7 f_t b h_0$
$150 < h \leqslant 300$	150	200
$300 < h \leqslant 500$	200	300
$500 < h \leqslant 800$	250	350
$h > 800$	300	400

表 4-9　梁中箍筋最小直径

梁高 h/mm	箍筋直径/mm
$h \leqslant 800$	6
$h > 800$	8

注:梁中配有计算需要的纵向受压钢筋时,箍筋直接应不小于 $d/4$(d 为纵向受压钢筋的最大直径)。

当 $V > 0.7 f_t b h_0$ 时,配箍率应大于最小配箍率,即

$$\rho_{sv} \geqslant \rho_{sv,min} = 0.24 \frac{f_t}{f_{yv}} \qquad\qquad (4-22)$$

工程设计中,当不满足条件时,应按 $\rho_{sv,min}$ 配置箍筋,并要满足构造要求。

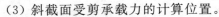

（3）斜截面受剪承载力的计算位置。

在计算斜截面受剪承载力时，其计算位置应按下列规定采用。

① 支座边缘处的截面（如图 4-21(a)中的 1—1 截面、图 4-21(b)中的 1—1 截面）。

② 腹板宽度改变处的截面（如图 4-21(a)中的 2—2 截面）。

③ 箍筋直径或间距改变处的截面（如图 4-21(b)中的 3—3 截面）。

④ 弯起钢筋弯起点处的截面（如图 4-21(b)中的 4—4 截面）。

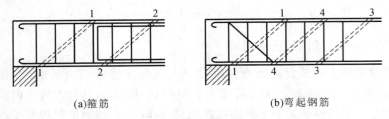

(a)箍筋 (b)弯起钢筋

图 4-21 斜截面受剪承载力的计算位置

上述截面均为斜截面受剪承载力较薄弱的位置，在计算时应取其相应区段内的最大剪力值作为剪力设计值。

（4）斜截面受剪承载力的计算步骤。

一般先由梁的跨高比、高宽比等构造要求及正截面受弯承载力计算确定截面尺寸、混凝土强度等级及纵向受力钢筋用量，然后进行斜截面受剪承载力计算，其步骤如下：

① 确定计算截面及截面剪力设计值。

② 验算截面尺寸是否满足要求，如不满足，则应加大截面尺寸或提高混凝土强度等级。

③ 验算是否可以按构造配置腹筋。

当 $V \leqslant 0.7 f_t b h_0$ 或 $V \leqslant \dfrac{1.75}{\lambda + 1.0} f_t b h_0$ 时，按构造配置箍筋；

当 $V > 0.7 f_t b h_0$ 或 $V > \dfrac{1.75}{\lambda + 1.0} f_t b h_0$ 时，按计算配置腹筋；

④ 计算腹筋。

仅配置箍筋时，可按式(4-23)或式(4-24)计算，算出 $n A_{sv1}/s$，根据构造要求选择箍筋的直径 d 和肢数 n，然后算出箍筋的间距 s，箍筋间距应满足 $s \leqslant s_{max}$。

对于矩形、T 形和工字形截面的一般受弯构件，有

$$\frac{A_{sv}}{s} = \frac{n A_{sv1}}{s} \geqslant \frac{V - 0.7 f_t b h_0}{f_{yv} h_0} \tag{4-23}$$

对于集中荷载作用下的独立梁，有

$$\frac{A_{sv}}{s} = \frac{n A_{sv1}}{s} \geqslant \frac{V - \dfrac{1.75}{\lambda + 1.0} f_t b h_0}{f_{yv} h_0} \tag{4-24}$$

例 4-3　某钢筋混凝土简支梁如图 4-22 所示，其截面尺寸 $b \times h = 250 \text{ mm} \times 500 \text{ mm}$，净跨 $l_n = 5.4 \text{ m}$，承受均布荷载设计值 $g = 50 \text{ kN/m}$。采用 C30 混凝土，HPB300 级箍筋，纵筋为 HRB335 级钢筋，按正截面受弯承载计算，选配 4 根直径为 18 mm 的纵筋，试根据斜截面受剪承载力确定箍筋数量。

解 （1）查表得相关计算数据，即 $f_c = 14.3$ N/mm², $f_t = 1.43$ N/mm², $\beta_c = 1.0$, $f_{yv} = 270$ N/mm²。

（2）求支座截面的剪力设计值。

$$V = \frac{1}{2}gl_n = \frac{1}{2} \times 50 \times 5.4 \text{ kN} = 135 \text{ kN}$$

（3）验算截面尺寸。

底部配置一排钢筋，故

$$h_w = h - 40 = (500 - 40) \text{ mm} = 460 \text{ mm}$$

$$\frac{h_w}{b} = \frac{460}{250} = 1.84 < 4$$

$$0.25\beta_c f_c bh_0 = 0.25 \times 1.0 \times 14.3 \times 250 \times 460 \times 10^{-3} \text{ kN}$$
$$= 411.1 \text{ kN} > V = 135 \text{ kN}$$

故截面尺寸符合要求。

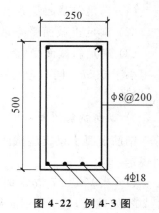

图 4-22　例 4-3 图

（4）验算是否需按计算配置箍筋。

$$0.7f_t bh_0 = 0.7 \times 1.43 \times 250 \times 460 \times 10^{-3} \text{ kN}$$
$$= 115.1 \text{ kN} < V = 135 \text{ kN}$$

故应按计算确定箍筋。

（5）计算箍筋用量。

$$\frac{nA_{sv1}}{s} \geqslant \frac{V - 0.7f_t bh_0}{f_{yv}h_0} = \frac{135 \times 10^3 - 0.7 \times 1.43 \times 250 \times 460}{270 \times 460} \text{ mm}^2/\text{mm} = 0.16 \text{ mm}^2/\text{mm}$$

故选用双肢箍筋（$A_{sv1} = 50.3$ mm²），箍筋间距为

$$s \leqslant \frac{2 \times 50.3}{0.16} \text{ mm} = 628.75 \text{ mm}$$

根据构造要求，箍筋最大间距 $s_{max} = 200$ mm，故取 $s = 200$ mm。实际配置的箍筋为 $\phi 8@200$。

（6）验算最小配箍率。

$$\rho_{sv} = \frac{nA_{sv1}}{bs} = \frac{2 \times 50.3}{250 \times 200} \times 100\% = 0.201\% > \rho_{sv,min} = 0.24 \times \frac{1.43}{270} \times 100\% = 0.127\%$$

故配箍率符合要求。

4. 保证斜截面受弯承载力的构造措施

1）抵抗弯矩图

抵抗弯矩图又称材料图，它是以实际配置的纵向受拉钢筋所能承受的弯矩为纵坐标，以相应的截面位置为横坐标所作的弯矩图。

当梁的截面尺寸、材料强度及钢筋截面面积确定后，其抵抗弯矩值可按下式计算，即

$$M_u = f_y A_s \left(h_0 - \frac{f_y A_s}{2\alpha_1 f_c b} \right) \tag{4-25}$$

设计弯矩图又称荷载弯矩图，它是由荷载产生的荷载效应（弯矩）所绘制的弯矩图。

2）纵向钢筋的弯起

梁内纵向钢筋的弯起必须满足以下三个要求：

（1）满足斜截面受剪承载力要求。

（2）满足正截面受弯承载力要求，即设计时必须使抵抗弯矩图要包住相应的荷载弯矩图。

（3）满足斜截面受弯承载力要求，即当纵向钢筋弯起时，其弯起点与充分利用点之间的距离不得小于 $0.5h_0$，同时弯起钢筋与梁纵轴线的交点应位于按计算不需要该钢筋的截面（理论截断点）以外。

3）纵向钢筋的截断

钢筋混凝土梁支座截面负弯矩纵向受拉钢筋不宜在受拉区截断，当需要截断时，应符合下列规定：

（1）当 $V \leqslant 0.7f_tbh_0$ 时，应延伸至按正截面受弯承载力计算不需要该钢筋的截面以外不小于 $20d$ 处截断，且从该钢筋强度充分利用方面考虑，截面伸出的长度应不小于 $1.2l_a$，如图 4-23（a）所示。

（2）当 $V>0.7f_tbh_0$ 时，应延伸至按正截面受弯承载力计算不需要该钢筋的截面以外不小于 h_0 或不小于 $20d$ 处截断，且从该钢筋强度充分利用方面考虑，截面伸出的长度应不小于 $1.2l_a$ 与 h_0 之和，如图 4-23（b）所示。

（3）若①、②确定的截断点仍位于负弯矩对应的受拉区内，则应延伸至按正截面受弯承载力计算不需要该钢筋的截面以外不小于 $1.3l_a$ 或不小于 $20d$ 处截断，且从该钢筋强度充分利用方面考虑，截面伸出的长度应不小于 $1.2l_a$ 与 $1.7h_0$ 之和。

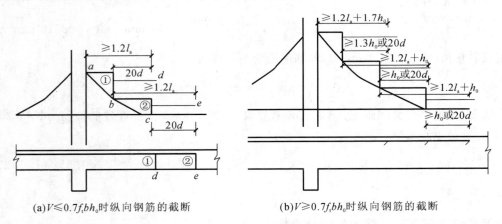

(a)$V \leqslant 0.7f_tbh_0$时纵向钢筋的截断　　(b)$V \geqslant 0.7f_tbh_0$时纵向钢筋的截断

图 4-23　纵向钢筋的截断位置

4）纵向钢筋在支座处的锚固

钢筋混凝土简支梁和连续梁简支端的下部纵向受力钢筋伸入支座内的锚固长度，当 $V \leqslant 0.7f_tbh_0$ 时，不小于 $5d$（d 为钢筋的最大直径）；当 $V>0.7f_tbh_0$ 时，对于带肋钢筋，不小于 $12d$，对于光圆钢筋，不小于 $15d$。

任务 2 钢筋混凝土受压构件

一、受压构件的分类

以承受压力为主的构件称为受压构件。在房屋建筑结构中,最常用的受压构件是钢筋混凝土柱,此外还有屋架的受压腹杆、弦杆,高层建筑的剪力墙等,均属于受压构件,如图 4-24 所示。

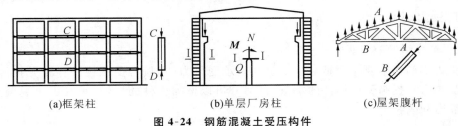

(a)框架柱   (b)单层厂房柱   (c)屋架腹杆

图 4-24　钢筋混凝土受压构件

受压构件按照纵向压力作用位置的不同,可分为轴心受压构件和偏心受压构件。当轴向压力与构件轴线重合时,该构件称为轴心受压构件,如图 4-25(a)所示,此时构件截面上的内力只有轴力。当轴向压力与构件轴线不重合时,该构件称为偏心受压构件。偏心受压构件可分为单向偏心受压构件和双向偏心受压构件。当纵向压力只在一个方向有偏心时,该构件称为单向偏心受压构件,如图 4-25(b)所示;当在两个方向都有偏心时,该构件称为双向偏心受压构件,如图 4-25(c)所示。

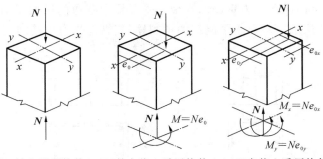

(a)轴心受压构件   (b)单向偏心受压构件   (c)双向偏心受压构件

图 4-25　受压构件的类型

二、受压构件的构造要求

1. 材料强度等级

受压构件一般应采用强度等级较高的混凝土,这样可减小构件截面尺寸并节约钢材。一般柱的混凝土强度等级采用 C25、C30、C35、C40 等。

受压构件中所用钢筋的级别不宜过高,因为高强度钢筋不能充分发挥作用。

2. 截面形式和尺寸

轴心受压构件的截面多采用方形或矩形,有时也采用圆形或多边形。偏心受压构件一般为矩形截面,矩形截面长边与弯矩作用方向平行。为节约混凝土和减轻柱的自重,特别是在装配式柱中,较大尺寸的柱常常采用工字形截面。

方形截面的尺寸宜不小于 250 mm×250 mm;矩形截面的最小尺寸宜不小于 300 mm,同时截面的长边与短边的比值常用 $h/b=1.5\sim3.0$;工字形截面柱的翼缘厚度宜不小于 120 mm,腹板厚度宜不小于 100 mm。为了减小模板规格和便于施工,受压构件截面尺寸要取整数,在 800 mm以下的取 50 mm 的倍数,在 800 mm 以上的采用 100 mm 的倍数。

3. 纵向受力钢筋

1）纵向受力钢筋的作用

纵向受力钢筋的主要作用是与混凝土共同承受压力(当偏心受压构件存在受拉区时,受拉区钢筋承受拉力),提高受压构件的承载力;另外可以增加构件的延性,承受由于混凝土收缩和温度变化而引起的拉力。

2）纵向受力钢筋的布置、直径和间距

纵向受力钢筋宜采用 HRB400 级、HRB500 级、HRBF400 级、HRBF500 级钢筋,也可采用 HPB300 级、HRB335 级、HRBF335 级、RRB400 级钢筋。

纵向受力钢筋的直径宜不小于 12 mm,一般为 12～40 mm。柱中宜选用根数较少、直径较大的钢筋,但根数不得少于 4 根。圆柱中纵向受力钢筋应沿周边均匀布置,根数宜不少于 8 根。

柱中纵向受力钢筋的间距应不小于 50 mm,且宜不大于 300 mm。在偏心受压柱中,垂直于弯矩作用平面的侧面上的纵向受力钢筋以及轴心受压柱中各边的纵向受力钢筋,其间距宜不大于 300 mm,如图 4-26 所示。对于水平浇筑的预制柱,其纵向受力钢筋间距的要求与梁的相同。

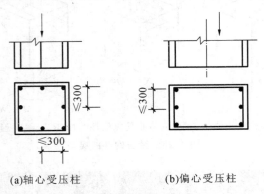

(a)轴心受压柱　　　　　　　(b)偏心受压柱

图 4-26　柱纵向受力钢筋的布置

3）纵向受力钢筋的配筋率

纵向受力钢筋的截面面积通过计算确定。《混凝土结构设计规范》(GB 50010—2010)规定:

受压构件全部纵向受力钢筋的最大配筋率为 5%,最小配筋率满足表 4-10 的要求,通常配筋率为 0.6%~2%。

表 4-10　钢筋混凝土结构构件中纵向受力钢筋的最小配筋率

受力类型		最小配筋率/(%)
受压构件	全部纵向钢筋	0.6
	一侧纵向钢筋	0.2

4. 箍筋

1)箍筋的作用

受压构件中配置一定数量的箍筋,与纵筋形成钢筋骨架,保证纵筋的位置正确,防止纵筋压曲,约束混凝土,提高柱的承载能力。

2)箍筋的形式、直径和间距

箍筋宜采用 HRB400 级、HRBF400 级、HPB300 级、HRB500 级、HRBF500 级钢筋,也可采用 HRB335 级、HRBF335 级钢筋。

箍筋的直径应不小于 $d/4$(d 为纵向钢筋的最大直径),且应不小于 6 mm。箍筋间距应不大于 400 mm 及构件截面的短边尺寸,且应不大于 $15d$(d 为纵向钢筋的最小直径)。

柱及其他受压构件中箍筋应做成封闭式,如图 4-27 所示。对于圆柱中的箍筋,其搭接长度应不小于钢筋的锚固长度,且末端应做成 135°弯钩,弯钩末端平直段长度应不小于 $5d$(d 为箍筋的直径)。

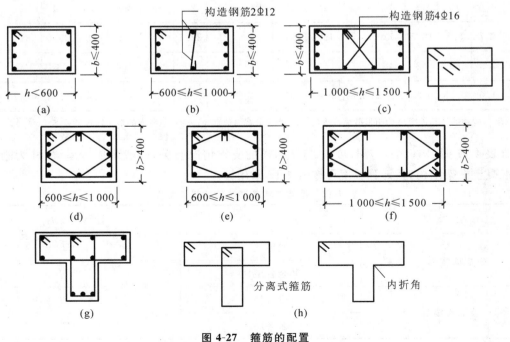

图 4-27　箍筋的配置

当柱截面短边尺寸大于 400 mm 且各边纵向钢筋多于 3 根时,或当柱截面短边尺寸不大于 400 mm 但各边纵向钢筋多于 4 根时,应设置复合箍筋,如图 4-27(d)～图 4-27(f)所示。箍筋不允许出现内折角,如图 4-27(h)所示。

当柱中全部纵向受力钢筋的配筋率大于 3% 时,箍筋直径应不小于 8 mm,间距应不大于 10d,且应不大于 200 mm。箍筋末端应做成 135°弯钩,弯钩末端平直段长度应不小于 10d(d 为箍筋直径)。

三、轴心受压构件承载力计算

轴心受压构件按箍筋的形式分为两种类型:配有普通箍筋的柱和配有螺旋式或焊接环式间接箍筋的柱。

1. 配有普通箍筋的柱

配有普通箍筋的轴心受压柱的承载力计算公式为

$$N \leqslant N_u = 0.9\varphi(f_c A + f'_y A'_s) \tag{4-26}$$

式中:N——轴向压力的设计值;N_u——轴向受压构件的受压承载力;f_c——混凝土轴心抗压强度设计值;A——构件截面面积,当纵向受力钢筋的配筋率大于 3% 时,按 $A - A'_s$ 取用;A'_s——全部纵向受力钢筋的截面面积;f'_y——钢筋抗压强度设计值;φ——轴心受压构件的稳定系数,按表 4-11 采用。

表 4-11 钢筋混凝土轴心受压构件的稳定系数 φ

l_0/b	≤8	10	12	14	16	18	20	22	24	26	28	30	32	34	36	38
l_0/d	≤7	8.5	10.5	12	14	15.5	17	19	21	22.5	24	26	28	29.5	31	33
l_0/i	≤28	35	42	48	55	62	69	76	83	90	97	104	111	118	125	132
φ	1.0	0.98	0.95	0.92	0.87	0.81	0.75	0.7	0.65	0.60	0.56	0.52	0.48	0.44	0.40	0.36

注:l_0 为构件的计算长度;b 为矩形截面短边尺寸;d 为圆形截面的直径;i 为任意截面的最小回转半径,$i = \sqrt{I/A}$。

查表 4-11 时,构件的计算长度 l_0 与柱两端的支撑情况有关,一般多层房屋梁、柱为刚结的钢筋混凝土框架结构,其计算长度可按表 4-12 采用。

表 4-12 框架结构各层柱的计算长度 l_0

楼 盖 类 型	柱 的 类 别	计算长度 l_0
现浇楼盖	底层柱	1.0H
	其余各层柱	1.25H
装配式楼盖	底层柱	1.25H
	其余各层柱	1.5H

注:表中 H 为各层(除底层外)的层高,对于底层,H 为从基础顶面至一层楼盖顶面的高度。

例 4-4　某多层现浇钢筋混凝土框架结构,底层柱承受轴向力设计值 $N=2\,475$ kN,柱的截面尺寸为 400 mm$\times400$ mm,采用 C30 混凝土($f_c=14.3$ N/mm^2)、HRB400 级钢筋($f'_y=360$ N/mm^2),柱高 $H=5.6$ m,试确定纵筋数量。

解　(1)计算柱的计算长度。

$$l_0=1.0H=1.0\times5.6\text{ m}=5.6\text{ m}$$

$$\frac{l_0}{b}=\frac{5\,600}{400}=14$$

查表 4-11 得 $\varphi=0.92$。

(2)计算纵筋面积。

$$A'_s=\frac{\dfrac{N}{0.9\varphi}-f_cA}{f'_y}=\frac{\dfrac{2\,475\times10^3}{0.9\times0.92}-14.3\times400\times400}{360}\text{ mm}^2=1\,948\text{ mm}^2$$

纵向受力钢筋选用 $4\,\Phi\,25(A'_s=1\,964$ mm^2)。

(3)验算配筋率。

$$\rho'=\frac{A'_s}{A}=\frac{1\,964}{400\times400}\times100\%=1.23\%>\rho'_{min}=0.6\%$$

$$\rho'=1.23\%<\rho'_{max}=5\%<3\%$$

故配筋率满足要求。

2.螺旋式箍筋柱

在实际工程中,当柱承受轴力较大、截面尺寸又受到限制时,可以采用密排的螺旋式或焊接环式箍筋,以提高构件的承载力,如图 4-28 所示。

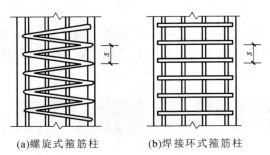

(a)螺旋式箍筋柱　　(b)焊接环式箍筋柱

图 4-28　配置螺旋式或焊接环式箍筋的柱

螺旋式箍筋柱的截面形状一般为圆形或正八边形,箍筋间距应不大于 80 mm 及 $d_{cor}/5$(d_{cor} 为按箍筋内表面确定的核心截面直径),且应不小于 40 mm。

四、偏心受压构件介绍

当偏心距 $e_0=0$ 时,为轴心受压构件;当 $e_0\to\infty$,即 $N=0$ 时,为受弯构件。偏心受压构件的受力性能和破坏形态介于轴心受压构件和受弯构件之间。

根据偏心距大小和纵向受力钢筋配筋情况的不同,偏心受压构件正截面破坏形态分为大偏心受压破坏和小偏心受压破坏。

1. 大偏心受压破坏

当偏心距较大且纵向受力钢筋的配筋率不高时,受荷载后部分截面受压,部分截面受拉。受拉区混凝土较早地出现横向裂缝,由于配筋率不高,受拉钢筋的应力增长较快,首先达到屈服。随着裂缝的展开,受压区高度减小,最后受压钢筋屈服,受压区混凝土压碎,其破坏形态与配有受压钢筋的适筋梁相似。

这种偏心受压构件的破坏是由于受拉钢筋首先达到屈服而导致受压区混凝土被压坏,其承载力主要取决于受拉钢筋,故称为受拉破坏。这种破坏具有明显的预兆,横向裂缝显著展开,变形急剧增大,具有塑形破坏的性质。

2. 小偏心受压破坏

当轴向力 N 的偏心距较小,或当偏心距较大但纵向受力钢筋的配筋率很高时,截面可能部分受压,部分受拉,也可能全部受压。它们的共同特点是构件的破坏是由于受压区混凝土达到其抗压强度,距轴力较远一侧的钢筋无论受拉还是受压,一般均未达到屈服,其承载力主要取决于受压区混凝土及受压钢筋,故称为受压破坏。这种破坏缺乏明显的预兆,具有脆性破坏的性质。

任务 3 钢筋混凝土受扭构件

扭转是结构受力的基本形式,在钢筋混凝土结构中,处于纯扭作用的结构很少,大多是处于弯矩、剪力或压力、弯矩、剪力和扭矩共同作用下的复合受力状态,如吊车梁、雨篷梁、螺旋楼梯、现浇框架边梁等。

一、受力特点

1. 纯扭构件

试验表明,无筋矩形截面混凝土构件在扭矩作用下,首先在截面长边中点附近最薄弱处产生一条成 45° 角方向的斜裂缝,然后迅速地以螺旋形向相邻两个面延伸,最后形成一个三面开裂、一面受压的空间扭曲破坏面,使结构立即破坏。破坏带有突然性,具有典型脆性破坏的性质,如图 4-29 所示。

钢筋混凝土矩形截面纯扭构件,在混凝土开裂前,钢筋拉应力很低,当斜裂缝出现后,混凝土退出工作,斜截面上的

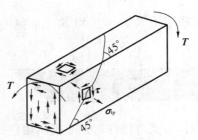

图 4-29 纯扭构件应力状态及裂缝分布

拉应力主要由钢筋承受,斜裂缝的倾角是变化的,结构的破坏特征主要与配筋数量有关。

1）少筋构件

当受扭构件配筋数量较少时,结构在扭矩作用下,混凝土开裂并退出工作,拉力由钢筋承受。由于配置的纵筋和箍筋数量很少,钢筋应力立即达到或超过屈服点,结构立即破坏。破坏形态和性质同无筋混凝土受扭构件,属于脆性破坏。

2）适筋构件

当受扭构件配筋适当时,结构在扭矩作用下,混凝土开裂并退出工作,钢筋应力增加,但没有达到屈服点。随着扭矩的不断增大,结构中的纵筋和箍筋相继达到屈服点,进而混凝土裂缝不断展开,最后受压区混凝土达到抗压强度而破坏。结构破坏时其变形和混凝土裂缝宽度均较大,其破坏类似于受弯构件的适筋梁,属于延性破坏。

3）超筋构件

当受扭构件配筋数量过大或混凝土强度等级过低时,结构破坏时纵筋和箍筋均未达到屈服点,受压区混凝土首先达到抗压强度而破坏。结构破坏时其变形及混凝土裂缝宽度均较小,其破坏类似于受弯构件的超筋梁,属于脆性破坏。

4）部分超筋构件

当受扭构件的纵筋与箍筋比率相差较大,即一种钢筋配置数量较多,另一种钢筋配置数量较少时,随着扭矩的不断增大,配置数量较少的钢筋先达到屈服点,最后受压区混凝土达到抗压强度而破坏。结构破坏时,配置数量较多的钢筋并没有达到屈服点,结构具有一定的延性性质。

2. 复合受扭构件

在弯矩、剪力和扭矩的共同作用下,钢筋混凝土构件的受力状态极为复杂,构件破坏特征及其承载力与所作用的外部荷载条件和内在因素有关,构件可能出现弯型破坏、剪扭型破坏、扭型破坏等。

二、构造要求

1. 受扭纵筋

受扭纵筋应均匀地沿截面周边对称布置,间距应不大于200 mm 和梁截面短边长度。受扭纵筋应按受拉钢筋锚固在支座内。

2. 受扭箍筋

受扭箍筋应采用封闭式,且沿截面周边布置。受扭箍筋的末端应做成 $135°$ 弯钩,弯钩端头平直段长度应不小于 $10d$（d 为箍筋直径）,如图 4-30 所示。此外,受扭箍筋的直径和间距还应符合受弯构件对受扭箍筋的有关规定。在超静定结构中,受扭箍筋的间距宜不大于 $0.75b$（b 为矩形截面宽度或T形、工字形截面的腹板宽度）。

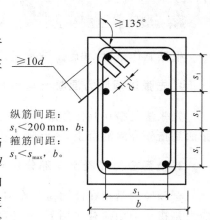

图 4-30　受扭构件的配筋构造

任务 4 预应力混凝土构件基本知识

一、预应力混凝土的基本概念

由于混凝土的抗拉强度及极限拉应变都很小,对于普通的钢筋混凝土构件,在使用荷载作用下,通常都是带裂缝工作的。对于使用上不允许出现开裂的构件,不能充分利用受拉钢筋的强度,即使允许构件开裂,裂缝宽度限制在 $0.2\sim0.3$ mm 时,构件内的受拉钢筋应力也只能达到 $150\sim250$ N/mm²,因此,在普通混凝土构件中采用高强度钢材来达到节约钢材的目的受到限制。采用预应力混凝土是解决这一问题的有效方法,即在构件承受外荷载之前,预先在构件的受拉区对混凝土施加预压应力。当构件在使用阶段的外荷载作用下产生拉应力时,首先要抵消预压应力,这延迟了混凝土裂缝的出现并限制了裂缝的展开,从而提高了构件的抗裂度和刚度。

与普通混凝土结构相比,预应力混凝土结构具有以下优点:

(1)提高了构件的抗裂能力,改善了构件的受力性能,因此适用于对裂缝要求严格的结构。

(2)由于采用高强度混凝土和钢筋,从而节省了材料,减轻了结构自重,因此适用于跨度较大或承受重型荷载的构件。

(3)提高了构件的刚度,减小了构件的变形,因此适用于对构件的刚度和变形要求较高的结构构件。

(4)提高了结构或构件的耐久性、耐疲劳性。

预应力混凝土结构的缺点是:施工工序多,对施工技术要求高,且需要张拉设备、锚夹具,以及劳动费用高。

二、预应力混凝土的分类

根据制作、设计和施工的特点,预应力混凝土可以有不同的分类。

1. 先张法预应力混凝土与后张法预应力混凝土

先张法是指在制作预应力混凝土构件时,先张拉预应力钢筋后浇灌混凝土的一种方法;后张法是指先浇灌混凝土,待混凝土达到规定强度后再张拉预应力钢筋的一种施加预应力方法。

2. 全预应力混凝土与部分预应力混凝土

全预应力是指在使用荷载作用下,构件截面混凝土不出现拉应力,即为全截面受压;部分预应力是指在使用荷载作用下,构件截面混凝土允许出现拉应力或开裂,即只有部分截面受压。

3. 有黏结预应力混凝土与无黏结预应力混凝土

有黏结预应力混凝土是指沿预应力筋全长，其周围均与混凝土黏结、握裹在一起的预应力混凝土结构；无黏结预应力混凝土是指预应力筋伸缩、滑动自由，不与周围混凝土黏结的预应力混凝土结构。

三、施加预应力的方法

1. 先张法

通过机械张拉钢筋给混凝土施加预应力，可采用台座长线张拉或钢模短线张拉，其主要工序如图 4-31 所示。

先张法构件靠预应力钢筋和混凝土之间的黏结力来传递预应力，这种力的传递过程需要经过一段传递长度才能完成。

先张法的优点主要是：生产工艺简单，工序少，效率高，质量易于保证，同时由于省去了锚具和减少了预埋件，构件成本较低。此方法适用于在预制厂大批制作中、小型构件，如预应力楼板、屋面板、梁等。

2. 后张法

后张法主要工序如图 4-32 所示。后张法构件依靠其两端的锚具锚住预应力钢筋并传递预应力，这样的锚具是构件的一部分，是一次性的，不能重复使用。

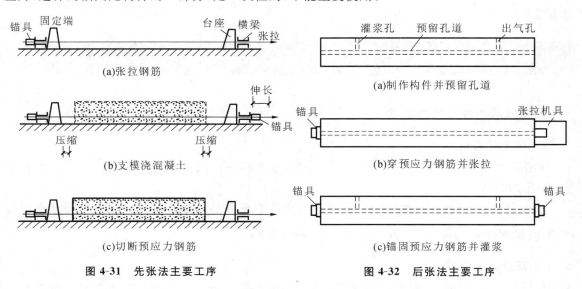

图 4-31　先张法主要工序　　　　　图 4-32　后张法主要工序

后张法的优点是预应力钢筋直接在构件上张拉，不需要张拉台座，所以后张法构件既可以在预制厂生产，也可在施工现场生产。大型构件在现场生产可以避免长途搬运，故我国大型预应力混凝土构件主要采用后张法，如预应力屋架、吊车梁、大跨度桥梁等。

后张法的主要缺点是：生产周期较长，需要利用工作锚锚固钢筋，钢筋消耗较多，成本较高；工序多，操作较复杂，造价一般高于先张法。

四、预应力混凝土的材料

1. 钢筋

预应力混凝土结构中的钢筋包括预应力钢筋和非预应力钢筋。非预应力钢筋的选用与钢筋混凝土结构中的钢筋相同。预应力钢筋宜采用预应力钢丝、钢绞线和预应力螺纹钢筋。此外，预应力钢筋还应具有一定的塑性、良好的加工性能，以及与混凝土之间有足够的黏结力。

2. 混凝土

预应力混凝土结构所用的混凝土应满足下列要求。

（1）具有较高的强度。预应力混凝土需要采用较高强度的混凝土，才能建立起较高的预压应力，并可减小构件的截面尺寸和减轻自重，以满足大跨度的要求。

（2）收缩、徐变小。可减小因混凝土收缩、徐变引起的预应力损失。

（3）快硬、早强。混凝土快硬、早强，可较早施加预应力，加快施工速度，提高台座、模板、夹具的周转率，降低间接费用。

（4）弹性模量高。弹性模量高有利于提高截面的抗弯刚度，减小变形，并可减小预压时混凝土的弹性回缩。

《混凝土结构设计规范》（GB 50010—2010）规定：预应力混凝土结构所用的混凝土强度等级宜不低于C40，且应不低于C30。

五、预应力混凝土构件的构造要求

1. 先张法构件的构造要求

1）截面形式和尺寸

和钢筋混凝土受弯构件一样，预应力混凝土受弯构件的截面为矩形、T形、工字形和箱形等，如图4-33所示。

预应力混凝土构件的抗裂度和刚度较大，挠度变形容易满足。对于预应力混凝土受弯构件，其截面高度 $h=\left(\frac{1}{20}\sim\frac{1}{14}\right)l$（$l$ 为跨度），腹板宽度 $b=\left(\frac{1}{15}\sim\frac{1}{8}\right)h$。

2）预应力纵向钢筋

先张法预应力钢筋之间的净间距宜不小于其公称直径的 2.5 倍和混凝土粗骨料最大粒径的 1.25 倍，且应符合下列规定：对于预应力钢丝，应不小于 15 mm；对于三股钢绞线，应不小于 20 mm；对于七股钢绞线，应不小于 25 mm。混凝土振捣密实性具有可靠保证时，净间距可放宽为混凝土粗骨料最大粒径。

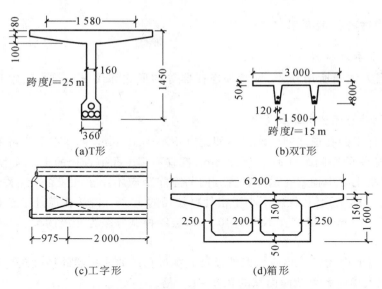

图 4-33 预应力混凝土构件的截面形式

3) 端部构造措施

（1）对于单根配置的预应力钢筋，其端部宜设置长度不小于 150 mm 且不少于 4 圈的螺旋筋，如图 4-34（a）所示。当有可靠经验时，亦可利用支座垫板上的插筋代替螺旋筋，但插筋数量应不少于 4 根，其长度宜不小于 120 mm，预应力钢筋应放置在插筋之间，如图 4-34（b）所示。

（2）对于分布布置的多根预应力钢筋，在构件端部 $10d$（d 为预应力钢筋的公称直径），且不小于100 mm 的长度范围内，宜设置 3～5 片与预应力钢筋垂直的钢筋网片，如图 4-34（c）所示。

（3）对于采用预应力钢丝配筋的薄板，在板端 100 mm 范围内应适当加密薄板的横向钢筋，如图 4-34（d）所示。

（4）对于槽形板类构件，应在构件端部 100 mm 的长度范围内沿构件板面设置附加横向钢筋，其数量应不少于 2 根。

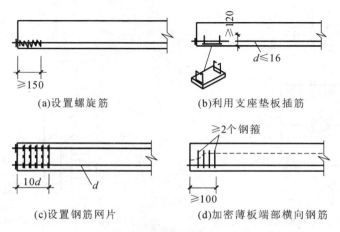

图 4-34 先张法构件端部构造措施

2.后张法构件的构造要求

1)锚固、夹具和连接器

后张法预应力钢筋所用锚固、夹具和连接器等的形式和质量应符合国家现行有关标准的规定。

2)预应力钢筋与预留孔道的布置

(1)预制构件中的孔道之间的水平净间距宜不小于 50 mm,且宜不小于粗骨料粒径的 1.25 倍;孔道至构件边缘的净间距宜不小于 30 mm,且宜不小于孔道直径的 1/2,如图 4-35 所示。

(2)现浇混凝土梁中预留孔道在竖直方向的净间距应不小于孔道外径,水平方向的净间距宜不小于孔道外径的 1.5 倍,且应不小于粗骨料粒径的 1.25 倍;从孔道外壁至构件边缘的净间距,梁底宜不小于 50 mm,梁侧宜不小于 40 mm,裂缝控制等级为三级的梁,梁底、梁侧分别宜不小于 60 mm 和 50 mm。

(3)预留孔道的内径宜比预应力束外径及需穿过孔道的连接器外径大 6~15 mm,且孔道的截面面积宜为穿入预应力束截面面积的 3.0~4.0 倍。

(4)当有可靠经验并能保证混凝土浇筑质量时,预留孔道可水平并列贴紧布置,但并排的数量应不超过 2 束。

(5)在现浇楼板中采用扁形锚固体系时,穿过每个预留孔道的预应力钢筋数量宜为 3~5 根;在常用荷载情况下,孔道在水平方向的净间距应不超过板厚的 8 倍及 1.5 m 中的较大值。

(6)板中单根无黏结预应力钢筋的间距宜不大于板厚的 6 倍,且宜不大于 1 m;带状束的无黏结预应力钢筋根数宜不多于 5 根,带状束间距宜不大于板厚的 12 倍,且宜不大于 2.4 m。

(7)梁中集束布置的无黏结预应力钢筋,集束的水平净间距宜不小于 50 mm,束至构件边缘的净间距宜不小于 40 mm。

3)端部构造措施

(1)当构件在端部有局部凹进时,为防止在施加预应力过程中端部转折处产生裂缝,应增设折线构造钢筋,如图 4-36 所示。

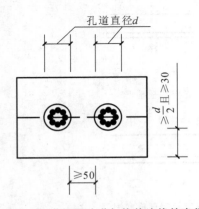

图 4-35 孔道间及孔道与构件边缘的净间距

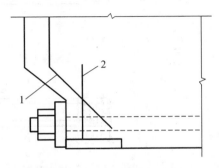

图 4-36 构件在端部有局部凹进时的构造钢筋
1—折线构造钢筋;2—竖向构造钢筋

（2）为防止施加预应力时在构件端部产生沿截面中部的纵向水平裂缝和减小使用阶段构件在端部区段的混凝土主拉应力，宜将一部分预应力钢筋在靠近支座处弯起，并使预应力钢筋尽可能沿构件端部均匀布置。当预应力钢筋需集中布置在端部截面的下部或集中布置在端部截面的上部和下部时，应在构件端部 $0.2h$（h 为构件端部截面高度）范围内设置竖向附加的焊接钢筋网、封闭式箍筋或其他形式的构造钢筋，附加的竖向钢筋宜采用带肋钢筋。

（3）在预应力钢筋锚固处及张拉设备的支承处应设置预埋钢垫板，并设置间接钢筋和附加构造钢筋。

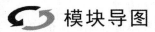 模块导图

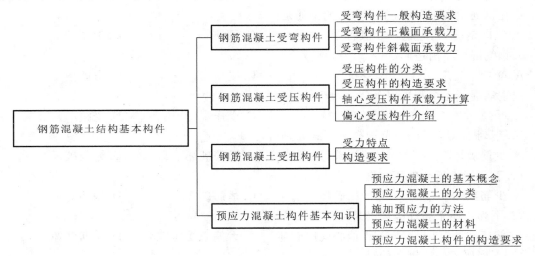

 职业能力训练

一、单项选择题

1.梁的截面有效高度是指（　　）。

A.受拉钢筋截面重心到截面受压边缘的距离

B.受拉钢筋外边缘到受压混凝土边缘的距离

C.最外一排受拉钢筋截面重心到截面受压边缘的距离

D.箍筋外皮到截面受压边缘的距离

2.受弯构件是指（　　）。

A.截面上同时作用有弯矩和剪力的构件

B.截面上有弯矩作用的构件

C.截面上有剪力作用的构件

D.截面上有弯矩、剪力和扭矩作用的构件

3.梁中纵向受力钢筋的间距不小于（　　）。

A.15 mm   B.20 mm   C.25 mm   D.30 mm

4. 在受弯构件正截面承载力计算中,采用等效矩形应力分布图,其确定原则为( )。

A. 矩形面积等于曲线围成的面积 　　　　　B. 符合平截面假定

C. 重心重合 　　　　　D. 压应力合力大小相等和作用点位置不变

5. 下列说法正确的是( )。

A. 少筋梁为延性破坏 　　　　　B. 适筋梁为延性破坏

C. 超筋梁为延性破坏 　　　　　D. 适筋梁为脆性破坏

6. 在钢筋混凝土梁中,箍筋的主要作用是( )。

A. 承受剪力 　　　　　B. 承受由弯矩作用产生的拉力

C. 承受由弯矩作用产生的压力 　　　　　D. 承受因混凝土收缩和温度变化产生的压力

7. 在钢筋混凝土梁中,承受剪力的钢筋是( )。

A. 纵向钢筋(无弯起) 　　B. 箍筋 　　　　　C. 腰筋 　　　　　D. 架立筋

8. 钢筋混凝土雨篷属于( )构件。

A. 受弯 　　　　　B. 受拉 　　　　　C. 受压 　　　　　D. 弯剪扭

9. 钢筋混凝土梁和板属于( )构件。

A. 受拉 　　　　　B. 受弯 　　　　　C. 受压 　　　　　D. 受扭

10. 下列不属于梁的正截面破坏形式的是( )。

A. 少筋破坏 　　　　　B. 剪压破坏 　　　　　C. 适筋破坏 　　　　　D. 超筋破坏

11. 下列属于延性破坏的是( )。

A. 少筋破坏 　　　　　B. 剪压破坏 　　　　　C. 适筋破坏 　　　　　D. 超筋破坏

12. 下列不属于脆性破坏的是( )。

A. 剪压破坏 　　　　　B. 小偏心受压破坏 　　　C. 大偏心受压破坏 　　　D. 超筋破坏

13. 下列属于构造钢筋的是( )。

A. 纵向钢筋 　　　　　B. 箍筋 　　　　　C. 弯起钢筋 　　　　　D. 架立筋

14. 在钢筋混凝土轴心受压构件中,宜采用( )。

A. 较高强度等级的混凝土

B. 较高强度等级的纵向受力钢筋

C. 在钢筋面积不变的前提下,宜采用较细的钢筋

D. 较低强度等级的混凝土

15. 下列说法不正确的是( )。

A. 受扭箍筋应采用封闭式

B. 受扭纵筋应对称设置于截面周边

C. 受扭纵筋可兼作纵向受力钢筋

D. 受扭纵筋伸入支座长度应按充分利用强度的受拉钢筋考虑

16. 《混凝土结构设计规范》规定,预应力混凝土构件的混凝土强度等级应不低于( )。

A. C20 　　　　　B. C30 　　　　　C. C35 　　　　　D. C40

17. 全预应力混凝土构件在使用条件下,构件截面混凝土( )。

A. 不出现拉应力 　　B. 允许出现拉应力 　　C. 不出现压应力 　　D. 允许出现压应力

18. 梁的破坏形式为受拉钢筋先屈服,然后混凝土受压区破坏,则这种梁称为( )。

A. 少筋梁 　　　　　B. 适筋梁 　　　　　C. 平衡配筋梁 　　　　　D. 超筋梁

19.梁斜截面破坏有多种形态,均属于脆性破坏,相比之下脆性稍小一些的破坏形态是( )。

A.斜压破坏   B.剪压破坏   C.斜拉破坏   D.斜弯破坏

20.钢筋砼柱发生小偏压破坏的条件是( )。

A.偏心距较大,且受拉钢筋配置不多

B.受拉钢筋配置过少

C.偏心距较大,但受压钢筋配置过多

D.偏心距较小,或偏心距较大,但受拉钢筋配置过多

21.大偏心受压构件的破坏特征是( )。

A.靠近纵向力作用一侧的钢筋和砼应力不定,而另一侧受拉钢筋拉屈

B.远离纵向力作用一侧的钢筋首先被拉屈,随后另一侧钢筋压屈,砼亦被压碎

C.远离纵向力作用一侧的钢筋应力不定,而另一侧钢筋压屈,砼亦被压碎

D.靠近纵向力作用一侧的钢筋拉屈,随后另一侧钢筋压屈,混凝土亦被压碎

二、简答题

1.钢筋混凝土板中有哪些钢筋,它们的作用是什么?

2.钢筋混凝土梁中有哪些钢筋,它们的作用是什么?

3.钢筋混凝土受弯构件正截面破坏形式有哪几种?它们的破坏特征是什么?

4.等效矩形应力分布图确定的原则是什么?

5.写出单筋矩形截面受弯构件正截面承载力的计算公式及适用条件,并说明适用条件的意义。

6.什么情况下采用双筋截面?

7.什么是 T 形截面?第一类 T 形截面和第二类 T 形截面如何区分?

8.无腹筋梁的斜截面受剪破坏形态有哪几种?

9.有腹筋梁的斜截面受剪破坏形态有哪几种?各在什么情况下产生以及破坏特点如何?

10.影响梁斜截面承载力的主要因素有哪些?

11.梁的斜截面受剪承载力计算公式有哪些限制条件?并说明限制条件的意义。

12.如何确定斜截面受剪承载力的计算位置?

13.纵筋的弯起应满足哪些条件?

14.钢筋混凝土偏心受压破坏通常分为哪两种情况?它们的发生条件和破坏特点是怎样的?

15.实际中哪些构件属于受扭构件?

16.受扭构件纵筋和箍筋配置应注意哪些问题?

17.什么是预应力?预应力混凝土结构的优缺点是什么?

18.为什么预应力混凝土构件所选用的材料都要求有较高的强度?

19.施加预应力的方法有哪几种?先张法和后张法的区别何在?简述它们的优缺点及应用范围。

20.预应力混凝土结构对钢材和混凝土的性能有哪些要求?

三、计算题

1.某钢筋混凝土简支梁,其截面尺寸为 250 mm×600 mm,a_s＝70 mm,采用 C20 混凝土及

HRB335 级钢筋，承受的弯矩设计值 $M=221.5$ kN·m，试确定纵向受拉钢筋的面积。

2.某钢筋混凝土简支梁，其截面尺寸为 200 mm×450 mm，采用 C30 混凝土及 HRB335 级钢筋，受拉钢筋为 4 ϕ 18($A_s=1\ 017$ mm^2)，承受的弯矩设计值 $M=120$ kN·m，试验算该梁是否安全。

3.某钢筋混凝土简支梁，其截面尺寸为 250 mm×600 mm，$a_s=40$ mm，采用 C30 混凝土，箍筋为 HPB300 级，承受的剪力设计值 $V=176$ kN，试根据斜截面受剪承载力要求确定箍筋量。

4.某现浇钢筋混凝土轴心受压柱，其计算长度 $l_0=6$ m，承受的轴向压力设计值 $N=1\ 750$ kN，柱的截面尺寸为 450 mm×450 mm，采用 C30 混凝土，HRB335 级钢筋，试确定纵向钢筋面积。

5.某轴心受压矩形截面柱，其截面尺寸 $b×h=400$ mm×400 mm，该柱承受的轴向压力设计值 $N=2\ 500$ kN，计算长度 $l_0=4.4$ m，采用 C30 砼，HRB335 级纵向受力钢筋，试校核此柱是否安全。

学习情境 5

钢筋混凝土楼（屋）盖

（1）了解钢筋混凝土楼盖的类型及特点；

（2）掌握整体式单向板肋梁楼盖的设计要点及构造规定；

（3）理解整体式双向板肋梁楼盖的受力特点，掌握其构造要求；

（4）掌握装配式楼盖中构件的类型和连接构造；

（5）掌握现浇板式楼梯、现浇梁式楼梯的传力途径和配筋构造，了解装配式楼梯的类型及构造要求；

（6）了解雨篷的受力特点及构造要求。

能力目标

（1）能正确选择楼盖类型；

(2) 能正确且熟练识读整体式单向板肋梁楼盖施工图；

(3) 能正确且熟练识读整体式双向板肋梁楼盖施工图；

(4) 能正确且熟练识读装配式楼盖施工图；

(5) 能正确且熟练识读现浇板式楼梯、现浇梁式楼梯及装配式楼梯施工图；

(6) 能正确且熟练识读雨篷施工图。

任务 1　钢筋混凝土楼（屋）盖介绍

一、梁板结构介绍

钢筋混凝土梁板结构由钢筋混凝土受弯构件（梁、板）组成，是工业与民用建筑中广泛采用的一种结构形式，包括屋盖、楼盖、阳台、雨篷、楼梯、筏板基础、挡土墙、水池顶板等。

二、钢筋混凝土楼盖类型

1. 按结构形式分类

楼盖按结构形式通常分为有梁楼盖和无梁楼盖两大类。

1）有梁楼盖

在有梁楼盖中，根据梁、柱的布置情况，楼盖又可分为单向板肋形楼盖、双向板肋形楼盖、井式楼盖和双向密肋楼盖。

肋梁楼盖由板、次梁和主梁组成，是应用最广泛的一种楼盖形式。板的四周支承在次梁、主梁或墙上。当板的长边 l_2 与短边 l_1 之比较大（即 $\frac{l_2}{l_1} \geqslant 3$）时，板上荷载主要沿短边方向传递，而沿长边方向传递的荷载很少，可以忽略不计。板中受力钢筋将沿短边方向布置，在垂直于短边方向只布置构造钢筋，这种板称为单向板，相应的楼盖称为单向板肋梁楼盖，如图 5-1(a) 所示。当板的长边 l_2 与短边 l_1 之比较小（即 $\frac{l_2}{l_1} \leqslant 2$）时，板上的荷载沿两个方向传递的差别不大，板在两个方向的弯曲均不可忽略。板中受力钢筋应沿长、短两个方向布置，这种板称为双向板，相应的楼盖称为双向板肋梁楼盖，如图 5-1(b) 所示。而当长边与短边之比为 2～3 时，宜按双向板计算；若按单向板计算，应沿长边方向布置足够的构造钢筋。

井式楼盖是双向板的发展，由双向板与交叉梁系组成，如图 5-1(c) 所示。两个方向的梁不分主次，相互交叉呈井字状，称为井字梁，共同承受板上传来的荷载。这种楼盖在中小礼堂、餐厅、展览厅、会议室，以及公共建筑的门厅或大厅较为常见。

与井式楼盖相比，双向密肋楼盖中梁与梁的间距较小。通常将两个方向的梁间距不大于 1.5 m 的楼盖称为双向密肋楼盖。

2）无梁楼盖

无梁楼盖不设梁，楼盖直接支承在柱和墙上，如图 5-1(d)所示。无梁楼盖适用于多层厂房、商场、书库等建筑中。

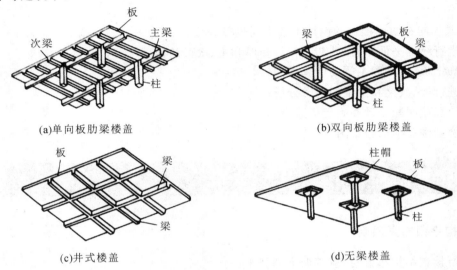

(a)单向板肋梁楼盖   (b)双向板肋梁楼盖

(c)井式楼盖   (d)无梁楼盖

图 5-1　楼盖的结构形式

2. 按是否施加预应力分类

楼盖按是否对其施加预应力可分为普通钢筋混凝土楼盖和预应力钢筋混凝土楼盖。普通钢筋混凝土楼盖施工简便，但变形和抗裂性能不如预应力钢筋混凝土楼盖好。

3. 按施工方法分类

楼盖按施工方法分为现浇整体式楼盖、装配式楼盖和装配整体式楼盖三种形式。

1）现浇整体式楼盖

现浇整体式楼盖是指在现场整体浇筑的楼盖。它具有整体性好、抗震性强、防水性能好、适用于平面形状不规则的建筑等优点，其缺点是模板使用量大、现场工作量大、受施工季节影响大。随着施工技术的进步和抗震对楼盖整体性要求的提高，现浇整体式楼盖应用日益普遍。

2）装配式楼盖

装配式楼盖由现浇梁和预制板结合而成，或由预制梁和预制板结合而成。由于采用了预制构件，所以装配式楼盖具有工作效率高、便于机械化施工等优点，但结构的整体性差，刚度小，防水性差，不便于开设孔洞。

3）装配整体式楼盖

装配整体式楼盖是指将预制梁、板在现场吊装就位后，再在板面现浇叠合层而形成整体。这种楼盖的优缺点介于上述两种楼盖之间。但这种楼盖需进行混凝土的二次浇灌，有时还增加焊接工作量，造价相对较高。

任务 2 整体式单向板肋梁楼盖

整体式单向板肋梁楼盖的设计可按下列步骤进行。

(1) 进行结构平面布置,并初步拟订板厚和主、次梁的截面尺寸;

(2) 确定板、次梁和主梁的计算简图;

(3) 进行板、次梁和主梁的内力分析;

(4) 计算截面配筋量并确定构造措施;

(5) 绘制楼盖结构施工图。

一、楼盖结构布置

1. 结构平面布置原则

在进行楼盖结构布置时,应遵循下列规则:

(1) 梁格的布置要考虑生产工艺、使用要求和支承结构的合理性。

(2) 柱网与梁格尺寸除应满足生产工艺和使用要求外,还应使结构具有尽可能好的经济效果。

(3) 梁格布置应力求规整,梁系尽可能连续贯通,梁的截面尺寸尽可能统一。

(4) 避免集中荷载直接作用于板上。当楼面上需设较重的机器设备时,应在相应位置布置承重梁;当楼板上开有较大洞口时,应沿洞口周边布置小梁。

2. 梁、板跨度及截面尺寸的确定

梁、板结构的基本尺寸应根据结构承载力、刚度及裂缝控制等要求确定。根据设计经验,建议如下:主梁的经济跨度为 $5 \sim 8$ m,次梁的经济跨度为 $4 \sim 6$ m,单向板的经济跨度则是 $1.7 \sim 2.5$ m,一般宜不超过 3 m。

梁、板一般不做刚度验算的最小截面高度为:

板:$h = (1/40 \sim 1/30)l$。

次梁:$h = (1/18 \sim 1/12)l$,同时为了施工方便,次梁的高度宜比主梁的高度小 50 mm 以上。

主梁:$h = (1/14 \sim 1/8)l$。

3. 结构布置方案

1) 主梁横向布置,次梁纵向布置

如图 5-2(a)所示,这种布置方案主梁与柱形成横向框架,横向抗侧移刚度大,各榀横向框架由纵向的次梁相连,房屋整体性较好。同时,为便于在纵墙上开窗,纵墙高度可较大,对室内采

光有利,故这种布置方案在实际工程中经常被采用。

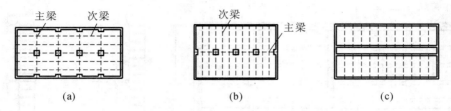

图 5-2　整体式单向板肋梁楼盖的结构布置

2）主梁纵向布置,次梁横向布置

如图 5-2(b)所示,当横向柱距比纵向柱距大许多时,为减小主梁的高度,常采用这种布置方案。采用这种布置方案的房屋的横向刚度较差,且次梁要搁置在纵墙窗洞的过梁上,使窗洞的高度受到限制。

3）只设次梁,不设主梁

如图 5-3(c)所示,当房屋有中间走廊时,如教学楼、宿舍楼等,常利用中间纵墙承重,此时可仅布置次梁而不设主梁。

二、单向板楼盖计算简图

单向板肋梁楼盖的传力途径为:荷载—板—次梁—主梁—柱或墙—基础。

1. 板的计算简图

板取 1 m 的宽板带作为计算单元,如图 5-3(a)所示。板带可用轴线代替,板支承在次梁或墙上,其支座按不动铰支座考虑,板按多跨连续板计算。支座之间的距离取计算跨度,作用在板面上的荷载包括恒荷载和活荷载两种。

对于跨数超过五跨的等截面连续板、梁,当其各跨度上的荷载相同且跨度相差不超过 10％时,可按五跨连续梁计算,小于五跨的按实际跨数计算。板的计算简图如图 5-3(b)所示。

2. 次梁的计算简图

次梁支承在主梁或墙上,其支座按不动铰支座考虑,次梁按多跨连续梁计算。次梁所受荷载为板传来的荷载和自重,是均布荷载。当计算板传来的荷载时,取次梁相邻跨度的一半作为次梁的受荷宽度。次梁的计算简图如图 5-3(c)所示。

3. 主梁的计算简图

当主梁支承在砖柱(墙)上时,其支座按铰支座考虑;当主梁与钢筋混凝土柱整体现浇时,若梁柱线刚度比大于 5,则主梁支座也可视为不动铰支座,主梁按连续梁计算。主梁承受次梁传来的荷载及主梁自重,次梁传来的荷载是集中荷载,取主梁相邻跨度的一半作为主梁的受荷宽度,主梁的自重可简化为集中荷载。主梁的计算简图如图 5-3(d)所示。

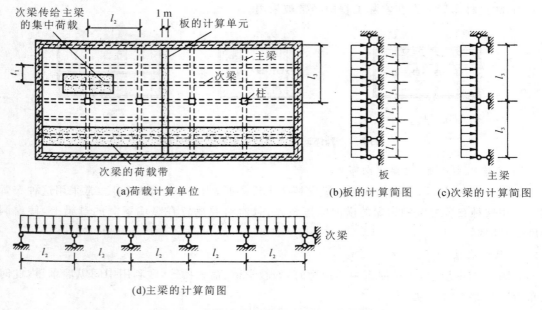

图 5-3　整体式单向板肋梁楼盖的计算简图

三、内力计算

梁、板的内力计算方法有弹性计算法和塑性计算法两种。

弹性计算法是将钢筋混凝土梁、板视为理想的弹性体,按结构力学的一般方法进行结构内力计算的方法。在整体式单向板肋梁楼盖中,主梁可采用这种方法计算内力。

塑性计算法是在弹性计算法的基础上,考虑混凝土开裂、受拉钢筋屈服、内力重分布的影响,进行内力调幅,降低和调整内力按弹性理论计算的某些截面的最大弯矩的方法。在整体式单向板肋梁楼盖中,板、次梁可采用这种方法计算内力。

四、配筋及构造要求

1. 连续单向板的配筋及构造要求

1) 配筋计算要点

一般只需进行钢筋混凝土受弯构件正截面承载力计算。但对于跨高比较小、荷载很大的板,如人防顶板,还应进行斜截面受剪承载力计算。

2) 构造要求

(1) 板厚。

由于板的混凝土用量占整个楼盖的 $50\% \sim 70\%$,因此从经济角度考虑,应使板厚尽可能接近构造要求的最小板厚;同时为了使板具有一定刚度,要求连续板的板厚满足一定的刚度要求。

钢筋混凝土单向板的板跨比不大于30,钢筋混凝土双向板的板跨比不大于40;无梁支承的有柱帽板的板跨比不大于35,无梁支承的无柱帽板的板跨比不大于30。

（2）受力钢筋。

① 直径。

板中受力钢筋的直径常采用6 mm、8 mm、10 mm、12 mm。对于支座负弯矩钢筋,为防止施工中易被踩弯,宜采用较大直径(一般不小于8 mm)。

② 间距。

板中受力钢筋的间距,当板厚不大于150 mm时宜不大于200 mm;当板厚大于150 mm时宜不大于板厚的1.5倍,且宜不大于250 mm。

③ 配筋方式。

配筋方式有弯起式配筋和分离式配筋两种,如图5-4所示。弯起式配筋时,支座承受负弯矩的钢筋由支座两侧的跨中钢筋在距支座边缘$l_0/6$处弯起$1/3 \sim 1/2$来提供。弯起钢筋的角度一般为30°,当板厚大于120 mm时,可采用45°。当弯起钢筋不足以抵抗支座负弯矩时,应另加直钢筋。弯起式配筋锚固较好,可节约钢筋,但施工复杂,常用于板厚不小于120 mm或经常承受动载的情况。分离式配筋则是在跨中和支座处全部采用直筋,单独选配,其特点是构造简单、施工方便,但用钢量比弯起式配筋的多,且整体性差。

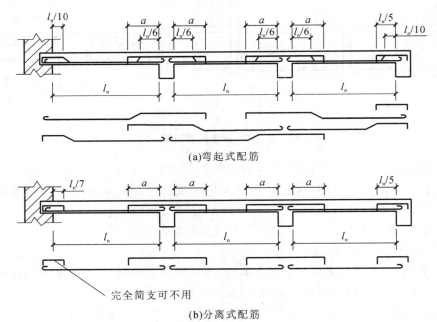

图5-4　钢筋混凝土连续单向板受力钢筋的两种配筋方式

④ 弯起点或截断点。

板中受力钢筋的弯起点和截断点一般应按弯矩包络图及抵抗弯矩图确定。但在各跨荷载相差不大的情况下,若相邻跨度相差不超过20%,可按图5-4所示的构造要求来处理。其中,当$q/g \leq 3$时,取$a = l_n/4$;当$q/g > 3$时,取$a = l_n/3$。

（3）构造钢筋

① 分布钢筋。

分布钢筋是与受力钢筋垂直均匀布置的钢筋。设置分布钢筋的目的是：绑扎固定受力钢筋，承受板中的温度应力和混凝土收缩应力，可将作用于板上的集中或局部荷载分散给更大范围的受力钢筋承受。单位宽度上的分布钢筋的配筋宜不小于单位宽度上的受力钢筋的 15%，且配筋率宜不小于 0.15%；分布钢筋的直径宜不小于 6 mm，间距宜不大于 250 mm；当集中荷载较大时，分布钢筋的配筋面积应增加，且间距宜不大于 200 mm。

② 嵌固墙内的板面构造钢筋。

板支承于墙体时，考虑墙体的局部受压、楼盖与墙体的拉结及板中钢筋在支座处的锚固，板在砌体上的支承长度应不小于 120 mm。板在靠近墙体处由于墙体的嵌固作用而产生负弯矩，因此应在板内沿墙体设置承受负弯矩作用的构造钢筋。如图 5-5（a）所示，在沿板的受力方向上，单位宽度上的配筋面积宜不小于跨中相应方向板底钢筋截面面积的 1/3，且单位长度内的配筋面积宜不小于 5ϕ8。

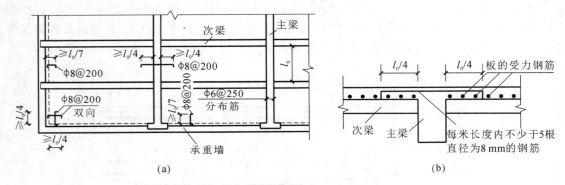

图 5-5　板面构造钢筋

钢筋从混凝土梁边、柱边、墙边伸入板内的长度宜不小于 $l_0/4$，砌体墙支座处钢筋伸入板内的长度宜不小于 $l_0/7$。其中计算跨度 l_0 对于单向板按受力方向考虑，对于双向板按短边方向考虑。

在楼板角部，宜沿两个方向正交、斜向平行或放射状布置附加钢筋。

③ 垂直主梁的板面构造钢筋。

连续单向板的短向板是主要的受力方向，长向板虽然受力很小，但在板与主梁的连接处仍存在一定数量的负弯矩，因此板与主梁相交处亦应设置承受负弯矩，并保证主梁腹板与翼缘共同工作的构造钢筋，如图 5-5（b）所示。其中，单位宽度上的配筋面积宜不小于跨中相应方向板底钢筋截面面积的 1/3，且单位长度内的配筋面积宜不小于 5ϕ8，该构造钢筋伸出主梁边缘的长度应不小于板短边计算跨度 l_0 的 1/4。

2. 连续次梁的配筋及构造要求

1）配筋计算要点

按正截面受弯承载力确定纵向受拉钢筋时，应当注意，在整体式肋梁楼盖中，板与次梁共同工作，因此板可作为次梁的翼缘。这样，跨中截面在正弯矩的作用下，板位于受压区，应按 T 形截面计算，而支座附近的负弯矩区，翼缘位于受拉区，按矩形截面计算。

按斜截面受剪承载力计算箍筋和弯起钢筋用量时，若荷载、跨度较小，一般可只配置箍筋；否则宜在支座附近设置弯起钢筋，以减少箍筋用量。

2）构造要求

次梁的一般构造要求可参见相关章节。需要说明的是，次梁中纵向受力钢筋的弯起与截断，原则上应按弯矩及剪力包络图确定。但相邻跨度相差不超过20％，且均布可变荷载与永久荷载的比值 $q/g \leqslant 3$ 的次梁，可按图5-6确定。

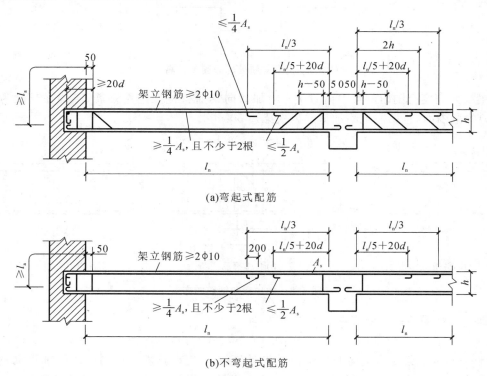

图 5-6　连续次梁的配筋构造

3. 连续主梁的配筋及构造要求

1）配筋计算要点

主梁的配筋计算要点与次梁的基本相同，在计算主梁支座截面配筋时，要考虑由于板、次梁和主梁负弯矩钢筋的相互交叉，主梁的纵向受力钢筋必须放在次梁纵向受力钢筋的下面，致使主梁支座处的截面有效高度 h_0 有所降低，如图5-7所示。当主梁支座负弯矩钢筋为单排时，$h_0 = h - (50 \sim 60)$ mm；当主梁支座负弯矩钢筋为两排时，$h_0 = h - (80 \sim 90)$ mm。

2）构造要求

主梁除了应满足第四章所讲的一般构造要求外，还应注意以下问题：

（1）主梁的配筋应根据内力包络图，通过作抵抗弯矩图来布置。

（2）在主、次梁交接处，应设置附加横向钢筋（箍筋或吊筋）（见图5-8），用来承受由次梁作

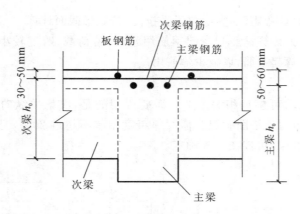

图 5-7　主梁支座处的截面有效高度

用于主梁截面高度范围内的集中荷载 F。附加横向钢筋宜优先选用箍筋,布置在长度为 $s(s=2h_1+3b)$ 的范围内,且第一道附加箍筋离次梁边 50 mm。

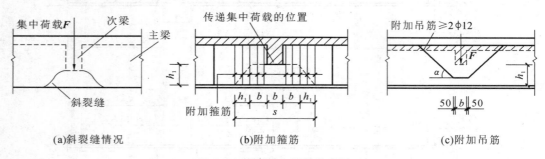

(a)斜裂缝情况　　　　(b)附加箍筋　　　　(c)附加吊筋

图 5-8　附加横向钢筋的布置

附加横向钢筋的截面面积可按下式计算,即

$$F \leqslant mnA_{sv1}f_{yv} + 2A_{sb}f_y\sin\alpha \qquad (5-1)$$

式中: F——两侧次梁传给主梁的集中荷载设计值; m——在宽度 s 范围内的附加箍筋的根数; n——同一截面内附加箍筋的肢数; A_{sv1}——附加吊筋的截面面积; α——附加吊筋弯起部分与梁的轴线的夹角,一般为 45°,当梁高大于 800 mm 时,采用 60°。

如集中荷载 F 全部由附加箍筋承受,则所需附加箍筋的截面面积为

$$A_{sv} = \frac{F}{f_{yv}} \qquad (5-2)$$

在确定了附加箍筋的直径和肢数后,即可根据 $A_{sv}=mnA_{sv1}$ 算出宽度 s 范围内附加箍筋的根数 m。

若集中荷载 F 全部由附加吊筋承受,则其截面面积为

$$A_{sv} = \frac{F}{2f_y\sin\alpha} \qquad (5-3)$$

当附加吊筋的直径确定后,不难求出附加吊筋的根数。

任务 3 整体式双向板肋梁楼盖

一、双向板的受力特点

1. 双向板的破坏特征

试验结果表明，在承受均布荷载的四边简支正方形板中，当荷载逐渐增加时，首先在板底中央出现裂缝，然后沿对角线方向向四角扩展，在接近破坏时，板的顶面四角附近出现圆弧形裂缝，该裂缝又促使板底裂缝进一步扩展，最终导致跨中钢筋屈服而破坏，如图 5-9(a)所示。

在承受均布荷载的四边简支矩形板中，第一批裂缝出现在板底中部且平行于长边方向，随着荷载的不断增加，裂缝宽度不断增大，并分支向四角延伸，如图 5-9(b)所示。伸向四角的裂缝大体与板边成 45°，即将破坏时，板顶角区也产生与正方形板类似的环状裂缝，如图 5-9(c)所示。

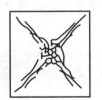 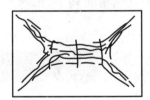 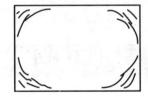

(a)正方形板板底裂缝　　　(b)矩形板板底裂缝　　　　　(c)矩形板板面裂缝

图 5-9　均布荷载作用下双向板的裂缝图

2. 双向板的受力特点

双向板在两个方向受力都较大，因此需在两个方向同时配置受力钢筋。

试验表明，在荷载作用下，简支双向板的四角都有翘起的趋势，板传给四边支承梁的压力并非均布分布，而是中部较大，两端较小。

试验还表明，在其他条件相同时，采用强度等级较高的混凝土较为优越。当钢筋数量相同时，采用细而密的配筋较粗而疏的配筋有利。

二、双向板的构造要求

1. 板厚

双向板的板厚一般为 80～160 mm，为满足板的刚度要求，简支板的板厚应不小于 $l_0/45$，连

续板的板厚不小于 $l_0/50$，l_0 为短边的计算跨度。

2. 受力钢筋

板沿两个方向均布置有受力钢筋。短向钢筋受力较大，放在板的最外侧；长向钢筋与短向钢筋垂直，放在短向钢筋的内侧。

与单向板的配筋方式相类似，双向板的配筋方式有分离式和弯起式两种。为简化施工，目前在工程中多采用分离式配筋；但对于跨度及荷载均较大的楼盖板，为提高刚度和节约钢筋，宜采用弯起式配筋。

3. 构造钢筋

双向板的板边如置于砖墙上，其板边、板角应设置构造钢筋，其数量、长度与单向板的相同。

任务 4 装配式楼盖介绍

装配式楼盖的形式很多，最常见的是铺板式楼盖，即将预制的楼板放在支承梁或砖墙上。现就铺板式楼盖进行简要介绍。

一、装配式楼盖的构件

1. 预制板

1）实心板

如图 5-10(a)所示，实心板上下平整，施工方便，但自重大，刚度小，宜用于小跨度。跨度一般为 1.2～2.4 m，板厚一般为 50～100 mm，板宽一般为 500～1 000 mm。实心板常用作走廊板、楼梯平台板、地沟盖板等。

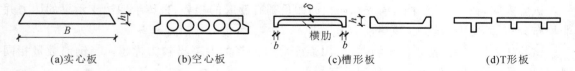

| (a)实心板 | (b)空心板 | (c)槽形板 | (d)T形板 |

图 5-10　预制板的形式

2）空心板

如图 5-10(b)所示，空心板刚度大，自重较实心板的轻，隔音、隔热效果好，而且施工方便。这种板在预制楼盖中使用较为普遍。

空心板孔洞的形状有圆形、方形、矩形和椭圆形等，为便于抽芯，一般采用圆形孔。

空心板常用的板宽有 600 mm、900 mm 和 1 200 mm，板厚有 120 mm、180 mm 和 240 mm。普通钢筋混凝土空心板常用跨度为 2.4～4.8 m，预应力混凝土空心板常用跨度为 2.4～7.5 m。

3）槽形板

如图 5-10(c)所示,槽形板由面板、纵肋和横肋组成。横肋除在板的两端必须设置外,在板的中部也可设置数道,以提高板的整体刚度。槽形板分为正槽形板和倒槽形板。

槽形板面板厚度一般为 25～30 mm,纵肋高（板厚）一般有 120 mm 和 180 mm,肋宽 50～80 mm,常用跨度为 1.5～5.6 m,常用板宽为 500 mm、600 mm、900 mm 和 1 200 mm。

4）T 形板

如图 5-10(d)所示,T 形板受力性能好,可用于较大跨度。T 形板有单 T 形板和双 T 形板两种。

T 形板常用跨度为 6～12 m,面板厚度一般为 40～50 mm,肋高 300～500 mm,板宽 1 500～2 100 mm。

2. 预制梁

装配式楼盖梁的截面形状有矩形、T 形、倒 T 形、工字形、十字形和花篮形等,如图 5-11 所示。

矩形截面梁外形简单,施工方便,应用广泛。当梁较高时,可采用倒 T 形、十字形或花篮形梁。

图 5-11　预制梁的截面形式

二、装配式楼盖的平面布置

1. 横墙承重方案

当房间开间不大,横墙间距小时,可将楼板直接搁置在横墙上,由横墙承重,如图 5-12 所示;当横墙间距较大时,也可在纵墙上加设横梁,将预制板沿纵向搁置在横墙或横梁上。

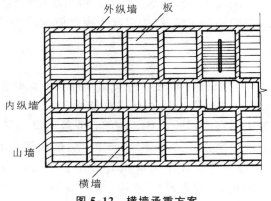

图 5-12　横墙承重方案

横墙承重方案整体性好,空间刚度大,多用于住宅和宿舍等建筑。

2. 纵墙承重方案

当横墙间距大且层高受到限制时,可将预制板沿横向搁置在纵墙上,如图 5-13 所示。

纵墙承重方案开间大,房间布置灵活,但刚度差,多用于教学楼、办公楼、实验室、食堂等建筑。

3. 纵横墙承重方案

楼板一部分搁置在横墙上,一部分搁置在大梁上,而大梁搁置在纵墙上,这种方案称为纵横墙承重方案,如图 5-14 所示。

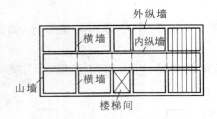

图 5-13 纵墙承重方案

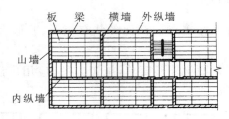

图 5-14 纵横墙承重方案

三、装配式楼盖的构造要求

1. 板缝处理

板无论按哪种承重方案布置,排下来都会有一定空隙,根据空隙宽度的不同,可采取下列措施处理。

(1) 采用调缝板。调缝板是一种专供调整缝隙宽度的特型板。

(2) 采用不同宽度的板搭配。

(3) 调整板缝。适当调整板缝宽度,使板间空隙均匀,但最宽不得超过 30 mm。

(4) 采用挑砖。当所余空隙小于半砖(120 mm)时,可由墙面挑砖填补空隙。

(5) 采用局部现浇。在空隙处吊底模,浇注混凝土现浇板带。

2. 构件的连接

装配式楼盖中板与板、板与梁、板与墙的连接要比现浇整体式楼盖差得多,因而整体性差。为改善楼面整体性,需要加强构件间的连接,具体方法如下。

(1) 在预制板间的缝隙中用强度不低于 C15 的细石混凝土或 M15 的砂浆灌缝,而且灌缝要密实,如图 5-15(a)所示;当板缝宽度不小于 50 mm 时,应按板缝上有楼板荷载计算配筋,如图 5-15(b)所示;当楼面上有振动荷载或房屋有抗震设防要求时,可在板缝内加拉结钢筋,如图 5-15(c)所示;当有更高要求时,可设置厚度为 40～50 mm 的现浇层,现浇层采用 C20 的细石混凝土,内配 ϕ4@150 或 ϕ6@250 双向钢筋网。

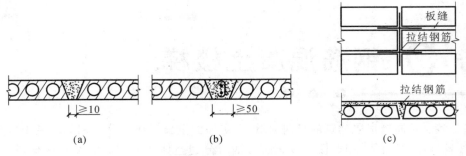

图 5-15　板与板的连接

（2）预制板支承在梁上，以及预制板、预制梁支承在墙上时，都应以 10～20 mm 厚 1：3 水泥砂浆坐浆、找平。

（3）预制板在墙上的支承长度应不小于 100 mm，在预制梁上的支承长度应不小于 80 mm，如图 5-16 所示。预制梁在墙上的支承长度一般应不小于 180 mm。当空心板端头上部要砌筑砖墙时，为防止端部被压坏，需将空心板端头孔洞用堵头堵实。

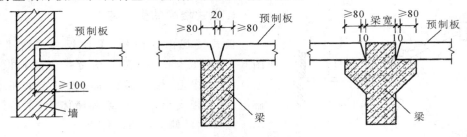

图 5-16　预制板的支承长度

（4）板与非支承墙的连接，一般可采用细石混凝土灌缝，如图 5-17（a）所示；当板跨在 4.8 m 以上时，靠外墙的预制板侧边应与墙或圈梁拉结，如图 5-17（b）和图 5-17（c）所示。

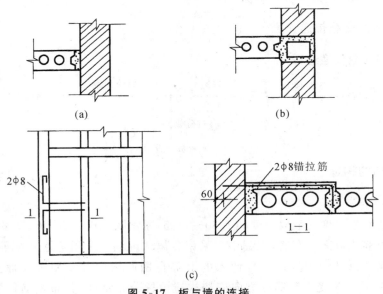

图 5-17　板与墙的连接

任务 5 钢筋混凝土楼梯

楼梯是多层及高层房屋建筑的竖向通道,是房屋的重要组成部分。钢筋混凝土楼梯因耐久性、耐火性较好而被广泛采用。楼梯按施工方法可分为整体式楼梯和装配式楼梯,按平面布置可分为直跑楼梯、双跑楼梯、三跑楼梯、旋转楼梯等,按结构受力状态可分为梁式楼梯、板式楼梯、螺旋楼梯、剪刀楼梯等。

一、现浇板式楼梯

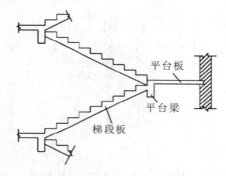

图 5-18 板式楼梯示意图

1. 板式楼梯的受力特点

板式楼梯由梯段板、平台板和平台梁组成,如图 5-18所示。梯段板是一块带踏步的斜板,支承于上、下平台梁上,最下部的梯段板可支承在地梁或基础上;平台板支承于平台梁和墙体上;平台梁一般支承于楼梯间两侧的承重墙体上。

板式楼梯下表面平整,因而模板简单,施工方便,但斜板较厚(为跨度的 1/30~1/25),导致混凝土和钢材用量较多,结构自重较大。因此,梯段板水平方向跨度小于 3.0 m 时,宜采用板式楼梯。

2. 板式楼梯的荷载传递途径

板式楼梯的荷载传递途径为

梯段荷载 —均布荷载→ 斜板 —均布荷载→ 平台梁 —集中荷载→ 楼梯间侧墙（柱）

平台板上荷载 —均布荷载↑

3. 板式楼梯的构造

1) 梯段板

板式楼梯的斜板厚度一般取跨度的 1/30~1/25,通常取 100~120 mm。梯段板的配筋方式可采取弯起式配筋或分离式配筋,工程中多采用分离式配筋。采用弯起式配筋时,跨中钢筋应在距离支座边缘 $l_0/6$ 处弯起,自平台伸入的上部直钢筋均应伸至距离支座边缘 $l_0/4$ 处,如图 5-19所示。在垂直于受力钢筋的方向应按构造设置分布钢筋,分布钢筋位于受力钢筋的内侧，每个踏步内至少放一根。

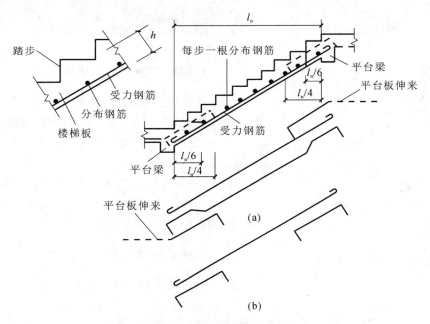

图 5-19　板式楼梯梯段板的配筋方案

2）平台板

平台板一般为单向板。由于板的四周受到平台梁（或墙）的约束，所以应配置一定数量的负弯矩钢筋。一般可将板的下部纵向钢筋在支座附近弯起一半，其上弯点距支座 $l_n/10$，且不小于 300 mm。另外，附加伸出支座边缘 $l_n/4$ 的直钩负筋，其数量与上述弯起钢筋相同，如图 5-20 所示。

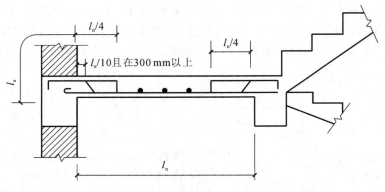

图 5-20　平台板的配筋方案

3）平台梁

平台梁的截面高度 $h \geqslant l_0/12$（l_0 为平台梁的计算跨度），最小高度一般为 350 mm。其他构造按一般简支梁的构造要求取用。

二、现浇梁式楼梯

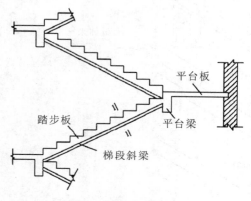

图 5-21　梁式楼梯示意图

1. 梁式楼梯的受力特点

梁式楼梯由踏步板、梯段斜梁、平台板和平台梁组成,如图 5-21 所示。踏步板两端支承在斜梁上,斜梁两端分别支承在上、下平台梁(有时一段支承在层间楼面梁)上,平台板支承在平台梁或楼层梁上,而平台梁则支承在楼梯间两侧的墙上。

当梯段水平方向跨度大于 3.3 m 时,采用梁式楼梯较为经济,但支模较复杂。

2. 梁式楼梯的荷载传递途径

梁式楼梯的荷载传递途径为

梯段荷载 —均布荷载→ 踏步板 —均布荷载→ 梯段斜梁 —集中荷载→ 平台梁 —集中荷载→ 楼梯间侧墙(柱)

平台梁 ←均布荷载— 平台板上荷载

3. 梁式楼梯的构造

1)踏步板

梁式楼梯的踏步板由斜板和三角形踏步组成。踏步板的高和宽由建筑设计确定,斜板的厚度一般取 30～40 mm。踏步板的受力钢筋除按计算确定外,还要求每级踏步板内的受力钢筋不得少于 2ϕ8,布置在踏步下面的斜板中,并将每两根受力钢筋中的一根伸入支座后弯起,作为支座负钢筋。此外,沿板斜向的分布钢筋不少于 ϕ8@250,位于受力钢筋的内侧,如图 5-22 所示。

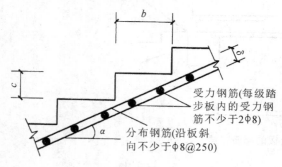

受力钢筋(每级踏步板内的受力钢筋不少于2ϕ8)

分布钢筋(沿板斜向不少于ϕ8@250)

图 5-22　梁式楼梯踏步板的配筋方案

2)梯段斜梁

如踏步与斜梁整浇,计算时可考虑踏步板参与斜梁的工作,取斜梁截面为倒 L 形进行计算。梯段斜梁中的纵向受力钢筋及箍筋数量按跨中截面弯矩及支座截面剪力值确定。考虑到平台梁、板对斜梁两端的约束作用,斜梁端上部应按构造设置承受负弯矩作用的钢筋,钢筋数量应不少于跨中截面纵向受力钢筋截面面积的 1/4。钢筋在支座处的锚固长度应满足受拉钢筋锚固长度的要求,如图 5-23 所示。

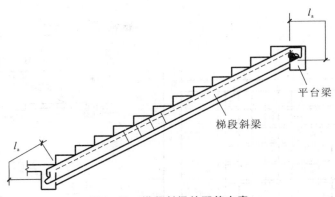

图 5-23　梯段斜梁的配筋方案

3）平台板和平台梁

梁式楼梯的平台板与前述的板式楼梯的平台板的构造相同。

平台梁一般构造要求同简支受弯构件。平台梁的高度应保证斜梁的主筋能放在平台梁的主筋上，即平台梁与斜梁的相交处，平台梁底面应低于斜梁的底面，或与斜梁底面齐平。

三、装配式楼梯

在有些民用建筑中，为加快施工进度，降低造价，常采用预制装配式钢筋混凝土楼梯。装配式楼梯在各地一般均编有通用图，不必自行设计。装配式楼梯的选用应根据制作、运输和吊装等条件确定。装配式楼梯一般有悬臂式楼梯、装配式板式楼梯、小型分件装配式楼梯和装配式整体楼梯等类型。

1. 悬臂式楼梯

悬臂式楼梯由预制踏步板和平台板组成。平台板可采用预制空心板，踏步板预制成单块 L 形或倒 L 形，将其一端砌固在砖墙内，如图 5-24 所示。

居住建筑中悬臂式楼梯砌入墙内不宜小于 180 mm，公共建筑不宜小于 240 mm。悬臂式楼梯对砖墙有所削弱，因此，对有抗震设防要求的房屋不宜采用。

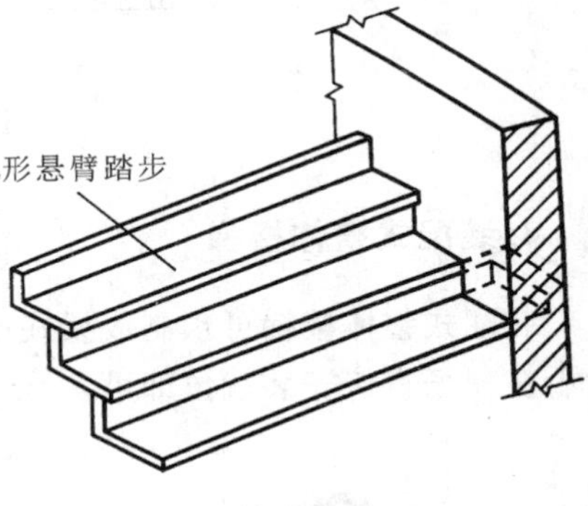

2. 装配式板式楼梯

装配式板式楼梯由预制梯段板、预制平台梁和平台板组成。若梯段较宽，可将预制梯段板分块预制，现场组装，如图 5-25 所示。

为减轻自重，预制踏步板也可做成空心状，平台板也常采用预制空心板。预制梯段板与预制平台梁应采用焊接连接，预制梯段板在预制平台梁上的搁置长度至少为 80 mm。

图 5-24　悬臂式楼梯

3. 小型分件装配式楼梯

小型分件装配式楼梯由踏步板、斜梁、平台梁、平台板组成，各构件单独预制，然后在现场拼

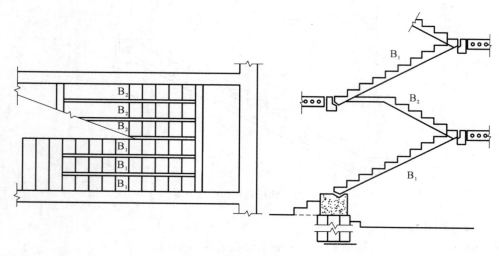

图 5-25 装配式板式楼梯

装,如图 5-26 所示。

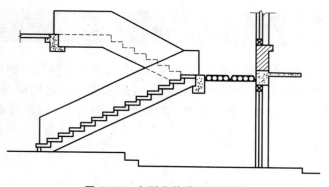

图 5-26 小型分件装配式楼梯

4. 装配式整体楼梯

装配式整体楼梯可预制成梁式或板式,其楼梯段与楼梯平台分别预制成整块的大型构件,然后在现场直接安装就位即可。

任务 6 雨篷

阳台、雨篷及挑檐是房屋建筑中最常见的悬挑构件。悬挑构件有整体式和装配式两种结构形式,工程中多采用整体式悬挑结构。根据悬挑长度的不同,悬挑构件的结构布置有两种方案:当悬挑长度较大时,采用悬挑梁板结构;当悬挑长度较小时,采用悬挑板结构。

1. 雨篷的受力特点

整体式雨篷一般由雨篷板和雨篷梁组成,如图 5-27 所示。雨篷梁除支承雨篷板外,还兼有门窗洞口过梁的作用。雨篷在荷载作用下,雨篷板受弯矩和剪力作用,雨篷梁受弯矩、剪力和扭矩作用,雨篷整体结构受倾覆力矩作用。

2. 雨篷板的构造

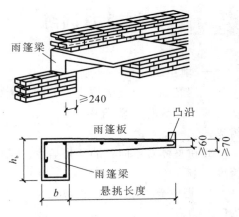

图 5-27　雨篷的结构组成及配筋构造

雨篷板通常为变厚度板,板的根部截面高度一般取 $h = (1/12 \sim 1/8)l_0$,l_0 为板的计算跨度,而端部截面高度一般不小于 60 mm。

计算雨篷板时,一般取 1 m 宽板带作为计算单元,按悬臂板根部弯矩值进行配筋计算,一般不进行受剪承载力计算。

雨篷板的受力钢筋设置在板的上部,且不少于 ϕ6@200,伸入雨篷梁的锚固长度应满足受拉钢筋达到抗拉强度时的锚固长度的要求;分布钢筋应布置在受力钢筋的内侧,一般不少于 ϕ6@300,如图 5-27 所示。

3. 雨篷梁的构造

雨篷梁的宽度一般与墙同厚,梁高应符合砖的模数。为防止雨水沿墙缝渗入墙内,通常在梁顶设置高过板顶 60 mm 的凸块。雨篷梁嵌入墙内的支承长度应不小于 370 mm。

雨篷梁应按受弯、受剪、受扭构件配置纵向钢筋和箍筋,纵向钢筋的间距应不大于 200 mm 及梁截面的短边尺寸,伸入支座内的锚固长度应满足受拉钢筋达到抗拉强度时的锚固长度的要求。雨篷梁的箍筋应采用封闭式,末端应做 135° 弯钩,弯钩末端平直段长度应不小于 5d 和 50 mm。

🔄 模块导图

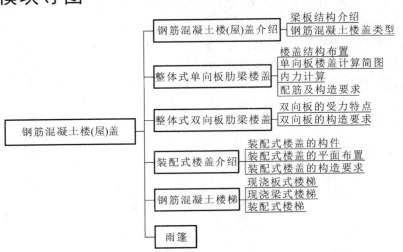

职业能力训练

一、填空题

1. 钢筋混凝土楼盖按施工方法分为（ ）、（ ）和（ ）三种形式。

2. 单向板肋梁楼盖由（ ）、（ ）和（ ）组成，双向板肋梁楼盖由（ ）和（ ）组成。

3. 在整体式单向板肋梁楼盖中，主梁的跨度一般为（ ），次梁的跨度一般为（ ），板的跨度一般为（ ）。

4. 板中受力钢筋将沿短边方向布置，在垂直于短边方向只布置构造钢筋，这种板称为（ ）。

5. 双向板沿（ ）均匀布置受力钢筋，（ ）受力较大，放在板的最外侧；长向钢筋与短向钢筋垂直，放在短向钢筋的（ ）。

6. 连续板的受力钢筋有（ ）和（ ）两种配筋方式。

7. 双向板的板厚一般为（ ），为满足板的刚度要求，简支板的板厚应不小于（ ），连续板的板厚不小于（ ）。

8. 楼梯按结构受力状态可分为（ ）、（ ）、螺旋楼梯、剪刀楼梯等。

9. 板式楼梯由（ ）、平台板和平台梁组成。

10. 梁式楼梯由（ ）、（ ）、平台板和平台梁组成。

11. 整体式雨篷一般由（ ）和（ ）组成。

12. 雨篷板通常为（ ）板，板的根部截面高度一般取（ ），而端部截面高度一般不小于（ ）。

二、简答题

1. 常见的钢筋混凝土楼盖有哪些类型？

2. 单向板和双向板的区别是什么？各自的受力特点如何？

3. 简述单向板中钢筋的种类，并说明它们各起什么作用，如何设置。

4. 在主、次梁交接处，横向钢筋设置的数量与范围如何确定？

5. 装配式楼盖的连接构造有何要求？

6. 常见的钢筋混凝土楼梯有哪些？

7. 简述板式楼梯、梁式楼梯的荷载传递途径。

8. 简述雨篷的构造要求。

学习情境 6

基础

（1）掌握地基与基础的基本概念、类型及适用范围等；

（2）了解浅基础设计内容及步骤，掌握影响基础埋深的因素及基础的构造要求；

（3）了解桩基础受力特点，掌握其类型及构造要求。

■ 能力目标

（1）能正确选择基础类型；

（2）能正确识读浅基础施工图；

（3）能正确识读桩基础施工图。

任务 1 基础类型介绍

在工程中,将结构所承受的各种荷载传递到地基上的结构组成部分,称为基础。支承基础的岩体或土体称为地基,如图 6-1 所示。基础底面下的第一层土,称为持力层。持力层下的土层称为下卧层。强度低于持力层的下卧层,称为软弱下卧层。

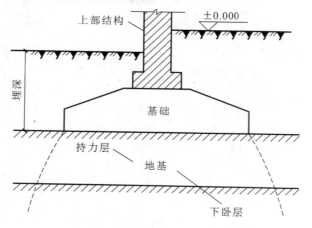

图 6-1 地基与基础示意图

基础属于地下的隐蔽工程,是建筑物的根本。它的勘察、设计以及施工质量的好坏,直接影响建筑物的安全,一旦发生质量事故,补救与处理都很困难,甚至不可挽救。基础按其埋深分为浅基础和深基础两大类。

埋深小于或等于 5 m 的基础属于浅基础;当浅层地质不良,需要埋置在较深的土层(大于 5 m)中,并采用专门的施工机具和方法施工的基础,则属于深基础。

一、浅基础

浅基础按结构形式分为:无筋扩展基础、扩展基础、柱下条形基础、筏形基础和箱形基础。

1. 无筋扩展基础

无筋扩展基础又称刚性基础,是指由砖、毛石、混凝土或毛石混凝土、灰土和三合土等材料组成的不配置钢筋的墙下条形基础或柱下独立基础。此类基础整体性较好,施工技术简单,可就地取材,造价低廉,能承受较大的荷载,但自重大,适用于多层民用建筑和轻型厂房。

无筋扩展基础按材料分为:砖基础、毛石基础、混凝土或毛石混凝土基础、灰土基础、三合土基础。

2. 扩展基础

扩展基础是指墙下钢筋混凝土条形基础和柱下钢筋混凝土独立基础,如图 6-2、图 6-3 所示。这种基础的整体性、耐久性、抗冻性较好,抗弯、抗剪强度大,适用于上部结构荷载较大、地基较软弱、基础底面大而又需浅埋(即"宽基浅埋")的基础,在基础设计中被广泛采用。

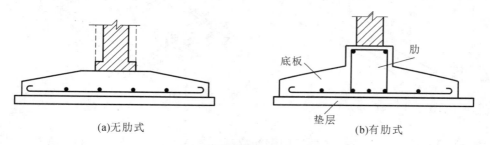

(a)无肋式   (b)有肋式

图 6-2 墙下钢筋混凝土条形基础

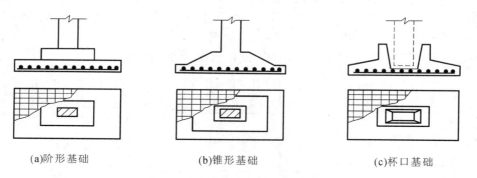

(a)阶形基础   (b)锥形基础   (c)杯口基础

图 6-3 柱下钢筋混凝土独立基础

墙下钢筋混凝土条形基础可分为无肋式(见图 6-2(a))和有肋式(见图 6-2(b))两种。当地基土分布不均匀时,常常用有肋式来调整基础的不均匀沉降,以增加基础的整体性。现浇柱下钢筋混凝土独立基础常采用阶形(见图 6-3(a))或锥形(见图 6-3(b)),预制柱的基础一般为杯口形(见图 6-3(c))。

3. 柱下条形基础

在框架结构中,当地基软弱而荷载较大时,如采用柱下独立基础,基础底面积很大而互相靠近或重叠时,为增加基础的整体性和便于施工,可将同一柱列的柱下基础连通做成钢筋混凝土条形基础,如图 6-4 所示。当荷载很大或地基软弱且两个方向的荷载和土质都不均匀,单向条形基础不能满足地基基础设计要求时,可采用柱下十字交叉条形基础,如图 6-5 所示。由于在纵横两向均具有一定的刚度,柱下十字交叉条形基础具有良好的调整不均匀沉降的能力。

4. 筏形基础

上部结构荷载很大且地基土较软,采用十字交叉条形基础仍不能满足要求或相邻基础距离很小时,可将整个基础底板连成一个整体而成为钢筋混凝土筏形基础,俗称满堂基础,如图 6-6

所示。筏形基础可扩大基底面积,增强基础的整体刚度,较好地调整基础各部分之间的不均匀沉降。对于设有地下室的结构物,筏形基础还可兼作地下室的底板。

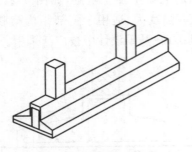

图 6-4　单向条形基础

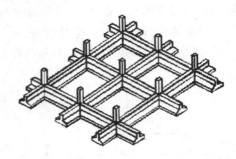

图 6-5　柱下十字交叉条形基础

　　筏形基础在构造上可视为一个倒置的钢筋混凝土楼盖,可做成平板式和梁板式。平板式筏形基础是在地基上做一整块钢筋混凝土底板,柱子直接支在底板上或在底板上直接砌墙,如图 6-6(a)所示。梁板式筏形基础如同倒置的肋形楼盖,若梁在底板的上方,称为上梁式,如图 6-6(b)所示;如梁在底板的下方,称为下梁式,如图 6-6(c)所示。

　　筏形基础可用于框架、框剪、剪力墙结构,还广泛用于砌体结构。

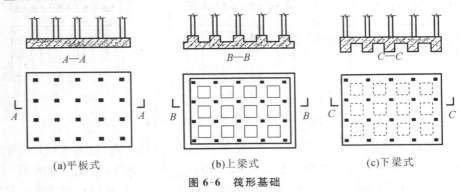

| (a)平板式 | (b)上梁式 | (c)下梁式 |

图 6-6　筏形基础

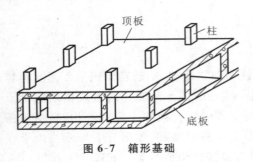

图 6-7　箱形基础

5. 箱形基础

　　箱形基础是由钢筋混凝土顶板、底板和纵横交错的内、外墙组成的空间结构,如图 6-7 所示。这种基础刚度大,整体性好,可有效地扩散上部结构传下来的荷载,调整地基的不均匀沉降。但箱形基础耗用的钢筋和混凝土较多,需考虑基坑支护和降水、止水问题,施工技术复杂。

二、深基础

　　深基础包括桩基础、大直径桩墩基础、沉井基础、地下连续墙、桩箱基础等,如图 6-8 所示。

目前桩基础在建筑业中应用非常广泛。

(a)桩基础

(b)大直径的桩墩基础

(c)沉井基础

(d)地下连续墙

图 6-8 深基础

  在地基中打桩,把建筑物支承在桩台上,建筑物的荷载由桩传到地基深处较为坚实的土层,这种基础称为桩基础。桩基础由基桩和连接于桩顶的承台共同组成。承台将桩群连接成一个整体,并把建筑物的荷载传至桩上,再将荷载传给深层土和桩侧土体。

  按照承台位置的高低,可将桩基础分为低承台桩基础和高承台桩基础。若桩身全部埋于土中,承台底面与土体接触,则该桩基础称为低承台桩基础,如图 6-9(a)所示;若桩身上部露出地面而承台底位于地面以上,则该桩基础称为高承台桩基础,如图 6-9(b)所示。建筑桩基础通常为低承台桩基础,这种桩基础受力性能好,具有较强的抵抗水平荷载的能力,而高承台桩基础多用于桥梁和港口工程。

  桩基础具有承载力高、沉降量小、稳定性好、便于机械化施工、适应性强等特点。

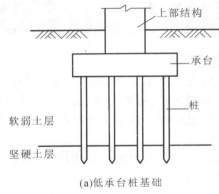

(a)低承台桩基础

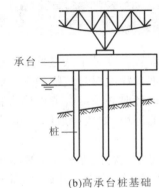

(b)高承台桩基础

图 6-9 桩基础类型

任务 2 浅基础基本知识

一、地基基础方案的选择

设计地基基础时,必须根据建筑物的用途、平面布置、上部结构类型以及地基基础设计等级,充分考虑建筑场地和地基岩土条件,结合施工条件以及工期、造价等方面的要求,合理选择地基基础方案。

一般而言,在天然地基上修筑浅基础时施工方便,不需要复杂的施工设备,工期短,造价低;而人工地基及深基础往往施工比较复杂,工期较长,造价较高。因此,在保证建筑物安全和正常使用的前提下,宜优先选用天然地基上的浅基础。

二、浅基础设计内容及步骤

天然地基上的浅基础一般可按下列步骤设计:

(1) 根据上部结构形式、荷载大小、工程地质及水文地质条件等选择基础的结构形式、材料,并进行平面布置;

(2) 确定基础的埋置深度;

(3) 确定地基承载力;

(4) 根据基础顶面荷载值及持力层的地基承载力,初步计算基础底面尺寸;

(5) 若地基持力层下部存在软弱土层,需验算软弱下卧层的承载力;

(6) 甲级、乙级建筑物及部分丙级建筑物,尚应在承载力计算的基础上进行变形验算;

(7) 基础剖面及结构设计;

(8) 绘制施工图,编制施工技术说明书。

三、基础埋置深度

基础埋置深度是指从室外设计地面至基础底面的距离。

基础埋置深度对建筑物的安全和正常使用、基础施工技术措施、施工工期和工程造价等影响很大。设计时必须综合考虑建筑物自身条件(如使用条件、结构形式、荷载的大小和性质等)以及所处的环境(如地质条件、气候条件、邻近建筑的影响等),选择技术可靠、经济合理的基础埋置深度。

在满足地基稳定性和变形要求的前提下,基础宜浅埋。考虑地面动植物活动、耕土层等因素对基础的影响,除岩石基础外,基础埋深宜不小于 0.5 m。

确定基础埋置深度时,应综合考虑以下因素:

1. 建筑物用途及基础形式和构造

确定基础埋置深度时,应考虑建筑物的使用要求和特殊用途。例如设置地下室或设备层的建筑物、使用箱形基础的高层或重型建筑物、具有地下部分的设备基础等,其基础埋置深度应根据建筑物地下部分的设计标高、设备基础底面标高来确定。

不同基础的构造高度也不相同,基础埋置深度自然不同。为了保证基础不露出地面,构造要求基础顶面至少应低于室外设计地面 0.1 m。

2. 作用在地基上的荷载大小和性质

荷载大小和性质不同,对地基承载力的要求也就不同。

(1) 当上部结构荷载较大时,要求基础置于较好的土层上。

(2) 对于承受较大的水平荷载的基础,必须加大埋置深度,以获得土的侧向抗力,保证结构的稳定性。例如在抗震设防区,高层建筑筏形基础和箱形基础的埋置深度,除岩石地基外,采用天然地基时一般宜不小于建筑物高度的 1/15,桩箱或桩筏基础的埋置深度(不计桩长)宜不小于建筑物高度的 1/18。

(3) 对于承受上拔力的基础,需有较大的埋深,以提供足够的抗拔阻力。

(4) 对于承受振动荷载的基础,则不宜建在液化的土层上。

3. 工程地质和水文地质条件

工程地质条件对基础的设计往往起着决定性的作用,为了保证建筑物的安全,必须根据荷载的大小和性质为基础选择可靠的持力层。

(1) 一般当上层土的承载力能满足要求时,应将其作为持力层;当其下有软弱土层时,则应验算其承载力是否满足要求。

(2) 当上层土软弱而下层土承载力较高时,则应根据软弱土的厚度决定基础做在下层土上还是采用人工地基或桩基础。

(3) 如遇到地下水,基础应尽量埋置于地下水位以上,以避免地下水对基坑开挖、基础施工和使用的影响。

(4) 当必须将基础埋在地下水位以下时,则应采取施工排水措施,以保护地基土不受扰动。

(5) 对于承压水,应考虑承压水上部隔水层最小厚度问题,以避免承压水冲破隔水层,浸泡基槽。

(6) 对于河岸边的基础,其埋置深度应在流水冲刷作用深度以下。基础埋置在易风化的岩层上,施工时应在基坑开挖后立即铺筑垫层。

4. 相邻建筑物的基础埋置深度

(1) 当存在相邻建筑物时,新建建筑物基础的埋置深度宜不大于原有建筑基础的埋置深度。

(2) 当新建建筑物基础的埋置深度大于原有建筑物基础的埋置深度时,两基础间应保持一定的净间距,其数值应根据原有建筑荷载大小、基础形式和土质情况确定,一般应不小于两基础底面高度差的 1~2 倍,如图 6-10 所示。

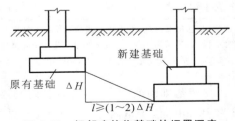

图 6-10 相邻建筑物基础的埋置深度

（3）当上述要求不能满足时，应采取分段施工、设临时加固支撑、打板桩、设地下连续墙等施工措施，或加固原有建筑物地基，以免开挖新基槽时危及原有基础的安全稳定性。

5.地基土冻胀和融陷的影响

土体冻结发生体积膨胀和地面隆起的现象称为冻胀。若冻胀产生的上抬力大于基础荷重，基础就有可能被上抬。土层解冻时，土体软化、强度降低、地面沉陷的现象称为融陷。地基土的冻胀与融陷是不均匀的，往往会造成建筑物的开裂破坏。

季节性冻土的冻胀性与融陷性是相互关联的，常以冻胀性加以概括。《建筑地基基础设计规范》（GB 50007—2011）根据土的类别、冻前天然含水量和冻结期间地下水位距冻结面的最小距离，将地基土的冻胀性划分为不冻胀、弱冻胀、冻胀、强冻胀和特强冻胀五类。

在确定基础埋置深度时，对于不冻胀土，可不考虑冻结深度的影响；对于弱冻胀土、冻胀土、强冻胀土和特强冻胀土，可按相关规定计算基础的最小埋置深度。

四、基础构造要求

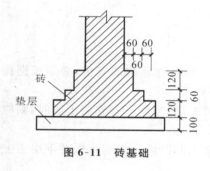

图 6-11 砖基础

1.无筋扩展基础的构造要求

1）砖基础

砖基础是一种常见的基础形式，一般建在 100 mm 厚的 C10 素混凝土垫层上，其剖面为阶梯形，通常称为大放脚。大放脚从垫层上开始砌筑，各部分的尺寸应符合砖的模数。大放脚一般为二一间隔收（两皮一收与一皮一收相间）或两皮一收，如图 6-11 所示。

为保证砖基础的耐久性，《砌体结构设计规范》（GB 50003—2011）规定了地面以下或防潮层以下的砌体，所用材料的最低强度等级应符合有关要求，如表 6-1 所示。

表 6-1　地面以下或防潮层以下的砌体、潮湿房间墙所用材料的最低强度等级

潮 湿 程 度	烧结普通砖	混凝土普通砖蒸压普通砖	混凝土砌体	石　材	水 泥 砂 浆
稍潮湿的	MU15	MU20	MU7.5	MU30	M5
很潮湿的	MU20	MU20	MU10	MU30	M7.5
含水饱和的	MU20	MU25	MU15	MU30	M10

注：1.在冻胀地区，地面以下或防潮层以下的砌体，不宜采用多孔砖，如采用，其孔洞应用强度等级不低于 M10 的水泥砂浆预先灌实；当采用混凝土空心砌块时，其孔洞应采用强度等级不低于 Cb20 的混凝土预先灌实。

2.对于安全等级为一级或设计使用年限大于 50 年的房屋，表中材料强度等级应至少提高一级。

在砖基础顶面应设置防潮层，防潮层宜用 1：2.5 水泥砂浆加适量的防水剂铺设，其厚度一般为 20 mm，位于室内地坪下 60 mm 处。

砖基础具有取材容易、价格便宜、施工简便等特点，因此广泛应用于 6 层及 6 层以下的民用

建筑和砖墙承重厂房。

2）毛石基础

毛石是指未经加工整平的石料。毛石基础是选用强度等级不低于 MU20 的硬质岩石，用水泥砂浆砌筑而成的基础。

为了保证砌筑质量，每层台阶宜用三排或三排以上的毛石，每一台阶伸出宽度宜不大于200 mm，高度宜不小于 400 mm，石块应错缝搭砌，缝内砂浆应饱满，如图 6-12 所示。

毛石基础的抗冻性较好，在寒冷潮湿地区可用于 6 层以下建筑物的基础。

3）混凝土或毛石混凝土基础

混凝土基础的强度、耐久性、抗冻性均较好，其强度等级一般为 C15 以上，常用于荷载大或基础位于地下水位以下的情况。

当基础体积较大时，为节省水泥用量，可在混凝土内掺入不超过 30% 体积的毛石做成毛石混凝土基础，如图 6-13 所示。所掺入毛石的尺寸宜不大于 300 mm，且应冲洗干净，其强度等级应不低于 MU20。

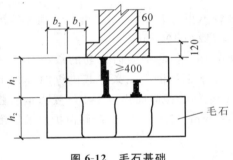

图 6-12　毛石基础

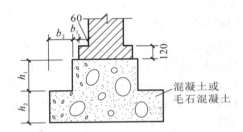

图 6-13　混凝土、毛石混凝土基础

4）灰土基础

为节约砖石材料，常在砖石基础大放脚下面做一层灰土垫层，如图 6-14 所示。

灰土是用熟化的石灰粉和黏性土按一定比例加适量水拌匀后分层夯实而成的，体积配合比为 3∶7 或 2∶8，一般多采用 3∶7，即 3 份石灰粉、7 份黏性土（体积比），通常称为三七灰土。压实后的灰土应满足设计对压实系数的质量要求。灰土施工时，每层虚铺 220～250 mm，夯实至 150 mm，称为一步灰土。一般可用 2 步或 3 步，即 300 mm 或 450 mm 厚。

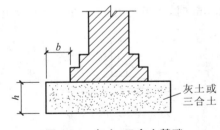

图 6-14　灰土、三合土基础

灰土基础造价低，可节约水泥和砖石材料，多用于五层或五层以下的民用建筑。

5）三合土基础

三合土是由石灰、砂和骨料（碎石、碎砖或矿渣等）按体积比 1∶2∶4 或 1∶3∶6 加适量水拌和均匀配置而成的。一般每层虚铺 220 mm 厚，夯实至 150 mm。可用 2 步或 3 步，即 300 mm 或 450 mm 厚，然后在它上面砌大放脚，如图 6-14 所示。

三合土基础施工简单，造价低，强度也较低，故一般用于地下水位较低的 4 层及 4 层以下的民用建筑。

2. 扩展基础的构造要求

1）一般构造要求

（1）锥形基础的边缘高度宜不小于 200 mm，且两个方向的坡度宜不大于 1∶3；阶梯形基础的每阶高度宜为 300～500 mm，如图 6-15 所示。

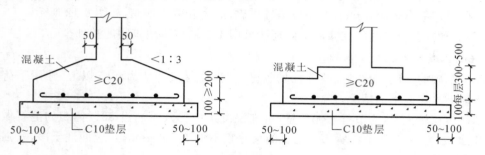

图 6-15　扩展基础一般构造要求

（2）扩展基础下通常设素混凝土垫层，垫层厚度宜不小于 70 mm，垫层混凝土强度等级应为 C10。垫层两边伸出基础底板的长度不小于 50 mm，一般为 100 mm。

（3）扩展基础受力钢筋的最小配筋率应不小于 0.15％。底板受力钢筋的最小直径宜不小于 10 mm，间距应不大于 200 mm，不小于 100 mm。墙下钢筋混凝土条形基础纵向分布钢筋的直径不小于 8 mm，间距不大于 300 mm。每延米分布钢筋的截面面积应不小于受力钢筋截面面积的 15％。当有垫层时，钢筋保护层的厚度不小于 40 mm；当无垫层时，钢筋保护层的厚度不小于 70 mm。

（4）混凝土强度等级应不低于 C20。

（5）当柱下钢筋混凝土独立基础的边长和墙下钢筋混凝土条形基础的宽度大于或等于 2.5 m 时，底板受力钢筋的长度可取边长或宽度的 0.9，并宜交错布置，如图 6-16(a)所示。

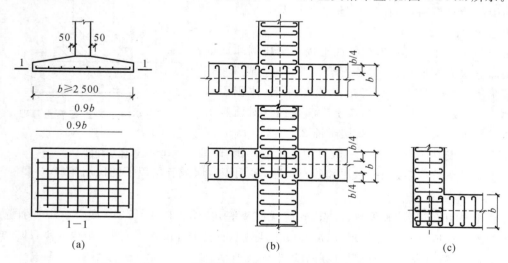

图 6-16　扩展基础底板受力钢筋布置示意图

（6）钢筋混凝土条形基础底板在 T 形及十字形交接处，底板横向受力钢筋仅沿一个主要受力方向通长布置，另一方向的横向受力钢筋可布置到主要受力方向底板宽度的 1/4 处，如图 6-16(b)所示。在拐角处，底板横向受力钢筋应沿两个方向布置，如图 6-16(c)所示。

2）现浇柱基础

（1）钢筋混凝土柱和剪力墙纵向受力钢筋在基础内的锚固长度 l_a 应根据国家现行标准《混凝土结构设计规范》(GB 50010—2010)有关规定确定。

有抗震设防要求时，纵向受力钢筋的最小锚固长度 l_{aE} 应按下式计算，即

一、二级抗震等级 $\qquad l_{aE}=1.15l_a \qquad\qquad$ (6-1)

三级抗震等级 $\qquad l_{aE}=1.05l_a \qquad\qquad$ (6-2)

四级抗震等级 $\qquad l_{aE}=l_a \qquad\qquad$ (6-3)

式中，l_a——纵向受拉钢筋的锚固长度，m。

（2）现浇柱的基础，其插筋的数量、直径以及钢筋种类应与柱内纵向受力钢筋的相同。插筋的锚固长度应满足(1)中的要求，插筋与柱的纵向受力钢筋的连接方法应符合国家现行标准《混凝土结构设计规范》(GB 50010—2010)的规定。

插筋的下端宜做成直钩，放在基础底板钢筋网上。当符合下列条件之一时，可将四角的插筋伸至底板钢筋网上，其余插筋锚固在基础顶面下 l_a 或 l_{aE}(有抗震设防要求时)处，如图 6-17 所示。

① 柱为轴心受压或小偏心受压，基础高度大于或等于 1 200 mm；

② 柱为大偏心受压，基础高度大于或等于 1 400 mm。

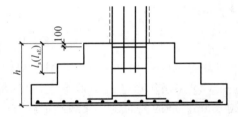

图 6-17　现浇柱基础的插筋构造示意图

3. 柱下条形基础的构造要求

柱下条形基础的构造除满足扩展基础的构造要求外，尚应符合下列规定：

（1）柱下条形基础梁的高度宜为柱距的 1/8～1/4，翼板厚度应不小于 200 mm。当翼板厚度大于 250 mm 时，宜采用变厚度翼板，其坡度宜小于或等于 1：3，如图 6-18(a)所示。

（2）柱下条形基础的端部宜向外伸出一定长度，其长度宜为第一跨距的 0.25。

（3）现浇柱与条形基础梁的交接处，其平面尺寸如图 6-18(b)所示。基础梁的宽度宜每边宽出柱子 50 mm。当与基础梁轴线垂直的柱边长大于或等于 600 mm 时，可仅在柱位处将基础梁局部加宽。

（4）柱下条形基础梁顶部和底部的纵向受力钢筋除满足计算要求外，顶部钢筋按计算配筋全部贯通，底部通长钢筋的截面面积应不小于底部受力钢筋截面总面积的 1/3。

（5）柱下条形基础的混凝土强度等级应不低于 C20。

4. 筏形基础的构造要求

高层建筑的筏形基础应符合下列构造要求。

（1）筏形基础的混凝土强度等级应不低于 C30。当有地下室时，应采用防水混凝土，防水混凝土的抗渗等级应根据地下水的最大水头与防渗混凝土厚度的比值，按现行的《地下工程防水

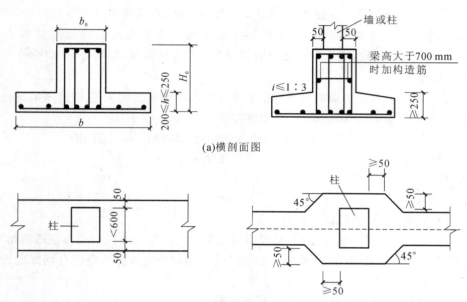

(a)横剖面图

(b)现浇柱与条形基础梁交接处的平面尺寸

图 6-18 柱下条形基础的构造示意图

技术规范》(GB 50108—2008)选用,但应不小于 0.6 MPa。必要时宜设架空排水层。

(2)采用筏形基础的地下室,钢筋混凝土外墙厚度应不小于 250 mm,内墙厚度宜不小于 200 mm。墙的截面设计除满足承载力要求外,尚应考虑变形、抗裂及外墙防渗等要求。墙内应设置双面钢筋,钢筋不宜采用光面圆钢筋,水平钢筋的直径应不小于 12 mm,竖向钢筋的直径应不小于 10 mm,间距应不大于 200 mm。

(3)平板式筏形基础的板厚宜不小于 400 mm,当柱荷载较大时,可将柱下筏板局部加强或增设柱墩,也可采用设置抗冲切箍筋来提高受冲切承载能力。

(4)地下室底层柱、剪力墙与梁板式筏形基础的基础梁的连接构造应符合下列要求:

① 柱、墙的边缘至基础梁边缘的距离应不小于 50 mm,如图 6-19 所示;

② 当交叉基础梁的宽度小于柱截面边长时,交叉基础梁连接处应设置八字角,柱角与八字角之间的净间距宜不小于 50 mm,如图 6-19(a)所示;

③ 单向基础梁与柱的连接,如图 6-19(b)、图 6-19(c)所示;

④ 基础梁与剪力墙的连接,如图 6-19(d)所示。

(5)筏板与地下室外墙的接缝、地下室外墙沿高度方向的水平接缝应严格按施工缝要求施工,必要时可设通长止水带。

(6)平板式筏板的厚度大于 2 000 mm 时,宜在板中间部位设置直径不小于 12 mm、间距不大于 300 mm 的双向钢筋网。

(7)梁板式筏形基础的底板和基础梁的配筋除满足计算要求外,纵横方向的底部钢筋尚应有不少于 1/3 贯通全跨,顶部钢筋按计算配筋全部连通,底板上、下贯通钢筋的配筋率应不小于 0.15%。

(8)采用筏形基础的地下室,其钢筋混凝土外墙厚度应不小于 250 mm,内墙厚度应不小于 200 mm。墙的截面设计除了应满足计算承载力要求外,尚应考虑变形、抗裂及防渗等要求。墙

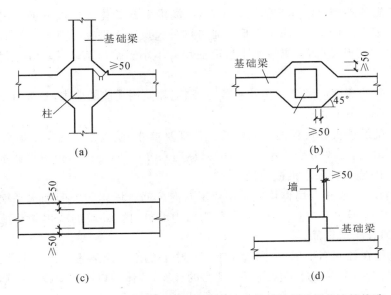

图 6-19　地下室底层柱或剪力墙与梁板式筏形基础的基础梁的连接构造

体内应设置双面钢筋,竖向和水平钢筋的直径应不小于 12 mm,间距应不大于 300 mm。

（9）高层建筑筏形基础与裙房基础之间的构造应符合下列要求:

① 当高层建筑与相连的裙房之间设置沉降缝时,高层建筑的基础埋深应大于裙房基础埋深至少2 m。当不满足要求时,必须采取有效措施。沉降缝地面以下处应用粗砂填实,如图 6-20 所示。

② 当高层建筑与相连的裙房之间不设置沉降缝时,宜在裙房一侧设置后浇带,后浇带宜设在距主楼边柱的第二跨内。后浇带混凝土宜根据实测沉降值并计算后期沉降差能满足设计要求后方可进行浇筑。

③ 当高层建筑与相连的裙房之间不允许设

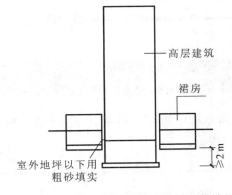

图 6-20　高层建筑与相连的裙房间的沉降缝处理

置沉降缝和后浇带时,应进行地基变形计算,验算时需考虑地基与结构变形的相互影响,并采取相应的有效措施。

（10）筏形基础地下室施工完毕后,应及时进行基坑回填工作。回填基坑时,应先清除基坑中的杂物,并应在相对的两侧或四周同时回填并分层夯实。

5. 箱形基础的构造要求

（1）箱形基础的混凝土强度等级应不低于 C20,并应采用密实混凝土进行刚性防水。

（2）箱形基础的顶板、底板和墙体的厚度应满足受力情况、整体刚度和防水的要求。无人防设计要求的箱形基础,基础底板厚度应不小于 300 mm,顶板厚度应不小于 200 mm,外墙厚度应不小于 250 mm,内墙厚度应不小于 200 mm。

(3) 箱形基础的外墙宜沿建筑物周边布置,内墙沿上部结构的柱网或剪力墙位置纵横均匀布置,墙体水平截面总面积宜不小于箱形基础外墙外包尺寸水平投影面积的 1/10。对于基础平面长宽比大于 4 的箱形基础,其纵墙水平截面面积应不小于箱形基础外墙外包尺寸水平投影面积的 1/18。

(4) 箱形基础的高度应满足结构的承载力、刚度和使用功能的要求,一般宜不小于箱形基础长度的 1/20,且宜不小于 3 m。

(5) 箱形基础的顶板和底板的配筋除符合计算要求外,纵横方向的支座钢筋应有 1/3～1/2 连通,且连通钢筋的配筋率分别不小于 0.15%(纵向)、0.10%(横向),跨中钢筋按实际需要的配筋全部连通。钢筋接头宜采用机械连接。

箱形基础的顶板、底板及墙体均应采用双层双向配筋。墙体的竖向和水平钢筋直径均不小于 10 mm,间距均应不大于 200 mm。除上部为剪力墙外,内、外墙的墙顶处宜配置两根直径不小于 20 mm 的通长构造钢筋。

(6) 门洞宜设在柱间居中部位,洞边至上层柱中心的水平距离宜不小于 1.2 m,洞口上过梁的高度宜不小于层高的 1/5,过梁应进行承载力的计算,墙体洞口四周应设加强钢筋。

任务 3　桩基础基本知识

一、桩的类型

桩基础中的桩可根据其承载性状、施工方法、桩身材料及桩的挤土效应等进行分类,如表 6-2 所示。

表 6-2　桩的类型

依　据	分　类		分 类 标 准
	大　类	亚　类	
按承载性状分	摩擦型桩 (见图 6-21)	摩擦桩	在极限承载力状态下,桩顶荷载由桩侧阻力承担
		端承摩擦桩	在极限承载力状态下,桩顶荷载由桩侧阻力和桩端阻力共同承担,但桩侧阻力分担荷载较大
	端承型桩 (见图 6-21)	端承桩	在极限承载力状态下,桩顶荷载由桩侧阻力和桩端阻力共同承担,但桩端阻力分担荷载较大
		摩擦端承桩	在极限承载力状态下,桩顶荷载由桩端阻力承担,桩侧阻力忽略不计

续表

依据	分类		分类标准
	大类	亚类	
按桩身材料分	混凝土桩		主要承受竖向受压荷载,或作为基坑临时护坡桩,荷载不大
	钢筋混凝土桩		横截面有方、圆等多种形状,可做成实心或空心,用于承压、抗拔、抗弯等
	钢桩		常见的有钢管桩和 H 形钢桩
	组合材料桩		由两种材料组合的桩
按桩的使用功能分	竖向抗压桩		主要承受上部结构传来的竖向荷载
	竖向抗拔桩		主要承受竖向上拔荷载
	水平受荷桩		主要承受水平荷载
	复合受荷桩		指承受竖向、水平荷载均较大的桩
按施工方法分	预制桩		是指在施工现场或工厂预先制作,然后以锤击、振动、静压或旋入等方式将桩设置就位。工程中应用最广泛的是钢筋混凝土桩
	灌注桩		是指在设计桩位成孔,然后在孔内放置钢筋笼(也有直接插筋或省去钢筋的),再浇灌混凝土成桩的桩型
按成桩方法和挤土效应分	非挤土桩		是指在成桩时,采用干作业法、泥浆护壁法、套管护壁法等,先将孔中土体取出,对桩周土不产生挤土作用的桩,如人工挖孔灌注桩、钻孔灌注桩等
	部分挤土桩		是指在成桩时孔中部分或小部分土体先取出,对桩周土有部分挤土作用的桩,如部分挤土灌注桩、预钻孔打入式预制桩、打入式敞口桩
	挤土桩		是指在成桩时孔中土未取出,完全是挤入土中的桩,如挤土灌注桩、挤土预制桩(打入或静压)等
按桩径分	小直径桩		桩径 $d \leqslant 250$ mm
	中等直径桩		桩径 250 mm$<d<$800 mm
	大直径桩		桩径 $d \geqslant 800$ mm

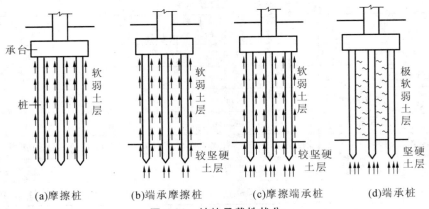

(a)摩擦桩　　　(b)端承摩擦桩　　　(c)摩擦端承桩　　　(d)端承桩

图 6-21　桩按承载性状分

二、桩基础的受力特点

1. 单桩竖向承载力

单桩在竖向荷载作用下,桩身产生相对于土的向下位移,从而使桩侧表面受到土的向上摩阻力。随着荷载的增加,桩侧摩阻力从桩身上段向下传递,桩底持力层也因受压而产生桩端反力。当沿桩身全长的摩阻力都达到极限值之后,桩顶荷载增量就全归桩端阻力承担,直到桩底持力层破坏。

由此可见,单桩轴向荷载的传递过程实际上是桩侧阻力与桩端阻力的发挥过程。单桩竖向承载力可通过现场静载荷试验或其他原位测试方法确定。

2. 群桩承载力

实际工程中,除了大直径桩基础外,一般均为群桩基础,即由若干根桩和承台共同组成的桩基础。此时,群桩中各桩的受力状态与单桩往往有显著差别,上部结构的荷载实际上是由桩和地基土共同承担的。

一般来说,群桩基础的承载力小于单桩基础的承载力与桩数的乘积,这种现象称为群桩效应。群桩基础的竖向承载力与单桩基础的竖向承载力之和的比值称为群桩效应系数,它与桩距、桩数、桩径、桩的入土深度、桩的排列、承台宽度及桩间土的性质等因素有关,其中桩距为主要因素。当桩距较小时,群桩效应系数降低;当桩距大于 6 倍的桩径时,群桩效应系数较高。

三、桩基础的构造要求

1. 桩的间距

摩擦型桩的中心距宜不小于桩身直径的 3 倍,扩底灌注桩的中心距宜不小于扩底直径的 1.5 倍,当扩底直径大于 2 m 时,桩端净间距宜不小于 1 m。在确定桩距时,尚应考虑施工工艺中挤土等效应对邻近桩的影响。一般桩的最小中心距应满足表 6-3 的要求。

表 6-3　桩的最小中心距

土类与成桩工艺		排数不少于 3 排且桩数不少于 9 根的摩擦型桩的桩基础	其他情况
非挤土灌注桩		$3.0d$	$3.0d$
部分挤土桩		$3.5d$	$3.0d$
挤土桩	非饱和土	$4.0d$	$3.5d$
	饱和黏性土	$4.5d$	$4.0d$
钻、挖孔扩底桩		$2D$ 或 $D+2.0$ m(当 $D>2$ m 时)	$1.5D$ 或 $D+1.5$ m(当 $D>2$ m 时)
沉管夯扩、钻孔挤扩桩	非饱和土	$2.2D$ 且 $4.0d$	$2.0D$ 且 $3.5d$
	饱和黏性土	$2.5D$ 且 $4.5d$	$2.2D$ 且 $4.0d$

注:d 为圆桩设计直径或方桩设计边长,D 为扩大端设计直径。

2. 桩的平面布置

根据桩的受力情况,单独基础下的桩基础可采用方形、三角形、梅花形等布桩方式,如图 6-22(a)所示;对于条形基础下的桩基础,可采用单排或双排布置方式,如图 6-22(b)所示,有时也可采用不等距的形式。

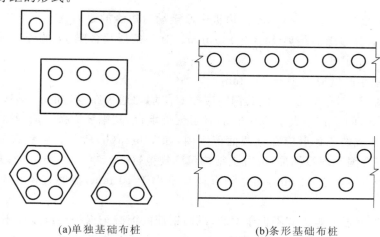

(a)单独基础布桩　　　　　　　　　(b)条形基础布桩

图 6-22　桩的平面布置示例

3. 桩身的构造要求

(1) 扩底灌注桩的扩底直径应不大于桩身直径的 3 倍。

(2) 桩底进入持力层的深度宜为桩身直径的 1～3 倍。嵌岩灌注桩周边嵌入完整和较完整的未风化、微风化、中风化硬质岩体的最小深度宜不小于 0.5 m。

(3) 布置桩位时宜使桩基承载力合力点与竖向永久荷载合力作用点重合。

(4) 预制桩的混凝土强度等级应不低于 C30,灌注桩应不低于 C25,预应力桩应不低于 C40。

(5) 灌注桩主筋的混凝土保护层厚度应不小于 50 mm,预制桩应不小于 45 mm,预应力桩应不小于 35 mm,腐蚀环境中的灌注桩应不小于 55 mm。

(6) 桩的主筋应经计算确定。预制桩的最小配筋率宜不小于 0.8%(锤击沉桩)、0.6%(静压沉桩),预应力桩宜不小于 0.5%,灌注桩宜不小于 0.2%～0.65%(小直径桩取大值)。在桩顶以下 3～5 倍的桩身直径的范围内,箍筋宜适当加强、加密。

(7) 桩身纵筋的配筋长度:

① 受水平荷载和弯矩较大的桩,配筋长度应通过计算确定。

② 桩基承台下存在淤泥、淤泥质土或液化土时,配筋长度应穿过淤泥层、淤泥质土层或液化土层。

③ 坡地岸边的桩、8 度及 8 度以上地震区的桩、抗拔桩、嵌岩端承桩应通长配筋。

④ 钻孔灌注桩构造钢筋的长度宜不小于桩长的 2/3;桩的施工在基坑开挖前完成时,其钢筋长度宜不小于基坑深度的 1.5 倍。

(8) 桩顶嵌入承台内的长度宜不小于 50 mm,主筋伸入承台内的锚固长度宜不小于钢筋直径(HPB235 级钢)的 30 倍和钢筋直径(HRB335 级和 HRB400 级钢)的 35 倍。对于大直径灌注桩,当采用一柱一桩时,可设置承台或将桩和柱直接连接。

4. 承台的构造要求

桩基承台的构造除应满足抗冲切、抗剪切、抗弯承载力和上部结构的要求外,还应符合下列要求:

(1) 承台的宽度应不小于 500 mm。边桩中心至承台边缘的距离宜不小于桩的直径或边长,且桩的外边缘至承台边缘的距离不小于 150 mm。对于条形承台梁,桩的外边缘至承台梁边缘的距离不小于 75 mm。

(2) 承台的最小厚度应不小于 300 mm。

(3) 承台的配筋,对于矩形承台,其钢筋应按双向均匀通长布置,如图 6-23(a)所示,钢筋直径宜不小于 10 mm,间距宜不大于 200 mm;对于三桩承台,其钢筋应按三向板带均匀布置,且最里面的三根钢筋围成的三角形应在柱截面范围内,如图 6-23(b)所示。承台梁的主筋除满足计算要求外,尚应符合国家现行标准《混凝土结构设计规范》(GB 50010—2010)中关于最小配筋率的规定,主筋直径宜不小于 12 mm,架立筋直径宜不小于 10 mm,箍筋直径宜不小于 6 mm,如图 6-23(c)所示。

(4) 承台混凝土强度等级应不低于 C20,纵向钢筋的混凝土保护层厚度应不小于 70 mm,当有混凝土垫层时,应不小于 50 mm,且应不小于桩头嵌入承台内的长度。

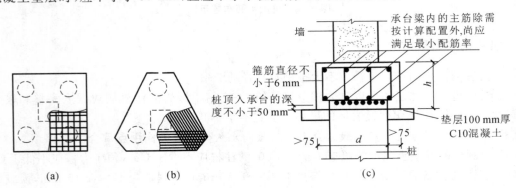

图 6-23 承台配筋

📃 模块导图

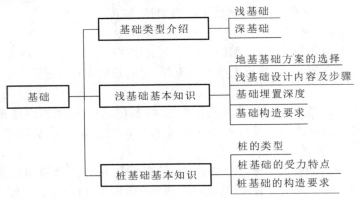

职业能力训练

一、填空题

1.支承基础的土体或岩体称为（　　　）。

2.将结构所承受的各种荷载传递到地基上的结构组成部分称为（　　　）。

3.基础底面下的第一层土称为（　　　）。

4.无筋扩展基础又称（　　　），是指由（　　　）、毛石、混凝土或毛石混凝土、灰土和三合土等材料组成的不配置钢筋的墙下条形基础或柱下独立基础。

5.扩展基础是指（　　　）和（　　　）。

6.现浇柱下钢筋混凝土独立基础常采用（　　　）或（　　　），预制柱的基础一般为（　　　）。

7.筏形基础在构造上可视为一个倒置的（　　　），可做成（　　　）和（　　　）。

8.箱形基础是由钢筋混凝土（　　　）、（　　　）和纵横交错的（　　　）组成的空间结构。

9.桩基础由（　　　）和连接于桩顶的（　　　）共同组成。按照承台位置的高低，可将桩基础分为（　　　）和（　　　）。建筑桩基通常为（　　　），桥梁和港口工程多采用（　　　）。

10.除岩石基础外，基础埋置深度宜不小于（　　　）。

11.为了保证基础不露出地面，构造要求基础顶面至少应低于室外设计地面（　　　）。

12.在抗震设防区，高层建筑筏形基础和箱形基础的埋置深度，除岩石地基外，采用天然地基时一般宜不小于建筑物高度的（　　　），桩箱基础或桩筏基础的埋置深度（不计桩长）宜不小于建筑物高度的（　　　）。

13.如遇到地下水，基础应尽量埋置于地下水位（　　　）。

14.对于河岸边的基础，其埋置深度应在流水冲刷作用深度（　　　）。

15.当存在相邻建筑物时，新建建筑物的基础埋置深度宜不（　　　）原有建筑物基础。

16.当新建建筑物基础的埋置深度大于原有建筑物基础的埋置深度时，两基础间应保持一定的净间距，一般应不小于两基础底面高度差的（　　　）倍。

二、简答题

1.浅基础有哪些类型？

2.深基础有哪些类型？

3.简述浅基础的设计内容及一般步骤。

4.什么是基础的埋置深度？影响基础埋置深度的因素有哪些？

5.简述无筋扩展基础的构造要求。

6.简述扩展基础的构造要求。

7.简述柱下条形基础的构造要求。

8.简述筏形基础的构造要求。

9.简述箱形基础的构造要求。

10.桩按承载性状分为哪几类？

11.简述桩基础的构造要求。

钢筋混凝土多层及高层结构基本知识

知识目标

（1）了解多层及高层钢筋混凝土房屋的结构类型、特点、适用范围及其结构布置的一般原则；

（2）掌握框架结构的类型和构造要求，了解其受力特点；

（3）掌握剪力墙结构的类型和构造要求，了解其结构布置原则；

（4）掌握框架-剪力墙的结构形式和构造要求，了解其结构布置原则。

能力目标

（1）能正确选择多层及高层结构体系；

（2）能判断框架梁、柱的控制截面，能读懂钢筋混凝土框架结构施工图；

（3）能读懂剪力墙结构施工图；

（4）能读懂框架-剪力墙结构施工图。

任务 1 多层及高层结构体系

多层及高层是一个相对的概念,目前,对于高层建筑的定义,世界各国有不同的划分标准。

我国《高层建筑混凝土结构技术规程》(JGJ 3—2010)中,把10层及10层以上或房屋高度大于28 m的住宅建筑以及房屋高度大于24 m的其他高层民用建筑混凝土结构规定为高层建筑,9层及9层以下为多层建筑。

我国《民用建筑设计通则》(GB 50352—2005)中,把1层至3层定义为低层住宅,4层至6层为多层建筑,7层至9层为中高层住宅,10层及10层以上为高层住宅,除住宅建筑之外的民用建筑高度不大于24 m者为单层和多层建筑,大于24 m者为高层建筑(不包括建筑高度大于24 m的单层公共建筑),建筑高度大于100 m的民用建筑为超高层建筑。

一、常见结构体系

多层及高层建筑的结构体系主要有框架结构、剪力墙结构、框架-剪力墙结构、筒体结构等。

1. 框架结构体系

以梁和柱为主要构件组成的承受竖向和水平作用的结构称为框架结构,如图7-1所示。它具有以下优点:

(1) 结构轻巧,便于布置;

(2) 整体性比砖混结构和内框架承重结构好;

(3) 可形成大的使用空间;

(4) 施工较方便;

(5) 较为经济。

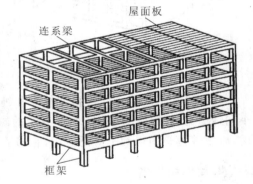

图 7-1 多层框架示意图

框架结构广泛应用于办公楼、教学楼、医院、公共性与商业性建筑、图书馆、轻工业厂房、公寓以及住宅类建筑中。但由于框架结构构件的截面尺寸一般都比较小,它们的抗侧移刚度较弱,随着建筑物高度的增加,结构在风荷载和地震作用下,侧向位移将迅速加大。为了不使框架结构构件的截面尺寸过大和截面内钢筋配置过密,框架结构一般只用于层数不超过20层的建筑物中。

2. 剪力墙结构体系

剪力墙结构体系是指竖向承重结构由剪力墙组成的一种房屋结构体系,如图7-2所示。所谓剪力墙,实质上是指固结于基础的钢筋混凝土墙片,它具有很高的抗侧移能力,既能承受竖向荷载作用,又能承受水平荷载作用。

剪力墙结构具有如下特点：

（1）整体性好，刚度大，抵抗侧向变形能力强；

（2）抗震性能较好，设计合理时结构具有较好的塑性变形能力；

（3）受楼板跨度的限制（一般为 3～8 m），剪力墙间距不能太大，建筑平面布置不够灵活；

剪力墙结构的适用范围较大，从十几层到几十层都很常见，适宜于旅馆、住宅等建筑类型，但不适用于大空间公共建筑。

3. 框架-剪力墙结构体系

将框架、剪力墙两种抗侧力结构结合在一起使用，或者将剪力墙围成封闭的筒体，再与框架结合起来使用，就形成了框架-剪力墙结构体系，如图 7-3 所示。

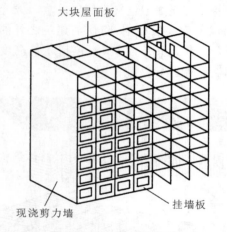

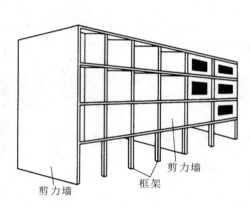

图 7-2　剪力墙结构体系　　　　　　图 7-3　框架-剪力墙结构体系

这种结构形式具备了纯框架结构和纯剪力墙结构的优点，同时克服了纯框架结构抗侧刚度小和纯剪力墙结构平面布置不够灵活的缺点。因此，框架-剪力墙结构体系在多层及高层办公楼、旅馆等建筑中得到了广泛应用，它的适宜层数一般为 15～25 层，一般不宜超过 30 层。

4. 筒体结构体系

以筒体为主组成的承受竖向和水平作用的结构称为筒体结构体系。筒体是由若干片剪力墙围合而成的封闭井筒式结构，其受力情况相当于一个固定于基础上的筒形悬臂构件。

根据开孔的多少，筒体有空腹筒和实腹筒之分，如图 7-4 所示。实腹筒一般由电梯井、楼梯间、管道井等组成，开孔少，因其常位于房屋中部，故又称为核心筒。空腹筒又称为框筒，由布置在房屋四周的密排立柱和截面高度很大的横梁组成。

根据房屋高度及其所受水平力的不同，筒体结构体系可布置成核心筒结构、框筒结构、筒中筒结构、框架-核心筒结构、成束筒结构和多重筒结构等形式，如图 7-5 所示。

框架-核心筒结构由实体核心筒和外框架构成，如图 7-5（a）所示，一般将楼电梯间及一些服务用房集中在核心筒内，其他需要较大空间的办公用房、商业用房等布置在外框架部分。

筒中筒结构由实体的内筒与空腹的外筒组成，如图 7-5（b）所示。筒中筒结构体系具有更大的整体性和抗侧刚度，适用于高度很大的建筑，一般建筑高度在 30 层以上。

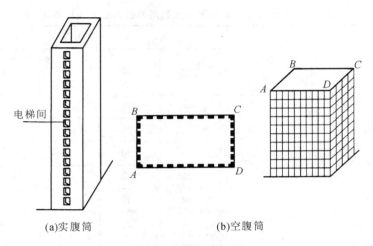

(a)实腹筒　　　　　　　　(b)空腹筒

图 7-4　筒体示意图

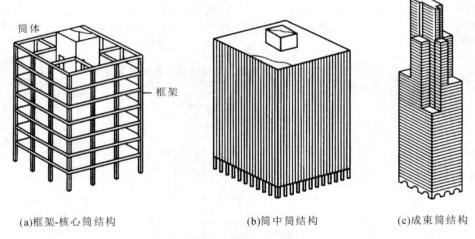

(a)框架-核心筒结构　　　　(b)筒中筒结构　　　　(c)成束筒结构

图 7-5　筒体结构类型

二、多层及高层房屋结构布置

1. 最大适用高度

钢筋混凝土高层建筑结构的最大适用高度分为 A 级和 B 级。把常规高度的高层建筑物称为 A 级高度的高层建筑,把高度超过 A 级高度限制的高层建筑称为 B 级高度的高层建筑。

B 级高度的高层建筑结构的最大适用高度可较 A 级适当放宽,其结构抗震等级、有关的计算和构造措施应相应加严。

A 级高度的钢筋混凝土高层建筑的最大适用高度应符合表 7-1 的规定,B 级高度的钢筋混凝土高层建筑的最大适用高度应符合表 7-2 的规定。

表 7-1　A 级高度的钢筋混凝土高层建筑的最大适用高度　　　　　　　单位:m

结　构　体　系		非抗震设计	抗震设防烈度				
			6 度	7 度	8 度		9 度
					0.20 g	0.30 g	
框架		70	60	50	40	35	—
框架-剪力墙		150	130	120	100	80	50
剪力墙	全部落地剪力墙	150	140	120	100	80	60
	部分框支剪力墙	130	120	100	80	50	应不采用
筒体	框架-核心筒	160	150	130	100	90	70
	80　筒中筒	200	180	150	120	100	
板柱-剪力墙		110	80	70	55	40	应不采用

注:1.表中框架不含异形柱框架;

2. 部分框支剪力墙结构指地面以上有部分框支剪力墙的剪力墙结构;

3.甲类建筑,6、7、8 度时宜按本地区抗震设防烈度提高一度后符合本表的要求,9 度时应专门研究;

4.框架结构、板柱-剪力墙结构以及 9 度抗震设防的表列其他结构,当房屋高度超过本表数值时,结构设计应有可靠根据,并采取有效的加强措施。

表 7-2　B 级高度的钢筋混凝土高层建筑的最大适用高度　　　　　　　单位:m

结　构　体　系		非抗震设计	抗震设防烈度			
			6 度	7 度	8 度	
					0.20 g	0.30 g
框架-剪力墙		170	160	140	120	100
剪力墙	全部落地剪力墙	180	170	150	130	110
	部分框支剪力墙	150	140	120	100	80
筒体	框架-核心筒	220	210	180	140	120
	筒中筒	300	280	230	170	150

注:1.部分框支剪力墙结构指地面以上有部分框支剪力墙的剪力墙结构;

2.甲类建筑,6、7 度时宜按本地区抗震设防烈度提高一度后符合本表的要求,8 度时应专门研究;

3.当房屋高度超过本表数值时,结构设计应有可靠根据,并采取有效的加强措施。

2. 最大宽高比

钢筋混凝土高层建筑结构的宽高比宜不超过表 7-3 的规定。

表 7-3　钢筋混凝土高层建筑结构适用的最大高宽比

结　构　体　系	非抗震设计	抗震设防烈度		
		6 度、7 度	8 度	9 度
框架	5	4	3	—
板柱-剪力墙	6	5	4	—

续表

结 构 体 系	非抗震设计	抗震设防烈度		
		6度、7度	8度	9度
框架-剪力墙、剪力墙	7	6	5	4
框架-核心筒	8	7	6	4
筒中筒	8	8	7	5

3. 结构布置原则

1）选择合理的结构体系

合理的结构体系的选择与建筑的使用功能和建筑高度有密切的关系,如:商场办公楼、宾馆等需要大空间,常采用框架或框架-剪力墙结构,而住宅常采用剪力墙结构;10层以下的建筑通常采用框架结构,10层以上的建筑常选择框架-剪力墙结构,而30层以上的建筑宜选择框筒结构。

2）结构平面布置合理

结构平面布置要有利于抵抗水平和竖向荷载,受力明确,传力直接。结构平面宜简单、规则,质量、刚度和承载力分布宜均匀。应不采用严重不规则的平面布置。

3）结构竖向布置合理

结构竖向布置应力求自下而上刚度变化均匀,体形均匀不突变,外形尽量减少外挑、内收等。

4）合理设置变形缝

变形缝包括伸缩缝、沉降缝和防震缝。设置伸缩缝可减少温度应力的影响;沉降缝可防止建筑的不均匀沉降;防震缝可简化结构单元,减少震害。

当然,在多层及高层建筑结构中,应尽量少设或不设变形缝。混凝土浇筑采用后浇带分段施工,这是减少变形缝设置的重要手段之一。在抗震设计中,伸缩缝、沉降缝的宽度必须同时满足防震缝的宽度要求。

（1）伸缩缝。

为防止结构因温度变化和混凝土收缩而产生裂缝,常隔一定距离用伸缩缝分开。混凝土伸缩缝的最大间距应符合表 7-4 的规定。当设置伸缩缝时,框架结构的双柱基础可不断开。

表 7-4　钢筋混凝土结构伸缩缝的最大间距　　　　　　　　　　　　　单位:m

结 构 类 别		室内或土中	露　天
框架结构	装配式	75	50
	现浇式	55	35
剪力墙结构	装配式	65	40
	现浇式	45	30

注:1. 装配整体式结构的伸缩缝间距,可根据结构的具体情况取表中装配式结构与现浇式结构之间的数值;

2. 框架-剪力墙结构或框架-核心筒结构房屋的伸缩缝间距,可根据结构的具体情况取表中框架结构与剪力墙结构之间的数值;

3. 当屋面无保温或隔热措施时,框架结构、剪力墙结构的伸缩缝间距宜按表中露天栏的数值取用。

（2）沉降缝。

沉降缝一般在下列部位设置：建筑平面转折部位、高度差异较大处、地基土的压缩性有明显的差异处、建筑结构或基础类型不同处、分期建设房屋交界处。

在高层建筑中，常常在主体周围设置多层或低层的裙房，它们与主体的高度和重量相差悬殊，可采用沉降缝将裙房和主体结构从顶层到基础全部断开。

沉降缝常常会使基础构造复杂，特别是在有地下室，而且地下水位较浅的时候，因此，在地基条件许可时，要尽量把高层部分和裙房部分的基础做成整体，不设沉降缝。此时，可采取如下措施：

① 当压缩性很小的土质不太深时，可利用天然地基，把高层部分和裙房放在一个刚度很大的整体基础上，使它们之间不产生沉降差。

② 当土质比较好，且房屋的沉降能在施工期间完成时，可以在施工时设置后浇带，将主体结构与裙房从基础到房顶暂时断开，待主体结构施工完毕，且大部分沉降完成后，再浇筑后浇带的混凝土，将结构连成整体。设计基础时，要考虑两个阶段的不同受力状态，分别验算。

③ 当裙房面积不大时，可以从主体结构的箱形基础上悬挑出基础梁，以承受裙房的重量。

（3）防震缝。

建筑物各部分层数、质量、刚度差异过大或有错层时，采用防震缝分开。防震缝的最小宽度要求：框架结构房屋，高度不超过 15 m 时应不小于 100 mm，高度超过 15 m 时，6 度、7 度、8 度和 9 度分别增加高度 5 m、4 m、3 m 和 2 m，宜加宽 20 mm；框架-剪力墙结构和剪力墙结构可分别按上述数值的 70% 和 50% 采用，且应不小于 100 mm。

任务 2 框架结构

一、框架结构的类型

按照施工方法的不同，钢筋混凝土框架结构可分为全现浇框架、装配式框架、装配整体式框架和半现浇框架。

1. 全现浇框架

全现浇框架是指框架的全部构件均在现场浇筑。这种结构的优点是整体性、抗震性能好，预埋件少，跟其他形式的框架相比，可节省钢材，建筑平面布置较灵活；缺点是模板消耗量大，现场湿作业多，施工周期长，在寒冷地区冬季施工较困难。对于使用要求较高，功能复杂或处于地震烈度区的框架房屋，宜采用全现浇框架。

2. 装配式框架

装配式框架是指梁、板、柱全部预制，然后在现场通过焊接拼装连接成整体的框架结构。这种结构的优点是构件可采用先进的生产工艺在工厂进行大批量的生产,在现场以先进的组织管理方式进行机械化装配,因而构件的质量容易保证,并可节约大量模板,改善施工条件,加快施工进度,但其结构整体性较差,节点预埋件多,总用钢量较全现浇框架的多,施工需要大型运输和吊装机械,在地震区不宜采用。

3.装配整体式框架

装配整体式框架是指将预制的梁、板、柱在现场安装就位后,焊接或绑扎节点区钢筋,在构件连接处现浇混凝土而形成整体框架结构。与全装配式框架相比,装配整体式框架保证了节点的刚性,提高了框架的整体性,省去了大部分的预埋铁件,节点用钢量减少,其缺点是增加了现场浇筑混凝土量。

4.半现浇框架

半现浇框架是将房屋结构中的梁、板和柱部分现浇、部分预制后装配而形成的结构。常见的做法有两种:一种是梁、柱现浇,板预制;另一种是柱现浇,梁、板预制。半现浇框架的施工方法比全现浇框架的施工方法简单,而整体受力性能比全装配式框架的优越。梁、柱现浇,节点构造简单,整体性好;而楼板预制,又比全现浇框架节约模板,省去了现场支模的麻烦。

二、框架结构的布置

1.结构布置的一般原则

结构布置在建筑平、立、剖面,并在结构形式确定以后进行。对于建筑剖面不复杂的结构,只需进行结构平面布置;对于建筑剖面复杂的结构,除进行结构平面布置外,还需进行结构的竖向布置。

进行结构布置时,一般应满足下列原则:

(1)满足使用要求,并尽可能地与建筑的平、立、剖面相一致;

(2)满足人防、消防要求,使水、暖、电各专业的布置能有效地进行;

(3)结构应尽可能简单、规则、均匀、对称,构件类型少;

(4)妥善处理温度、地基不均匀沉降以及地震等因素对建筑的影响;

(5)施工简便;

(6)经济合理。

2.结构布置方案

在框架结构中,主要承受楼面和屋面荷载的梁称为框架梁,另一方向的梁称为连系梁。框架梁和柱组成主要承重框架,连系梁和柱组成非主要承重框架。若采用双向板,则双向框架都是承重框架。根据结构上的荷载传递途径的不同,框架结构主要有下列三种布置方案。

1)横向承重布置

横向承重布置是指框架梁沿房屋横向布置,连系梁和楼(屋)面板沿房屋纵向布置,如图7-6(a)

所示。这种布置方案可以在一定程度上改善房屋横向与纵向刚度相差较大的缺点,而且由于连系梁的截面高度一般比主梁的小,窗户尺寸可以设计得大一些,室内采光、通风较好。因此,在多层框架结构中,常采用这种结构布置形式。

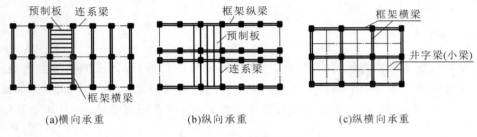

(a)横向承重   (b)纵向承重   (c)纵横向承重

图 7-6   框架结构的布置

2)纵向承重布置

纵向承重布置是指框架梁沿房屋纵向布置,楼板和连系梁沿房屋横向布置,如图 7-6(b)所示。这种布置方案横梁高度一般较小,室内净高较大,而且便于管线沿纵向穿行。此外,当地基沿房屋纵向不够均匀时,纵向框架可在一定程度上调整这种不均匀性。纵向承重布置方案的最大缺点是房屋的横向抗侧移刚度小,因而工程中很少采用这种结构布置方式。

3)纵横向承重布置

纵横向承重布置是指沿房屋的纵向和横向都布置承重框架,如图 7-6(c)所示。采用这种布置方案,可使纵、横两个方向都获得较大的刚度,因此整体性和受力性能都很好,特别适合于对房屋结构的整体性要求较高和楼面荷载较大的情况下采用。

3. 柱网布置和层高

框架结构房屋的柱网布置和层高,应根据生产工艺、使用要求、建筑材料、施工条件等因素综合考虑,并力求简单,有利于装配化、定型化和工业化。

民用框架结构房屋常用的柱网尺寸一般为 6～9 m,工业建筑的柱网尺寸一般为 6～12 m。房屋使用中的空间高度要求:层高决定了柱的高度,民用框架结构房屋的层高一般为 3～6 m,工业建筑的层高一般为 4～6 m。

当房屋的平面尺寸较大,地基不均匀或各部分高度和荷载相差很大时,要考虑是否需要设置变形缝的问题。

三、框架结构的受力特点

1. 框架结构承受的荷载

框架结构承受的荷载包括竖向荷载、水平荷载和地震作用。

竖向荷载包括结构自重及楼(屋)面活荷载,一般为分布荷载,有时为集中荷载。

水平荷载为风荷载,沿建筑物高度按分布荷载考虑,并将其折算成作用于楼层节点位置的水平集中力。

地震作用主要是水平地震作用，在抗震设防烈度 6 度以上时需考虑。对一般房屋结构而言，只需要考虑水平地震作用；而对于 8 度以上的大跨结构、高耸结构，需考虑竖向地震作用。

2. 框架结构的计算简图

框架结构是由纵向、横向框架组成的一个空间结构体系。为简化计算，常忽略结构的空间联系，将纵向、横向框架分别按平面框架进行分析和计算，如图 7-7(a)所示，它们分别承受纵向和横向水平荷载，分别承受阴影范围内的水平荷载，如图 7-7(b)所示。竖向荷载的传递方式则根据楼(屋)盖布置方式而定。现浇平板楼(屋)盖主要向距离较近的梁上传递，预制板楼盖传至支承板的梁上。

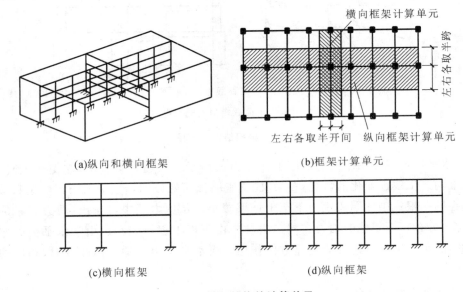

(a)纵向和横向框架   (b)框架计算单元

(c)横向框架   (d)纵向框架

图 7-7 框架结构的计算单元

框架结构的计算简图是通过梁、柱轴线来确定的，其中梁、柱等各杆件均用轴线表示，杆件之间的连接用节点表示，杆件长度用节点间的距离表示。除装配式框架外，一般可将梁、柱节点看成刚性节点，认为柱固结于基础顶面，所以框架结构多为高次超静定结构，如图 7-7(c)、图 7-7(d)所示。

3. 框架结构在荷载作用下的内力

1) 竖向荷载作用下的内力

图 7-8(a)所示为某 3 层 3 跨框架，其在竖向荷载作用下的内力图(弯矩图、剪力图和轴力图)如图 7-8(b)所示。从图中可看出，在竖向荷载作用下，框架梁、柱截面均产生弯矩，其中框架梁的弯矩呈抛物线变化，跨中截面产生最大的正弯矩(梁截面下侧受拉)，框架梁的支座截面产生最大的负弯矩(梁截面上侧受拉)。柱的弯矩沿柱长成线性变化，弯矩最大的位置位于柱的上、下端截面；剪力沿框架梁长成线性变化，最大剪力出现在梁的端部支座截面处；同时，在竖向荷载作用下，框架柱截面上还产生轴力。

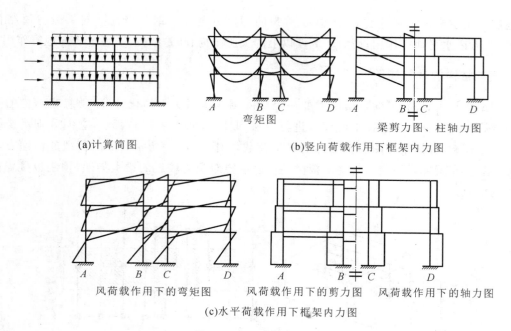

(a)计算简图

弯矩图

梁剪力图、柱轴力图

(b)竖向荷载作用下框架内力图

风荷载作用下的弯矩图　　风荷载作用下的剪力图　　风荷载作用下的轴力图

(c)水平荷载作用下框架内力图

图 7-8　框架结构内力图

框架在水平风荷载作用下的内力图如图 7-8(c)所示。从图中可看出,左侧来风时,在框架梁、柱截面上均产生线性变化的弯矩,在梁、柱支座端截面处分别产生最大的正弯矩和最大的负弯矩,并且在同一根柱中柱端弯矩由下至上逐层减小。从剪力图中可看出,剪力在梁的各跨长度范围内均匀分布。框架柱的轴力在同一根柱中由下而上逐层减小。由于水平荷载作用的方向是任意的,故水平集中力还可能是反方向作用。当水平集中力的方向改变时,相应的内力也随之发生变化。

2) 控制截面及内力组合

框架中梁和柱都有许多截面,但内力组合时只需在几个起控制作用的截面进行,这些截面的内力求出后,就可以按此内力进行配筋。这些起主要控制作用的截面称为控制截面。

每一根梁的控制截面一般有三个,即左端支座截面、跨中截面和右端支座截面。每一根柱的控制截面一般只有两个,即柱顶截面和柱底截面。

梁的支座截面一般要考虑两个最不利内力:一个是最不利负弯矩 $-M_{max}$(用于正截面设计),另一个是最不利剪力 V_{max}(用于支座截面的斜截面设计)。梁的跨中截面一般只考虑可能的最不利正弯矩 M_{max}。

与梁相比,柱的最不利内力类型较复杂。柱的正截面设计不仅与截面上的弯矩 M 和轴力 N 的大小有关,还与偏心矩有关。为方便施工,并避免在施工过程中可能出现错误,框架柱通常采用对称配筋。因此,柱的控制截面最不利内力有如下四种类型:$|M_{max}|$ 及相应的轴力 N 和剪力 V、N_{max} 及相应的 M 和剪力 V、N_{min} 及相应的 M 和剪力 V、V_{max} 及相应的弯矩 M 和轴力 N。

四、框架结构的构造要求

1. 框架结构的构造措施（非抗震构造措施）

1）框架梁的构造要求

（1）框架梁的纵筋。

沿梁全长顶面和底面应至少各配置两根纵向钢筋，直径应不小于 12 mm。纵向受拉钢筋的最小配筋率应不小于 0.2% 和 $45f_t/f_y$ 中的较大值。

（2）箍筋。

框架梁中的箍筋应符合下列规定：

① 应沿梁全长设置箍筋，第一根箍筋应设置在距支座边缘 50 mm 处。

② 对于截面高度大于 800 mm 的梁，箍筋直径宜不小于 8 mm；对于截面高度不大于 800 mm 的梁，箍筋直径宜不小于 6 mm。在受拉钢筋搭接长度范围内，箍筋直径应不小于搭接钢筋最大直径的 1/4。

③ 梁中配有计算需要的纵向受压钢筋时，其箍筋配置应符合下列要求：

a. 箍筋直径应不小于受压钢筋最大直径的 1/4；

b. 应做成封闭式；

c. 箍筋间距应不大于 15d 且应不大于 400 mm，当一层内的受压钢筋多于 5 根且直径大于 18 mm 时，箍筋间距应不大于 10d（d 为纵向受压钢筋的最小直径）；

d. 当梁截面宽度大于 400 mm 且一层内的纵向受压钢筋多于 3 根时，或当梁截面宽度不大于 400 mm，但一层内的纵向受压钢筋多于 4 根时，应设置复合箍筋。

④ 梁中箍筋的最大间距宜符合《混凝土结构设计规范》（GB 50010—2010）的要求。在纵向受拉钢筋的搭接长度范围内，箍筋间距应不大于搭接钢筋较小直径的 5 倍，且应不大于 100 mm；在纵向受压钢筋的搭接长度范围内，箍筋间距应不大于搭接钢筋较小直径的 10 倍，且应不大于 200 mm。

⑤ 当梁的剪力设计值大于 $0.7f_tbh_0$ 时，其箍筋面积配筋率 $\rho_{sv} \geqslant 0.24f_t/f_{yv}$（%）。

2）框架柱的构造要求

（1）柱中纵向钢筋。

① 纵向受力钢筋直径宜不小于 12 mm，全部纵向钢筋的配筋率宜不大于 5%。

② 柱中纵向钢筋的净间距应不小于 50 mm，且宜不大于 300 mm。

③ 柱中纵向钢筋不应与箍筋、拉筋及预埋件等焊接。

④ 当柱中纵向钢筋采用强度等级为 500 MPa 的钢筋时，全部纵向钢筋的最小配筋率应不小于 0.5%；当柱中纵向钢筋采用强度等级为 400 MPa 的钢筋时，全部纵向钢筋的最小配筋率应不小于 0.55%；当柱中纵向钢筋采用强度等级为 300 MPa、335 MPa 的钢筋时，全部纵向钢筋的最小配筋率应不小于 0.6%。当混凝土的强度等级大于 C60 时，全部纵向钢筋的最小配筋率应增加 0.1%。

（2）柱中箍筋。

① 箍筋应为封闭式。

② 箍筋直径应不小于最大纵向钢筋直径的 1/4，且应不小于 6 mm。

③ 箍筋间距应不大于 400 mm 及构件截面的短边尺寸，且应不大于最小纵向受力钢筋直径的 15 倍。

④ 当柱截面短边尺寸大于 400 mm 且各边纵向钢筋多于 3 根时，应设置复合箍筋。

⑤ 当柱中全部纵向受力钢筋的配筋率超过 3% 时，箍筋直径应不小于 8 mm，箍筋间距应不大于最小纵向钢筋直径的 10 倍，且应不大于 200 mm；箍筋末端应做成 135° 弯钩，且弯钩末端平直段长度应不小于 10 倍的箍筋直径。

3）框架梁、柱节点的构造要求

梁、柱节点构造是保证框架结构整体性的重要措施。现浇框架梁、柱节点应做成刚性节点，节点区的混凝土强度等级应不低于混凝土柱的强度等级。

（1）中间层中间节点。

框架梁的上部纵向钢筋应贯穿节点或支座，框架梁的下部纵向钢筋宜贯穿节点或支座。当必须锚固时，应根据具体情况按下列要求采用。

① 当计算中不利用该钢筋的强度时，伸入节点或支座的锚固长度，对于带肋钢筋，不小于 $12d$；对于光面钢筋，不小于 $15d$（d 为钢筋的最大直径）。

② 当计算中充分利用钢筋的抗压强度时，钢筋应按受压钢筋锚固在中间节点或中间支座内，其直线锚固长度应不小于 $0.7l_a$。

③ 当计算中充分利用钢筋的抗拉强度时，钢筋可采用直线方式锚固在节点或支座内，锚固长度应不小于受拉钢筋锚固长度 l_a，如图 7-9（a）所示；当柱截面较小而直线锚固长度不足时，可采用将钢筋伸至柱对边向上弯折 90° 的锚固形式，其中弯前水平段的长度应不小于 $0.4l_{ab}$，弯折垂直段长度取 $15d$，如图 7-9（b）所示；也可采用钢筋端部加锚头的机械锚固措施。

④ 钢筋可在节点或支座外梁中弯矩较小处设置搭接接头，搭接长度的起始点至节点或支座边缘的距离应不小于 $1.5h_0$，如图 7-9（c）所示。

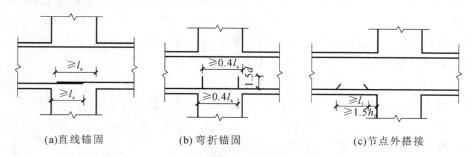

(a)直线锚固	(b)弯折锚固	(c)节点外搭接

图 7-9　中间层中间节点梁纵向钢筋的锚固与搭接

（2）中间层端节点。

梁上部纵向钢筋伸入节点的锚固应满足下列要求：

① 当采用直线锚固时，锚固长度应不小于 l_a，且应伸过柱中心线，伸过长度宜不小于 $5d$，如图 7-10（a）所示。

② 当柱截面尺寸较小时，可采用 90° 弯折锚固形式，即将梁上部纵向钢筋伸至柱外侧纵向钢

筋内边并向节点内弯折,其包含弯弧在内的水平投影长度应不小于 $0.4l_{ab}$,弯折钢筋在弯折平面内包含弧段的投影长度应不小于 $15d$,如图 7-10(b)所示。

③ 当柱截面尺寸不足时,梁上部纵向钢筋宜伸至柱外侧纵向钢筋内边,包括机械锚固在内的水平投影锚固长度应不小于 $0.4l_{ab}$,如图 7-10(c)所示。

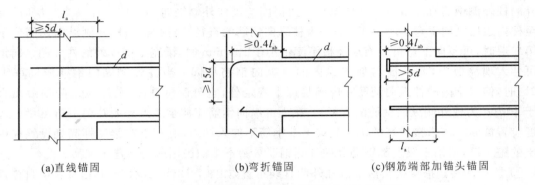

(a)直线锚固   (b)弯折锚固   (c)钢筋端部加锚头锚固

图 7-10　梁上部纵向钢筋在中间层端节点内的锚固

梁下部纵向钢筋至少应有两根伸入柱中,伸入端节点范围内的锚固要求与中间层中间节点梁下部纵向钢筋的锚固规定相同。

框架柱的纵向钢筋应贯穿中间层的端节点,其构造要求与中间层端节点相同。

(3)顶层中节点。

框架梁纵向钢筋在节点内的构造要求与中间层中梁的纵向钢筋在节点内的构造要求相同。

柱纵向钢筋在顶层中节点的锚固应符合下列要求。

① 柱纵向钢筋应伸至柱顶,且自梁底算起的锚固长度应不小于 l_a,如图 7-11(a)所示。

② 当顶层节点处梁的截面高度较小时,可采用 90°弯折锚固形式,即将柱纵向钢筋伸至柱顶,然后水平弯折,包括弯弧在内的钢筋垂直投影锚固长度应不小于 $0.5l_{ab}$,在弯弧平面内包含弯弧段的水平投影长度宜不小于 $12d$,如图 7-11(b)所示。

③ 当柱顶有现浇楼板且板厚不小于 100 mm 时,柱纵向钢筋也可向外弯折,弯折后的水平投影长度宜不小于 $12d$,如图 7-11(c)所示。

④ 当截面尺寸不足时,也可采用带锚头的机械锚固措施,此时包含锚头在内的竖向锚固长度应不小于 $0.5l_{ab}$。

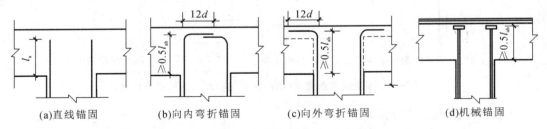

(a)直线锚固   (b)向内弯折锚固   (c)向外弯折锚固   (d)机械锚固

图 7-11　顶层中节点柱纵向钢筋在节点内的锚固

(4)顶层端节点。

柱内侧纵向钢筋的锚固要求与顶层中节点的纵向钢筋锚固规定相同。梁下部纵向钢筋伸入端节点范围内的锚固要求与中间层端节点梁下部纵向钢筋的锚固规定相同。

顶层端节点柱外侧纵向钢筋可弯入梁内作为梁上部纵向钢筋,也可将梁上部纵向钢筋与柱外侧纵向钢筋在节点及附近部位搭接,搭接方案如下。

① 梁内搭接。搭接接头沿顶层端节点外侧及梁端顶部布置,搭接长度应不小于 $1.5l_{ab}$,如图 7-12(a)所示。其中,伸入梁内的柱外侧钢筋截面面积宜不小于其全部面积的 65%,梁宽范围以外的柱外侧钢筋宜沿节点顶部伸至柱内边锚固。当柱外侧纵向钢筋位于柱顶第一层时,钢筋伸至柱内边后宜向下弯折不小于 $8d$(d 为柱纵向钢筋的直径)后截断;当柱外侧纵向钢筋位于柱顶第二层时,可不向下弯折。当现浇板厚度不小于 100 mm 时,梁宽范围以外的柱外侧纵向钢筋也可伸入现浇板内,其长度与伸入梁内的柱纵向钢筋相同。当柱外侧纵向钢筋配筋率大于 1.2% 时,伸入梁内的柱纵向钢筋除应满足以上规定外,宜分两批截断,截断点之间的距离宜不小于 $20d$(d 为柱外侧纵向钢筋的直径)。梁上部纵向钢筋应伸至节点外侧并向下弯至梁下边缘高度位置截断。该搭接方案的优点是梁上部钢筋不伸入柱内,有利于在梁底标高处设置柱内混凝土的施工缝,适用于梁上部钢筋和柱外侧钢筋数量不多的民用或公共建筑框架。

② 柱顶搭接。搭接接头沿节点柱外侧直线布置,如图 7-12(b)所示,此时搭接长度自柱顶算起应不小于 $1.7l_{ab}$。当梁上部纵向钢筋的配筋率大于 1.2% 时,弯入柱外侧的梁上部纵向钢筋除应满足以上规定的搭接长度外,宜分两批截断,其截断点之间的距离宜不小于 $20d$(d 为梁上部纵向钢筋的直径)。

③ 当梁截面高度较大,而纵向钢筋相对较少时,柱纵向钢筋从梁底算起的直线搭接长度未延伸至柱顶已满足搭接长度为 $1.5l_{ab}$ 的要求时,应将搭接长度延伸至柱顶并满足搭接长度为 $1.7l_{ab}$ 的要求。当柱的截面较大,柱纵向钢筋从梁底算起的弯折搭接长度未延伸至柱内侧边缘已满足搭接长度为 $1.5l_{ab}$ 的要求时,其弯折后包括弯弧在内的水平段的长度应不小于 $15d$(d 为柱纵向钢筋的直径)。

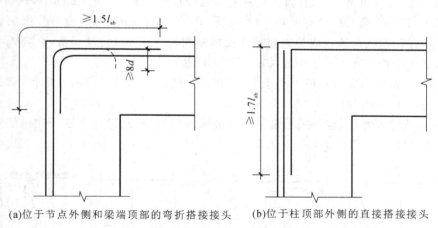

(a)位于节点外侧和梁端顶部的弯折搭接接头 　　(b)位于柱顶部外侧的直接搭接接头

图 7-12　顶层端节点梁、柱纵向钢筋在节点内的锚固与搭接

(5)框架节点内箍筋的设置。

非抗震设计时,水平箍筋配置应符合柱的有关规定,但箍筋间距宜不大于 250 mm。对于四边有梁与之相连的节点,可仅沿节点周边设置矩形箍筋。当顶层端节点内有梁上部纵向钢筋和柱外侧纵向钢筋的搭接接头时,节点内水平箍筋直径应不小于 $d/4$,间距不大于 $5d$(d 为搭接钢筋的较小直径),且应不大于 100 mm。

2. 框架结构的抗震构造措施

1）一般要求

（1）混凝土强度等级。

抗震等级为一级的框架梁、柱和节点核心区，混凝土强度等级应不低于C30，其他各类构件以及抗震等级为二、三级的框架，应不低于C20。抗震设防烈度为9度时，框架柱的混凝土强度等级宜不高于C60；抗震设防烈度为8度时，宜不高于C70。

（2）钢筋种类。

普通钢筋宜优选延性好、韧性和可焊性较好的钢筋。对于一、二、三级抗震等级的框架结构，其纵向受力钢筋的抗拉强度实测值与屈服强度实测值的比值应不小于1.25，其屈服强度实测值与屈服强度标准值的比值应不大于1.3，钢筋最大拉力下的总伸长率实测值应不小于9%。

（3）钢筋锚固。

纵向受力钢筋最小抗震锚固长度：一、二级抗震等级，$l_{aE}=1.15l_a$；三级抗震等级，$l_{aE}=1.05l_a$；四级抗震等级，$l_{aE}=1.0l_a$。其中，l_a为非抗震设计时的纵向受拉钢筋的锚固长度。

2）框架梁的构造要求

（1）梁的截面尺寸。

梁的截面宽度宜不小于200 mm，且不小于其高度的1/4，梁的净跨与截面高度之比宜不小于4。

采用梁宽大于柱宽的扁梁的楼、屋盖应现浇，梁中线宜与柱中线重合，扁梁应双向布置，且扁梁的截面尺寸应符合相关要求。

（2）梁中纵向钢筋。

梁的钢筋配置应符合下列要求：

① 梁端计入受压钢筋的混凝土受压区高度和有效高度之比，一级应不大于0.25，二、三级应不大于0.35。

② 梁端截面的底面和顶面纵向钢筋配筋量的比值，除按计算确定外，一级应不小于0.5，二、三级应不小于0.3。

③ 梁端纵向受拉钢筋的配筋率宜不大于2.5%。沿梁全长顶面和底面应至少各配置两根纵向钢筋，一、二级应不少于2φ14，且分别应不少于梁顶面、底面两端纵向配筋中较大截面面积的1/4；三、四级应不少于2φ12。

④ 梁中纵向受拉钢筋的配筋率也应不小于表7-5所规定的数值。

表7-5　梁中纵向受拉钢筋的最小配筋率（%）

抗 震 等 级	位　　置	
	支座（取较大值）	跨中（取较大值）
一级	0.40 和 $80f_t/f_y$	0.30 和 $65f_t/f_y$
二级	0.30 和 $65f_t/f_y$	0.25 和 $55f_t/f_y$
三、四级	0.25 和 $55f_t/f_y$	0.20 和 $45f_t/f_y$

⑤ 一、二、三级抗震等级的框架梁内贯通中柱的每根纵向钢筋的直径，对于矩形截面柱，应

不大于柱在该方向截面尺寸的 1/20；对于圆形截面柱，宜不大于纵向钢筋所在位置柱截面弦长的 1/20。

（3）梁中箍筋。

① 沿梁全长箍筋的面积配筋率，一级不小于 $0.3f_t/f_{yv}$，二级不小于 $0.28f_t/f_{yv}$，三、四级不小于 $0.26f_t/f_{yv}$。

② 梁端箍筋加密区的长度、箍筋的最大间距和最小直径应符合表 7-6 的要求。

表 7-6　梁端箍筋加密区的长度、箍筋的最大间距和最小直径　　　　单位：mm

抗 震 等 级	加密区长度（采用较大值）	箍筋的最大间距（采用最小值）	箍筋的最小直径
一	$2h_b$，500	$h_b/4$，$6d$，100	10
二	$1.5h_b$，500	$h_b/4$，$8d$，100	8
三	$1.5h_b$，500	$h_b/4$，$8d$，150	8
四	$1.5h_b$，500	$h_b/4$，$8d$，150	6

注：1. d 为纵向钢筋直径，h_b 为梁截面高度；

2. 箍筋直径大于 12 mm，数量不少于 4 肢且肢距不大于 150 mm 时，一、二级的最大间距应允许适当放宽，但不得大于 150 mm。

3. 梁端纵向受拉钢筋配筋率大于 2% 时，表中箍筋的最小直径数值应增大 2 mm。

③ 梁端加密区的箍筋肢距，一级宜不大于 200 mm 和 20 倍的箍筋直径的较大值，二、三级宜不大于 250 mm 和 20 倍的箍筋直径的较大值，四级宜不大于 300 mm。

④ 箍筋应有 135° 弯钩，弯钩端头直段长度应不小于 10 倍的箍筋直径和 75 mm 中的较大值。

⑤ 在纵向钢筋搭接长度范围内的箍筋间距，钢筋受拉时应不大于搭接钢筋较小直径的 5 倍，且应不大于 100 mm；钢筋受压时应不大于搭接钢筋较小直径的 10 倍，且应不大于 200 mm。

⑥ 框架梁非加密区箍筋的最大间距宜不大于加密区箍筋间距的 2 倍。

3）框架柱的构造要求

（1）柱的截面尺寸。

柱的截面尺寸宜符合下列要求：

① 截面的宽度和高度，四级或不超过二层时宜不小于 300 mm，一、二、三级且超过二层时宜不小于 400 mm；圆柱的直径，四级或不超过二层时宜不小于 350 mm，一、二、三级且超过二层时宜不小于 450 mm。

② 剪跨比宜大于 2。

③ 截面长边与短边之比宜不大于 3。

（2）柱的轴压比。

抗震等级为一、二、三、四级的框架，柱的轴压比分别宜不超过 0.65、0.75、0.85、0.90。

（3）柱的纵向钢筋。

柱的纵向钢筋配置应符合下列要求：

① 柱纵向受拉钢筋的最小总配筋率应符合表 7-7 的要求，且每一侧配筋率应不小于 0.2%；抗震设计时，对于 Ⅳ 类场地上较高的高层建筑，表 7-7 中的数值应增加 0.1%。

表 7-7　柱的纵向受力钢筋的最小配筋率(%)

类　　别	抗 震 等 级			
	一	二	三	四
中柱和边柱	1.0	0.8	0.7	0.6
角柱	1.1	0.9	0.8	0.7

注:1.采用 335 MPa 级、400 MPa 级纵向受力钢筋时,应分别按表中数值增加 0.1 和 0.05;

2.混凝土强度等级高于 C60 时,上述数值应相应增加 0.1。

② 柱的纵向钢筋宜对称配置,截面边长大于 400 mm 的柱,纵向钢筋间距应不大于 200 mm。

③ 柱的总配筋率应不大于 5%;对于剪跨比不大于 2 的一级框架的柱,每侧纵向钢筋配筋率宜不大于 1.2%。

④ 边柱、角柱及抗震墙端柱在小偏心受拉时,柱内纵向钢筋总截面面积应比计算值增加 25%。

⑤ 柱的纵向钢筋的绑扎接头应避开柱端的箍筋加密区。

(4)柱的箍筋。

① 抗震设计时,柱的箍筋在规定的范围内应加密,加密区箍筋的最大间距和最小直径应符合表 7-8 的要求。

表 7-8　柱加密区箍筋的最大间距和最小直径　　　　　　　　　　单位:mm

抗 震 等 级	箍筋的最大间距(采用较小值)	箍筋的最小直径
一	6d,100	10
二	8d,100	8
三	8d,150(柱根 100)	8
四	8d,150(柱根 100)	6(柱根 8)

注:1.d 为柱纵向钢筋的最小直径;

2.柱根指框架柱底部嵌固部位。

② 一级框架柱箍筋的直径大于 12 mm 且箍筋肢距不大于 150 mm,以及二级框架柱箍筋的直径不小于 10 mm 且箍筋肢距不大于 200 mm 时,除柱根外,最大间距应允许采用 150 mm;三级框架柱的截面不大于 400 mm 时,箍筋的最小直径应允许采用 6 mm;四级框架柱的剪跨比不大于 2 或柱中全部纵向钢筋的配筋率大于 3% 时,箍筋的直径应不小于 8 mm。

③ 剪跨比不大于 2 的框架柱,箍筋的间距应不大于 100 mm。

④ 抗震设计时,柱的箍筋加密区范围应按下列规定采用:

a.底层柱的上端和其他各层柱的两端,应取矩形截面柱长边尺寸(圆柱直径)、柱净高的 1/6 和 500 mm 三者中的最大值;

b.底层柱柱根以上 1/3 柱净高的范围内;

c.底层柱刚性地面上、下各 500 mm 的范围内;

d.剪跨比不大于 2 的柱、因设置填充墙等形成的柱净高与柱截面高度之比不大于 4 的柱、

一级和二级框架的角柱,取全高;

e.需要提高变形能力的柱,全高范围内。

⑤ 柱箍筋加密区的箍筋肢距,一级宜不大于 200 mm,二、三级宜不大于 250 mm,四级宜不大于 300 mm。至少每隔一根纵向钢筋,宜在两个方向有箍筋或拉筋约束;采用拉筋复合箍时,拉筋宜紧靠纵向钢筋并钩住箍筋。

⑥ 柱箍筋加密区的体积配箍率,一级应不小于 0.8%,二级应不小于 0.6%,三、四级应不小于 0.4%。

⑦ 柱箍筋非加密区的体积配箍率宜不小于加密区的 50%;箍筋间距,一、二级框架柱应不大于 10 倍的纵向钢筋直径,三、四级框架柱应不大于 15 倍的纵向钢筋直径。

4)框架梁、柱节点的构造要求

抗震设计时,节点核心区内箍筋的最大间距和最小直径与柱箍筋加密区的相同。柱中纵向受力钢筋不宜在节点区截断,框架梁上部纵向钢筋应贯通中间节点,钢筋的锚固长度应满足相应的纵向受拉钢筋抗震锚固长度 l_{aE}。抗震设计时框架梁、柱的纵向钢筋在节点区的锚固与搭接如图 7-13 所示。

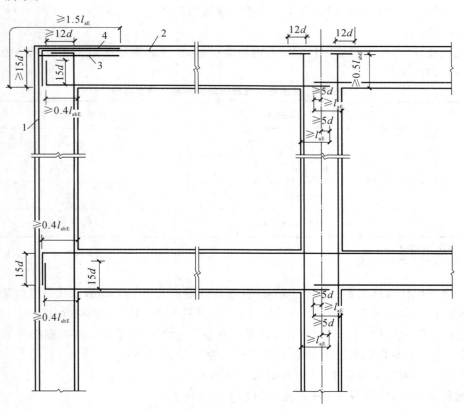

图 7-13 抗震设计时框架梁、柱的纵向钢筋在节点区的锚固与搭接

1—柱外侧纵向钢筋;2—梁上部纵向钢筋;

3—伸入梁内的柱外侧纵向钢筋;4—不能伸入梁内的柱外侧纵向钢筋,可伸入板内

任务 3 剪力墙结构

一、剪力墙的分类

开洞的剪力墙由墙肢和连梁两种构件组成,不开洞的剪力墙仅有墙肢。根据墙面的开洞情况,剪力墙可分为四类:整截面剪力墙、整体小开口剪力墙、联肢剪力墙和壁式框架,如图 7-14 所示。

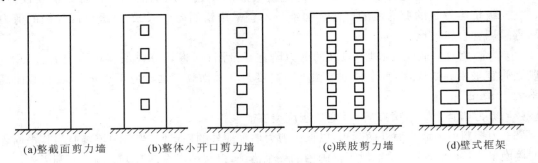

(a)整截面剪力墙　　(b)整体小开口剪力墙　　　(c)联肢剪力墙　　　　(d)壁式框架

图 7-14　剪力墙的类型

1. 整截面剪力墙

不开洞或所开洞的面积不大于 15% 的剪力墙,称为整截面剪力墙,如图 7-14(a)所示。它在水平荷载作用下,如同一个整体的悬臂弯曲构件,在墙肢的整个高度上,弯矩无突变也无反弯点,其变形以弯曲变形为主。

2. 整体小开口剪力墙

门窗洞口沿竖向成列布置,洞口总面积大于 15%,但仍相对较小,整体性较好的开洞剪力墙,称为整体小开口剪力墙,如图 7-14(b)所示。在水平荷载作用下,其弯矩在连梁处发生突变,但在整个墙肢高度上没有或仅仅在个别楼层中出现反弯点,变形仍以弯曲变形为主。

3. 双肢及多肢剪力墙

开洞较大、洞口成列布置的墙,称为双肢或多肢剪力墙,如图 7-14(c)所示。其特点与整体小开口剪力墙相似。

4. 壁式框架

洞口尺寸大、连梁线刚度大于或接近墙肢线刚度的墙,称为壁式框架,如图 7-14(d)所示。

在水平荷载作用下,整个剪力墙的受力特点与框架类似。

二、剪力墙结构的布置原则

剪力墙结构的布置应遵循以下原则:

(1)剪力墙结构中,剪力墙宜沿主轴方向双向或其他方向双向布置;抗震设计的剪力墙结构,应避免仅有单向有墙的结构布置形式,以使其具有较好的空间工作性能,并宜使两个方向的抗侧刚度接近。

(2)剪力墙要均匀布置,数量要适当。剪力墙配置过少时,结构抗侧刚度不够;剪力墙配置过多时,墙体得不到充分利用,抗侧刚度过大,会使地震力加大,自重加大。

(3)剪力墙墙肢截面宜简单、规则,剪力墙的竖向刚度应均匀,剪力墙的门窗洞口宜上下对齐、成列布置,形成明确的墙肢和连梁,应避免使墙肢刚度相差悬殊的洞口设置。抗震设计时,一、二、三级抗震等级的剪力墙的底部加强部位不宜采用错洞墙,一、二、三级抗震等级的剪力墙均不宜采用叠合错洞墙。

(4)为避免剪力墙脆性破坏,较长的剪力墙宜开设洞口,将其分成长度较均匀的若干墙段,墙段之间宜采用弱梁连接,每个独立墙段的总高度与其截面高度之比应不小于2,墙肢截面高度宜不大于8 m。

(5)剪力墙宜上下连续布置,以避免刚度突变。

(6)为控制剪力墙平面外的弯矩,以保证剪力墙平面外的稳定性,当剪力墙墙肢与其平面外方向的楼面梁连接时,应至少采取以下措施中的一个措施,以减小梁端部弯矩对墙的不利影响。

① 沿梁轴方向设置与梁相连的剪力墙,以抵抗该墙肢平面外的弯矩;

② 当不能设置与梁轴方向相连的剪力墙时,宜在墙与梁相交处设置扶壁柱,扶壁柱宜按计算确定截面及配筋;

③ 当不能设置扶壁柱时,应在墙与柱相交处设置暗柱,并应按计算确定配筋;

④ 必要时,剪力墙内可设置型钢。

(7)不宜将楼面主梁支承在剪力墙之间的连梁上。

三、截面设计的基本要求

1. 墙肢

在整截面剪力墙中,墙肢处于压、弯、剪的复合应力状态;开洞剪力墙的墙肢处于压(拉)、弯、剪的复合应力状态。在墙肢中,弯矩和剪力的最大值均出现在墙底,故墙底截面是剪力墙设计的控制截面。

墙肢截面的配筋计算与偏心受压柱和偏心受拉杆类似。由于剪力墙高度很大,在墙肢内除在端部设置竖向钢筋外,还应在剪力墙腹板中设置分布钢筋。其中,截面端部的竖向钢筋与竖向分布钢筋共同抵抗压弯作用,而水平分布钢筋则承担剪力作用。竖向分布钢筋与水平分布钢筋构成网状,以抵抗墙面混凝土的收缩及温度应力。

2. 连梁

剪力墙中的连梁是受弯构件。由于一般连梁都是上下配相同数量的钢筋,因此可按双筋截面计算连梁的纵向受力钢筋的用量,按斜截面承载力计算箍筋的用量。

四、剪力墙结构的构造要求

1. 剪力墙结构的非抗震构造要求

1)材料要求

钢筋混凝土剪力墙中,混凝土等级宜不低于 C20。墙内分布钢筋和箍筋宜采用 HPB300 级钢筋,纵向钢筋可用 HRB335 级或 HRB400 级钢筋。

2)剪力墙的截面厚度

为保证墙体平面的刚度和稳定性以及浇筑混凝土的质量,混凝土剪力墙的厚度不应太小,应不小于 160 mm 及楼层高度的 1/25。

3)墙肢配筋构造

(1)墙肢端部的纵向钢筋。

剪力墙两端和洞口两侧边缘应力较大的部位,应按规定设置由竖向钢筋和箍筋组成的边缘构件。边缘构件可分为约束边缘构件和构造边缘构件。非抗震设计时应设置构造边缘构件,包括端柱和暗柱。

在墙肢两端应集中配置直径较大的竖向受力钢筋,与墙内的竖向分布钢筋共同承受正截面受弯承载力。端部竖向分布钢筋应位于由箍筋或水平分布钢筋和拉筋约束的边缘构件内。

剪力墙端部需按构造要求配置不少于 4 根直径 12 mm 的竖向受力钢筋或 2 根直径 16 mm 的钢筋,沿竖向钢筋方向宜配置直径不小于 6 mm、间距为 250 mm 的拉筋。纵向钢筋宜采用 HRB335 级或 HRB400 级钢筋。

端柱及暗柱内纵向钢筋的连接和锚固要求宜与框架柱的相同。在非抗震设计时,剪力墙纵向钢筋的最小锚固长度应取 l_a。

(2)墙身内分布钢筋。

剪力墙墙身应配置水平和竖向分布钢筋,使剪力墙有一定的延性,减少和防止温度裂缝的产生,以及当剪力墙产生裂缝时控制裂缝的持续发展。剪力墙的配筋方式有单排和多排两种,其中单排配筋施工简单,但剪力墙厚度较大时不宜采用。

① 当剪力墙厚度大于 160 mm 时,应布置双排分布钢筋网;结构中重要部位的剪力墙,当其厚度不大于 160 mm 时,也宜布置双排分布钢筋网。双排分布钢筋网应沿墙的两侧表面布置,宜采用拉筋连接,同时应保证拉筋与外皮钢筋勾牢。

施工时先立竖筋后绑水平分布筋。为方便起见,竖向钢筋宜在内侧,水平钢筋宜在外侧,且水平和竖向分布钢筋的直径、间距一般宜相同。

② 水平和竖向分布钢筋的配筋率都应不小于 0.2%,直径应不小于 8 mm,间距应不大于 300 mm;拉筋直径应不小于 6 mm,间距宜不大于 600 mm。

③ 剪力墙水平分布钢筋的连接构造如图 7-15 所示。当剪力墙端部有转角墙或翼墙时,内墙两侧的水平分布钢筋和外墙内侧的水平分布钢筋应伸至转角墙或翼墙的外边缘,并分别向两侧水平弯折 15d 后截断。在转角墙处,外墙外侧的水平分布钢筋应在墙端外角位置弯入翼墙,并与翼墙外侧水平分布钢筋相互搭接,其搭接长度 $l_1 \geqslant 1.2l_a$。

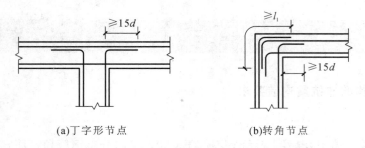

(a)丁字形节点　　　　　　(b)转角节点

图 7-15　剪力墙水平分布钢筋的连接构造

④ 剪力墙中竖向分布钢筋可在同一高度位置搭接,其搭接长度 $l_1 \geqslant 1.2l_a$,且应不小于 300 mm。当分布钢筋的直径大于 28 mm,不宜采用搭接接头。

⑤ 剪力墙内水平分布钢筋的搭接长度 $l_1 \geqslant 1.2l_a$。同排水平分布钢筋的搭接接头之间,以及上、下相邻水平分布钢筋的搭接接头之间,沿水平方向的净间距宜不小于 500 mm。

4)连梁构造

① 剪力墙连梁顶面、底面纵向受力钢筋伸入墙内的长度应不小于 l_a,且应不小于 600 mm。

② 应沿连梁全长配置箍筋,箍筋直径应不小于 6 mm,间距应不大于 150 mm。

③ 顶层连梁中,纵向水平钢筋伸入墙肢的长度范围内应配置间距不大于 150 mm、直径应不小于 6 mm 的构造钢筋。

④ 墙肢水平分布钢筋应当作连梁的腰筋在连梁高度范围内拉通连续布置。当连梁的截面高度大于 700 mm 时,其两侧面沿梁高范围设置的腰筋的直径应不小于 8 mm,间距应不大于 200 mm。对于跨高比不大于 2.5 的连梁,梁两侧的腰筋总面积配筋率应不小于 0.3%。采用现浇楼板时连梁的配筋构造如图 7-16 所示。

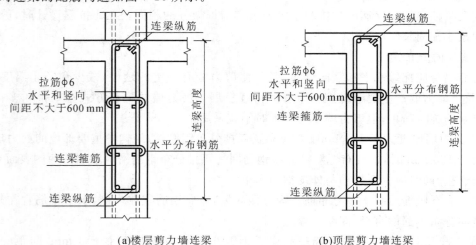

(a)楼层剪力墙连梁　　　　　　(b)顶层剪力墙连梁

图 7-16　采用现浇楼板时连梁的配筋构造

5）剪力墙开小洞和连梁开洞构造

剪力墙墙面开洞较小时，除了要在洞口边缘补足切断的分布钢筋外，还要进一步加强，以抵抗洞口的应力集中。《高层建筑混凝土结构技术规程》(JGJ 3—2010)规定，当剪力墙墙面开有非连续小洞口(各边长度小于 800 mm)时，应将洞口处被截断的分布钢筋量分别集中配置在洞口的上、下和左、右两侧，且钢筋直径应不小于 12 mm，从洞口边伸入墙内的长度应不小于 l_a，如图 7-17(a)所示。剪力墙洞口上、下两侧的水平纵向钢筋除了应满足洞口连梁的正截面受弯承载力外，其面积宜不小于洞口截断的水平分布钢筋总面积的一半，并应不少于 2 根。

穿过连梁的管道宜预埋套管，洞口上、下的有效高度宜不小于梁高的 1/3，且宜不小于 200 mm，被洞口削弱的截面应进行承载力验算，并在洞口处设置补强纵向钢筋和箍筋，如图 7-17(b)所示，补强纵向钢筋的直径应不小于 12 mm。

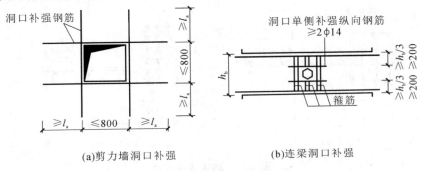

(a)剪力墙洞口补强   (b)连梁洞口补强

图 7-17　洞口补强钢筋和箍筋示意图

2. 剪力墙结构的抗震构造要求

1）剪力墙的截面厚度

① 抗震等级为一、二级的剪力墙，其厚度应不小于 160 mm，且宜不小于层高或无支承长度的 1/20；底部加强部位的墙厚应不小于 200 mm，且宜不小于层高或无支承长度的 1/16；当为无端柱或翼墙的一字形剪力墙时，其底部加强部位的厚度尚宜不小于层高或无支承长度的 1/12；其他部位尚宜不小于层高或无支承长度的 1/16。

② 抗震等级为三、四级的剪力墙，其厚度应不小于 140 mm，且宜不小于层高或无支承长度的 1/25；底部加强部位的墙厚应不小于 160 mm，且宜不小于层高或无支承长度的 1/20；当为无端柱或翼墙的一字形剪力墙时，其底部加强部位的厚度尚宜不小于层高或无支承长度的 1/16；其他部位尚宜不小于层高或无支承长度的 1/20。

2）剪力墙边缘构件

《建筑抗震设计规范》(GB 50011—2010)规定，在抗震剪力墙两端和洞口两侧应设置边缘构件。

(1) 约束边缘构件。

一、二、三级抗震剪力墙底部的加强部位和相邻的上一层的墙肢端部应设置约束边缘构件。常见的约束边缘构件如图 7-18 所示。

(2) 构造边缘构件。

一、二、三级抗震剪力墙的其他部位及四级抗震剪力墙的墙肢端部，均应设置构造边缘构

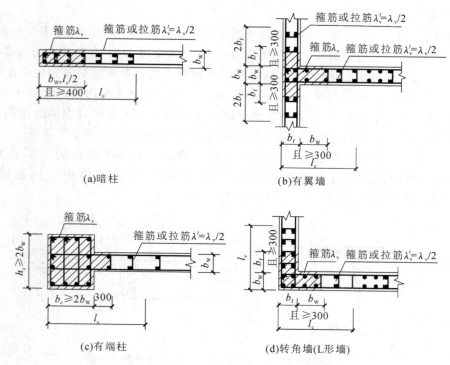

图 7-18　约束边缘构件

件,其设置范围如图 7-19 所示。

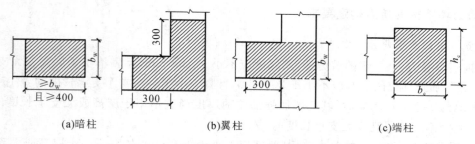

图 7-19　剪力墙构造边缘构件的设置范围

3) 剪力墙竖向和横向分布钢筋

① 一、二、三级抗震剪力墙的竖向和横向分布钢筋的最小配筋率均应不小于 0.25%,四级抗震剪力墙分布钢筋的最小配筋率应不小于 0.2%。

② 抗震剪力墙中竖向和水平方向分布钢筋的直径应不小于 8 mm,且宜不大于墙厚的1/10,最大间距应不大于 300 mm。

③ 当剪力墙的厚度大于 400 mm 时,竖向和水平方向分布钢筋应采用双排布置,双排分布钢筋间拉筋间距宜不大于 600 mm,直径应不小于 6 mm。

④ 剪力墙竖向及水平分布钢筋采用搭接连接(见图 7-20)时,一、二级抗震剪力墙的底部加强部位,接头位置应错开,同一截面连接的钢筋数量宜不超过钢筋总数量的 50%,错开净间距宜不小于 500 mm;其他情况下剪力墙中的钢筋可在同一截面连接,分布钢筋的搭接长度,抗震设

计时应不小于 $1.2l_{aE}$。

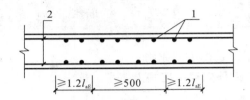

图 7-20　剪力墙竖向及水平分布钢筋的搭接连接

1—竖向分布钢筋;2—水平分布钢筋

4)连梁的配筋构造

① 连梁顶面、底面纵向水平钢筋伸入墙肢的长度应不小于 l_{aE},且应不小于 600 mm。当伸入墙端部的长度不足 l_{aE} 时,应伸至墙端部后分别向上、下弯折 $15d$,并且保证弯折前的长度应不小于 $0.4l_{aE}$。

② 箍筋应沿连梁全长配置。抗震设计时,箍筋的构造应按框架梁梁端加密区箍筋的构造采用。

③ 在顶层连梁中纵向钢筋伸入墙体的长度范围内应配置箍筋,箍筋间距宜不大于 150 mm,直径应与连梁跨内的箍筋直径一致。

④ 墙体内水平分布钢筋应作为连梁的腰筋在连梁范围内拉通连续设置,其设置要求应与非抗震设计时的相同。

任务 4　框架-剪力墙结构

一、框架-剪力墙结构的形式

如前所述,框架结构的房屋高度受到限制,而剪力墙结构可用于较高的高层建筑。但当墙的间距较大时,水平承重结构尺寸较大,因而难于形成较大的使用空间,且墙的抗弯强度弱于抗剪强度,易出现由剪切造成的脆性破坏。

框架-剪力墙结构有框架也有剪力墙,在结构布置合理的情况下,可以同时发挥两者的优点和克服其缺点,既具有较大的抗侧刚度,又可形成较大的使用空间,而且两种结构形成两道抗震防线,对结构抗震有利,因此,框架-剪力墙结构在实际工程中得到了广泛的采用。

框架-剪力墙结构可采用下列形式:

(1)框架与剪力墙(单片墙、联肢墙或较小井筒)分开布置;

(2)在框架结构的若干跨内嵌入剪力墙(带边框剪力墙);

(3)在单片抗侧力结构内连续分别布置框架和剪力墙;

(4)上述两种或三种形式的组合。

二、框架-剪力墙结构的布置原则

框架-剪力墙结构的布置应遵循下列原则:

(1) 框架-剪力墙结构应设计成双向抗侧力体系。抗震设计时,结构两主轴方向均应布置剪力墙。

(2) 在框架-剪力墙结构中,主体结构构件之间,除个别节点外,应不采用铰接;梁与柱或柱与剪力墙的中线宜重合;框架梁、柱中心线之间有偏差时,应符合框架结构中梁、柱中心线的有关规定。

(3) 在框架-剪力墙结构中,剪力墙的布置宜符合下列要求:

① 剪力墙宜均匀布置在建筑物的周边附近、楼梯间、电梯间、平面形状变化及恒载较大的部位,剪力墙间距不宜过大;

② 平面形状凹凸较大时,宜在凸出部分的端部附近布置剪力墙;

③ 纵、横剪力墙宜组成 L 形、T 形和 〔 形等形式;

④ 单片剪力墙底部承担的水平剪力宜不超过结构底部总的水平剪力的 40%,以免受力过于集中;

⑤ 剪力墙宜贯通建筑物的全高,宜避免刚度突变;剪力墙开洞时,洞口宜上下对齐;

⑥ 楼、电梯间等竖井的设置,宜尽量与其附近的框架或剪力墙的布置相结合,使之形成连续、完整的抗侧力结构;

⑦ 抗震设计时,剪力墙的布置宜使两个主轴方向的侧向刚度接近。

(4) 当建筑平面为矩形或平面有一部分为长条形(平面长宽比较大)时,在该部位布置的剪力墙除应有足够的总体刚度外,各片剪力墙之间的距离不宜过大,宜满足表 7-9 的要求。矩形平面中的纵向剪力墙不宜集中布置在平面的两尽端。

表 7-9　剪力墙间距　　　　　　　　　　　　　　　　　　　单位:m

楼 盖 形 式	非抗震设计（取较小值）	抗震设防烈度		
		6 度、7 度(取较小值)	8 度(取较小值)	9 度(取较小值)
现浇式	5.0B,60	4.0B,50	3.0B,40	2.0B,30
装配整体式	3.5B,50	3.0B,40	2.5B,30	—

注:1. 表中 B 为剪力墙之间的楼盖宽度(m);

2. 装配整体式楼盖应设置钢筋混凝土现浇层;

3. 现浇层厚度大于 60 mm 的叠合楼板可作为现浇板考虑;

4. 当房屋端部未布置剪力墙时,第一片剪力墙与房屋端部的距离宜不大于表中剪力墙间距的 1/2。

三、框架-剪力墙结构的构造要求

在框架-剪力墙结构中,剪力墙是主要的抗侧力构件,承担了绝大部分的剪力,因此构造上应加强。框架-剪力墙结构除应满足一般框架和剪力墙的相关构造要求外,框架-剪力墙结构中的框架、剪力墙和连梁的设计构造还应符合下列构造要求:

(1) 剪力墙的厚度应不小于 160 mm,且应不小于楼层净高的 1/20;底部加强部位的剪力墙墙厚应不小于 200 mm,且应不小于楼层高度的 1/16。

(2) 剪力墙内的竖向和水平分布钢筋的配筋率均应不小于 0.2%,直径应不小于 8 mm,间距应不大于 300 mm,至少应双排布置。各排分布钢筋间应设置直径不小于 6 mm、间距不大于 600 mm 的拉筋拉结。

(3) 剪力墙周边应设置梁(或暗梁)和端柱,以围成边框。梁宽应不小于 $2b_w$(b_w 为剪力墙厚度),梁高宜不小于 $3b_w$;柱截面宽度宜不小于 $2.5b_w$,截面高度应不小于截面宽度。边框梁或暗梁的上、下纵向钢筋的配筋率均应不小于 0.2%,箍筋应不小于 φ6@200。

(4) 剪力墙的水平分布钢筋应全部锚入边框柱内,其锚固长度应不小于 l_a(或 l_{aE})。

(5) 剪力墙端部的纵向受力钢筋应配置在边框柱截面内。剪力墙底部加强部位处,边框柱内的箍筋宜沿全高加密;当带边框的剪力墙上的洞口紧靠边框柱时,边框柱内的箍筋宜沿全高加密。

 模块导图

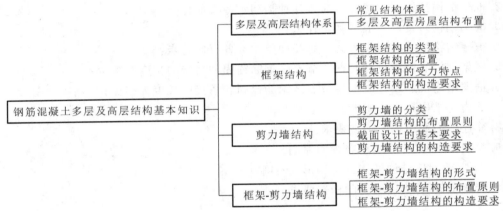

 职业能力训练

一、填空题

1. 框架结构按施工方法可分为(   )、(   )、(   )和(   )四种。

2. 现浇框架伸缩缝的最大间距为(   )。

3. 承重框架有(   )、(   )和(   )三种布置方案。

4. 框架结构承受的荷载有(   )、(   )、(   )。

5. 框架梁的控制截面一般有三个,即(   )、(   )和(   );框架柱的控制截面一般只有两个,即(   )和(   )。

6. 高度不超过 15 m 的框架结构,防震缝的宽度应不小于(   ),超过 15 m 时,6 度、7 度、8 度和 9 度分别每增加高度 5 m、4 m、3 m 和 2 m,宜加宽(   );框架-剪力墙结构和剪力墙结构可分别按上述数值的(   )和(   )采用,且应不小于(   )。

7.抗震设防烈度为8度时,框架结构房屋的最大宽高比为(　　　)。

8.根据墙面的开洞情况,剪力墙可分为四类,即(　　)、(　　)、联肢剪力墙和壁式框架。

二、简答题

1.什么建筑称为多层建筑?

2.什么建筑称为高层建筑?

3.多层和高层建筑常见的结构体系有哪些?

4.什么是框架结构?框架结构有何特点?

5.什么是剪力墙结构?剪力墙结构有何特点?

6.什么是框架-剪力墙结构?框架-剪力墙结构有何特点?

7.什么是筒体结构?筒体结构有何特点?

8.A级高度的钢筋混凝土高层建筑的最大适用高度为多少?

9.B级高度的钢筋混凝土高层建筑的最大适用高度为多少?

10.如何限制房屋的高宽比?

11.多层和高层建筑结构布置的原则是什么?

12.框架结构按施工方法可分为哪几种类型?各有何特点?

13.框架结构布置的一般原则是什么?

14.框架结构的结构布置方案有哪几种类型?各有何特点?

15.框架结构非抗震设计时框架节点区钢筋锚固和搭接的长度为多少?

16.框架结构抗震设计时框架节点区钢筋锚固和搭接的长度为多少?

17.剪力墙结构布置应遵循哪些原则?

18.简述剪力墙结构的构造要求。

19.简述框架-剪力墙结构布置的原则。

20.框架-剪力墙结构常用的结构形式有哪些?

21.简述框架-剪力墙结构的构造要求。

学习情境 8

砌体结构基本知识

任务 **1** 砌体结构材料

砌体结构是由块材和砂浆砌筑而成的。块材是砌体结构的主要组成材料,在砌体结构中常用的块材有砖、砌块和石材三类。砖和砌块都是按块体的高度划分的。块体高度小于 180 mm 的称为砖,大于或等于 180 mm 的称为砌块。

1. 砖

1）烧结普通砖

烧结普通砖是以煤矸石、页岩、粉煤灰或黏土为主要原料,经过焙烧而成的实心砖,分为烧结煤矸石砖、烧结页岩砖、烧结粉煤灰砖、烧结黏土砖等。目前我国生产的烧结普通砖,其标准尺寸为 240 mm×115 mm×53 mm,强度等级为 MU30、MU25 、MU20 、MU15、MU10。

2）烧结多孔砖

烧结多孔砖是以煤矸石、页岩、粉煤灰或黏土为主要原料,经焙烧而成,孔洞率不大于 35%,孔的尺寸小而数量多的砖,主要用于承重部位,具有减轻自重、减少黏土用量及减少能源消耗等优点,其强度等级为 MU30、MU25 、MU20 、MU15、MU10。

3）蒸压灰砂普通砖

蒸压灰砂普通砖是以石灰等钙质材料和砂等硅质材料为主要原料,经坯料制备、压制排气成型、高压蒸汽养护而成的实心砖,其强度等级为 MU25 、MU20 、MU15。

4）蒸压粉煤灰普通砖

蒸压粉煤灰普通砖是以石灰、消石灰(如电石渣)或水泥等钙质材料与粉煤灰等硅质材料及集料(砂等)为主要原料,掺加适量石膏,经坯料制备、压制排气成形、高压蒸汽养护而成的实心砖,其强度等级为 MU25 、MU20 、MU15。

5）混凝土砖

混凝土砖是以水泥为胶结材料,以砂、石等为主要集料,加水搅拌、成形、养护制成的一种多孔的混凝土半盲孔砖或实心砖。多孔砖的主规格尺寸为 240 mm×115 mm×90 mm、240 mm×190 mm×90 mm、190 mm×190 mm×90 mm 等,实心砖的主规格尺寸为 240 mm×115 mm×53 mm、240 mm×115 mm×90 mm 等,其强度等级为 MU30、MU25、MU20 、MU15。

2. 砌块

砌块按尺寸大小分为砌筑的小型砌块和采用机械施工的中型和大型砌块。通常把高度小于 380 mm 的砌块称为小型砌块,高度为 380～900 mm 的砌块称为中型砌块,高度大于 900 mm

的砌块称为大型砌块。小型混凝土砌块一般由普通或轻骨料混凝土制成,规格尺寸为 390 mm ×190 mm×190 mm,其强度等级为 MU20、MU15、MU10、MU7.5、MU5。

3. 石材

天然石材根据其外形和加工程度分为毛石与料石两种。料石又分为细料石、半细料石、粗料石和毛料石。天然石材的强度等级为 MU100、MU80、MU60、MU50、MU40、MU30、MU20。

二、砂浆

砂浆是由胶凝材料(水泥、石灰)、细集料(砂)、水,以及根据需要掺入的掺和料和外加剂等,按照一定的比例混合后搅拌而成的。

1. 砂浆的作用

砂浆的作用是将砌体中的块体黏结成整体而共同工作;同时,砂浆抹平块体表面,使砌体受力均匀;此外,砂浆填满块体间的缝隙,提高了砌体的隔声、隔热、保温、防潮、抗冻等性能。

2. 砂浆的类型

1)按组成材料分

砂浆按组成材料的不同,可分为水泥砂浆、石灰砂浆、混合砂浆。

水泥砂浆由水和砂加水拌和而成,不掺入任何塑性掺和料,其强度高,耐久性好,但保水性和流动性较差,适用于砌筑潮湿环境中的砌体和地下砌体。

石灰砂浆由石灰、砂和水拌和而成,其强度低,耐久性差,但砌筑方便,只适用于地面以上和不受潮的地上砌体。

混合砂浆由水泥、石灰膏、砂和水拌和而成,其强度高,耐久性、保水性和流动性较好,便于施工,质量容易保证,是砌体结构中常用的砂浆。

2)按用途分

按用途的不同,砂浆可分为普通砂浆、混凝土块体专用砌筑砂浆、蒸压灰砂普通砖和蒸压粉煤灰普通砖专用砌筑砂浆。

普通砂浆的强度等级用符号"M"表示,强度等级为 M15、M10、M7.5、M5、M2.5。

混凝土块体专用砌筑砂浆强度等级用符号"Mb"表示,强度等级为 Mb20、Mb15、Mb10、Mb7.5、Mb5。

蒸压灰砂普通砖和蒸压粉煤灰普通砖专用砌筑砂浆强度等级用符号"Ms"表示,强度等级为 Ms15、Ms10、Ms7.5、Ms5。

三、砌体材料的选用

建筑物所采用的材料,除满足承载力要求外,还需满足耐久性要求。砌体结构中,当块体的耐久性不足时,在使用期间内,风化、冻融等会引起面部剥蚀,影响建筑物的正常使用,有时还会影响建筑物的承载力。

砌体材料的选用应本着因地制宜、就地取材、充分利用工业废料的原则,并考虑建筑物耐久性要求、工作环境、受力特点、施工技术要求等。对于 5 层及 5 层以上房屋的墙以及受振动或层高大于 6 m 的墙、柱,其所用材料的最低强度等级应符合下列要求:砖采用 MU10,砌块采用 MU7.5,石材采用 MU30,砂浆采用 M5。

对于室内地面以下、室外散水坡顶面上的砌体,应铺设防潮层。防潮层材料一般情况下宜采用防水水泥砂浆。勒脚部位应采用水泥砂浆粉刷。地面以下或防潮层以下的砌体,潮湿房间的墙体所用材料的最低强度等级应符合表 6-1 的要求。

任务 2 砌体的种类及力学性能

一、砌体的种类

砌体是由块体和砂浆砌筑而成的整体,可分为无筋砌体和配筋砌体。

1. 无筋砌体

无筋砌体不配置钢筋,仅由块材和砂浆组成,包括砖砌体、砌块砌体和石砌体。

1) 砖砌体

由砖和砂浆砌筑而成的砌体称为砖砌体,它是最普遍采用的一种砌体。在房屋建筑中,砖砌体用于内外承重墙、柱、围护墙及隔墙。其厚度根据承载力及高厚比的要求确定,常用的实砌标准砖墙的厚度有 120 mm(半砖)、240 mm(一砖)、370 mm(一砖半)、490 mm(两砖)等。

2) 砌块砌体

由块材和砂浆砌成的砌体称为砌块砌体,目前采用较多的为混凝土小型空心砌块砌体,主要用于民用建筑和一般工业建筑的承重墙或围护墙,常用的墙厚为 190 mm。

3) 石砌体

由天然石材和砂浆或天然石材和混凝土砌筑而成的砌体称为石砌体。石砌体分为料石砌体、毛石砌体和毛石混凝土砌体三类。

料石砌体可用于一般民用建筑的承重墙、柱和基础,还可以建造拱桥、石坝和涵洞等;毛石砌体可用于外墙;毛石混凝土砌体常用于一般建筑物和构筑物的基础以及挡土墙。

2. 配筋砌体

配筋砌体是指配置适量钢筋或钢筋混凝土的砌体,它可以提高砌体强度,减小截面尺寸,增加整体性。配筋砌体分为网状配筋砖砌体、组合砖砌体、砖砌体和钢筋混凝土柱组合墙以及配筋砌块砌体。

1）网状配筋砖砌体

网状配筋砖砌体是在砌体的水平灰缝中每隔几皮砖放置一层钢筋网。钢筋网有方格网式和连弯式，如图 8-1 所示。方格网式一般采用直径为 3～4 mm 的钢筋，连弯式采用直径为 5～8 mm的钢筋。

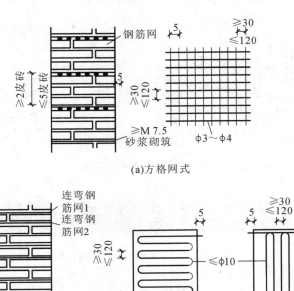

(a)方格网式

(b)连弯式

图 8-1　网状配筋砖砌体

2）组合砖砌体

组合砖砌体是由砖砌体和钢筋混凝土面层或钢筋砂浆面层组合而成的，如图 8-2 所示。

3）砖砌体和钢筋混凝土柱组合墙

砖砌体和钢筋混凝土柱组合墙是由砖砌体和钢筋混凝土构造柱共同组成的，如图 8-3 所示。

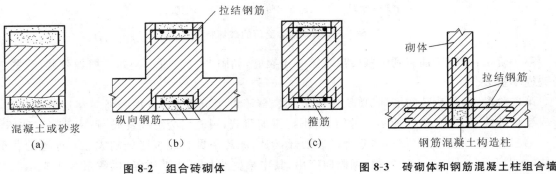

图 8-2　组合砖砌体　　　　图 8-3　砖砌体和钢筋混凝土柱组合墙

4）配筋砌块砌体

配筋砌块砌体是在砌块墙体上下贯通的竖向孔洞中插入竖向钢筋，并用灌孔混凝土灌实，使竖向和水平钢筋与砌体形成一个共同工作的整体，如图 8-4 所示。这种墙体由于主要用于中高层或高层房屋中起剪力墙作用，故又称为配筋砌块剪力墙。

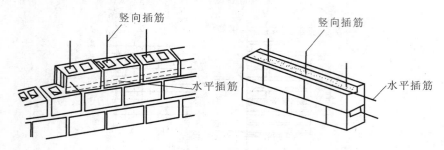

图 8-4　配筋砌块砌体

二、砌体的抗压性能

1. 轴心受压破坏特征

砖砌体受压试验表明，砌体轴心受压构件从开始加载直到破坏，大致经历了三个阶段，如图 8-5 所示。

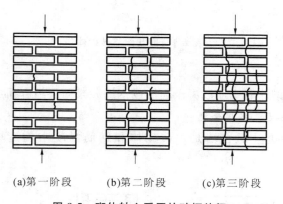

(a)第一阶段　　(b)第二阶段　　(c)第三阶段

图 8-5　砌体轴心受压的破坏特征

第一阶段：从开始加载到个别砖出现第一条裂缝，如图 8-5(a) 所示。如不增加荷载，这些细小裂缝不扩展。

第二阶段：随着荷载的增加，单块砖内个别裂缝不断展开并扩大，并沿竖向穿过若干层砖，形成连续裂缝，如图 8-5(b) 所示。此时，若不再增加荷载，裂缝仍会继续发展，砌体已接近破坏。

第三阶段：继续增加荷载，裂缝将迅速展开，砌体被几条贯通的裂缝分割成互不连通的若干小柱，如图 8-5(c) 所示，小柱失稳，朝侧向突出，其中某些小柱可能被压碎，以致最终丧失承载力而破坏。

2. 影响砌体抗压强度的因素

1）块体的强度及外形尺寸

试验表明，块材的抗压强度对砌体的抗压强度有明显的影响。在其他条件相同时，块材抗压强度越高，砌体的抗压强度也越高。

块材厚度和外形规则程度对砌体的抗压强度影响也很大。块材厚度大，外形规则平整，砌体的抗压强度就高。

2）砂浆的强度

在砂浆强度等级不是很高时，块材强度等级一定，提高砂浆强度等级，砌体的抗压强度有较明显的增长；当砂浆强度等级过高时，砂浆的强度对砌体抗压强度的影响并不明显。

3）砂浆的变形性能

砂浆的变形性能是影响砌体抗压强度的重要因素之一。在其他条件相同时，随着砂浆变形率的增大，块材与砂浆在发生横向变形时的交互作用加大，使块材中的水平拉应力增大，从而导致砌体抗压强度降低。

4）砂浆的流动性和保水性

砂浆的流动性和保水性好，容易使铺砌的灰缝饱满、均匀和密实，减小单砖在砌体中因砂浆不均匀、不密实而产生的复杂应力，使砌体的抗压强度提高。但过大的流动性会造成砂浆变形率过大，砌体的抗压强度反而降低。

5）砌筑质量

影响砌筑质量的因素很多，如砂浆饱满度、砌筑时块体的含水率、组砌方式、砂浆搅拌方式、工人的技术水平、现场质量管理水平等。《砌体结构工程施工质量验收规范》（GB 50203—2011）规定了砌体施工质量控制等级及相关要求。

各类砌体的轴心抗压强度标准值和设计值见《砌体结构设计规范》（GB 50003—2011）。

三、砌体的抗拉、抗弯和抗剪性能

砌体的抗压强度比抗拉、抗剪强度高很多，所以砌体大多用于受压构件，以充分利用其抗压性能，但在实际工程中有时也会遇到受拉、受弯、受剪的情况，如：圆形水池的池壁受到液体的压力，在池壁内引起环向拉力；挡土墙受到侧向土压力，使墙壁承受弯矩作用，拱支座处受到剪力作用等。

任务 3 多层砌体房屋的构造要求

砌体结构房屋的设计包括计算设计和构造设计两部分。构造设计包括选择合理的材料，构件形式，墙、板之间的有效连接，各类构件和结构在不同条件下采取的特殊要求等。构造设计能保证计算设计工作性能得以实现,同时能反映一些计算设计中无法确定,但在实践中总结出的经验和要求,以加强房屋的整体性,提高房屋的抗变形能力和抗倒塌能力。

一、多层砌体房屋的一般构造要求

对于砌体结构,为了保证房屋的整体性和空间刚度,墙、柱除进行承载力计算和高厚比验算外,还应满足下列构造要求。

1. 截面尺寸要求

(1) 承重独立砖柱的截面尺寸应不小于 240 mm×370 mm;

(2) 毛石墙的厚度宜不小于 350 mm;

(3) 毛料石柱较小边长宜不小于 400 mm;

(4) 当有振动荷载时,墙、柱不宜采用毛石砌体。

2. 设置垫块的条件

跨度大于 6 m 的屋架和跨度大于下列数值的梁,应在支承处砌体上设置混凝土或钢筋混凝土垫块,当墙中设有圈梁时,垫块与圈梁宜浇成整体。

(1) 对于砖砌体,为 4.8 m;

(2) 对于砌块砌体和料石砌体,为 4.2 m;

(3) 对于毛石砌体,为 3.9 m。

3. 设置壁柱的条件

当梁的跨度大于或等于下列数值时,其支承处宜加设壁柱,或采取加强措施。

(1) 对于 240 mm 厚的砖墙,为 6 m;对于 180 mm 的砖墙,为 4.8 m。

(2) 对于砌块、料石墙,为 4.8 m。

4. 连接锚固要求

为加强房屋的整体性能,承受水平荷载、竖向偏向荷载和可能产生的振动,墙、柱必须和楼板、梁、屋架有可靠的连接。

(1) 墙体转角处和纵横墙交接处应沿竖向每隔 400～500 mm 设拉结钢筋,其数量为每 120 mm 的墙厚不少于 1 根直径为 6 mm 的钢筋;或采用焊接钢筋网片,埋入长度从墙的转角或交接处算起,对于实心砖墙,每边不小于 500 mm,对于多孔砖墙和砌块墙,不小于 700 mm。

(2) 预制钢筋混凝土板的支承长度,在圈梁上应不小于 80 mm,在墙上应不小于 100 mm。

(3) 填充墙、隔墙应分别采取措施与周边主体结构构件可靠连接。

(4) 支承在墙、柱上的吊车梁、屋架,以及跨度 $l \geqslant 9$ m(对于砖砌体)、7.2 m(对于砌块砌体和料石砌体)的预制梁的端部,应采用锚固件与墙、柱上的垫块锚固。

(5) 山墙处的壁柱或构造柱宜砌至山墙顶部,且屋面构件与山墙可靠拉结。

(6) 砌块砌体应分皮错缝搭砌,上、下皮搭砌长度应不小于 90 mm。当搭砌长度不满足上述要求时,应在水平缝内设置不小于 2φ4 的焊接钢筋网片,横向钢筋的间距应不大于 200 mm,网片每端伸出该垂直缝的长度不小于 300 mm。

（7）砌块墙与后砌隔墙交接处,应沿墙高每 400 mm在水平灰缝内设置不小于 2φ4、横向钢筋间距不大于 200 mm 的焊接钢筋网片,如图 8-6 所示。

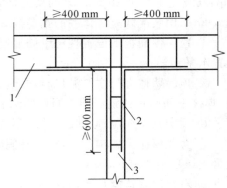

图 8-6　砌块墙与后砌隔墙
1—砌块墙;2—焊接钢筋网片;3—后砌隔墙

（8）混凝土砌块房屋,在纵横墙交接处距墙中心线每边不小于 300 mm 范围内的孔洞,采用强度等级不低于 Cb20 的混凝土沿全墙高灌实。

（9）混凝土砌块墙体的下列部位,如未设圈梁或混凝土垫块,应采用强度等级不低于 Cb20 的混凝土将孔洞灌实。

① 隔栅、檩条和钢筋混凝土楼板的支承面下,高度应不小于 200 mm 的砌块;

② 屋架、梁等构件的支承面下,长度应不小于600 mm、高度应不小于 600 mm 的砌块;

③ 挑梁支承面下,距墙中心线每边应不小于300 mm、高度应不小于 600 mm 的砌块。

5. 砌体中留槽洞与埋设管道的构造要求

（1）不应在截面长边小于 500 mm 的承重墙体、独立柱内埋设管线。

（2）不宜在墙体中穿暗线或预留、开凿沟槽,当无法避免时,应采取必要的措施或按削弱后的截面验算墙体的承载力。

6. 框架填充墙的构造要求

（1）填充墙宜选用轻质块体材料。

（2）填充墙砌筑砂浆的强度等级宜不低于 M5（Mb5、Ms5）。

（3）填充墙墙体厚度应不小于 90 mm。

（4）用于填充墙的夹心复合砌块,其两肢块体之间应有拉结。

（5）填充墙与框架的连接,可根据设计要求采用脱开或不脱开的方法,有抗震设防要求时宜采用填充墙与框架脱开的方法。

7. 夹心墙的构造要求

（1）夹心墙的夹层厚度宜不大于 120 mm。

（2）外叶墙的砖及混凝土砌块的强度等级应不低于 MU10。

（3）夹心墙的外叶墙的最大横向支承间距,抗震设防烈度为 6 度时宜不大于 9 m,7 度时宜不大于 6 m,8、9 度时宜不大于 3 m。

（4）夹心墙的内、外叶墙应由拉结件可靠拉结,拉结件应符合相关规定。

8. 防止或减轻墙体开裂的主要措施

1）防止温度变化和砌体收缩引起墙体开裂的措施

① 屋面应设保温、隔热层;

② 屋面保温(隔热)层或屋面刚性面层及砂浆找平层应设置分隔缝,分隔缝间距宜不大于 6 m,其缝宽不小于 30 mm,并与女儿墙隔开;

③ 采用装配式有檩体系的钢筋混凝土屋盖和瓦材屋盖;

④ 顶层屋面板下设置现浇钢筋混凝土圈梁,并沿内、外墙拉通,房屋两端圈梁下的墙体内宜设置水平钢筋;

⑤ 顶层墙体有门窗等洞口时,在过梁上的水平灰缝内设置 2～3 道焊接钢筋网片或 2φ6 钢筋,焊接钢筋网片或钢筋伸入洞口两端墙内的长度应不小于 600 mm;

⑥ 顶层及女儿墙砂浆强度等级不低于 M7.5(Mb7.5,Ms7.5);

⑦ 女儿墙应设置构造柱,构造柱间距宜不大于 4 m,构造柱应伸至女儿墙顶并与现浇钢筋混凝土压顶整浇在一起;

⑧ 对顶层墙体施加竖向预应力。

2) 防止由温差和墙体干缩引起的墙体竖向裂缝的措施

为防止房屋在正常使用条件下由温差和墙体干缩引起的墙体竖向裂缝,在墙体中应设置伸缩缝。伸缩缝应设在因温度和收缩变形可能引起应力集中,砌体产生裂缝可能性最大的地方,伸缩缝的间距可按表 8-1 的规定采用。

表 8-1　砌体房屋伸缩缝的最大间距

屋盖或楼盖类型		间距/m
整体式或装配式钢筋混凝土结构	有保温层或隔热层的屋盖、楼盖	50
	无保温层或隔热层的屋盖	40
装配式无檩体系的钢筋混凝土结构	有保温层或隔热层的屋盖、楼盖	60
	无保温层或隔热层的屋盖	50
装配式有檩体系的钢筋混凝土结构	有保温层或隔热层的屋盖	75
	无保温层或隔热层的屋盖	60
瓦材屋盖、木屋盖或楼盖、轻钢屋盖		100

注:1. 对于烧结普通砖、烧结多孔砖、配筋砌块砌体房屋,取表中数值;对于石砌体、蒸压灰砂普通砖、蒸压粉煤灰普通砖、混凝土砌块、混凝土普通砖和混凝土多孔砖房屋,取表中数值乘以 0.8,当墙体有可靠外保温措施时,可取表中数值。

2. 在钢筋混凝土屋面上挂瓦的屋盖,应按钢筋混凝土屋盖采用。

3. 层高大于 5 m 的烧结普通砖、烧结多孔砖、配筋砌块砌体结构单层房屋,其伸缩缝的间距可按表中数值乘以 1.3。

4. 温差较大且变化频繁的地区和严寒地区不采暖的房屋及构筑物墙体的伸缩缝的最大间距,应按表中数值予以适当减小。

5. 墙体的伸缩缝应与结构的其他变形缝相重合,缝的宽度应满足各种变形缝的变形要求;在进行立面处理时,必须保证裂缝的变形作用。

6. 按本表设置的墙体伸缩缝,一般不能同时防止由于钢筋混凝土屋盖的温度变形和砌体干缩变形引起的墙体局部裂缝。

二、多层砌体抗震的一般规定

1.房屋的层数和高度

历次地震的调查资料表明,多层砌体房屋的抗震能力除了与横墙间距、材料强度、结构整体

砌体结构基本知识

性、施工质量等因素有关外,还与房屋的总高度和层数有关。《建筑抗震设计规范》(GB 50011—2010)规定,砌体房屋的层数和总高度应符合下列要求。

(1)一般情况下,房屋的层数和总高度应不超过表8-2的规定。

表8-2 房屋的层数和总高度的限值   单位:m

房屋类别		最小抗震墙厚度/mm	烈度和设计基本地震加速度									
			6		7				8			9	
			0.05g		0.10g		0.15g		0.20g		0.30g		0.40g
			高度	层数	高度	层数	高度	层数	高度	层数	高度	层数	高度	层数
多层砌体房屋	普通砖	240	21	7	21	7	21	7	18	6	15	5	12	4
	多孔砖	240	21	7	21	7	18	6	18	6	15	5	9	3
	多孔砖	190	21	7	18	6	15	5	15	5	12	4	—	—
	小砌块	190	21	7	21	7	18	6	18	6	15	5	9	3
底部框架-抗震墙砌体房屋	普通砖 多孔砖	240	22	7	22	7	19	6	16	5	—	—	—	—
	多孔砖	190	22	7	19	6	16	5	13	4	—	—	—	—
	小砌块	190	22	7	22	7	19	6	16	5	—	—	—	—

注:1.房屋的总高度指室外地面到主要屋面板板顶或檐口的高度,半地下室从地下室室内地面算起,全地下室和嵌固条件好的半地下室应允许从室外地面算起;对于带阁楼的坡屋顶,应算到山尖墙的1/2高度处。

2.室内外高度差大于0.6 m时,房屋总高度应按表中数据适当增加,但增加量应小于1.0 m。

3.乙类的多层砌体房屋仍按本地区抗震设防烈度查表,其层数应减少一层且总高度应降低3 m;应不采用底部框架-抗震墙砌体房屋。

4.本表中的小砌块砌体房屋不包括配筋混凝土小型空心砌块砌体房屋。

(2)横墙较少(同一楼层内开间大于4.2 m的房间占该层总面积的40%以上)的多层砌体房屋,总高度应比表8-2所规定的数值减小3 m,层数相应减少一层;各层横墙很少(开间不大于4.2 m的房间占该层总面积不到20%,且开间大于4.8 m的房间占该层总面积的50%以上)的多层砌体房屋,还应再减少一层。

(3)6、7度时,横墙较少的丙类多层砌体房屋,当按规定采取加强措施并满足抗震承载力要求时,其高度和层数应允许仍按表8-2的规定采用。

(4)采用蒸压灰砂普通砖和蒸压粉煤灰普通砖的砌体房屋,当砌体的抗剪强度仅达到普通黏土砖砌体的70%时,房屋的层数应比普通砖房屋的层数减少一层,总高度应减少3 m;当砌体的抗剪强度达到普通黏土砖砌体的取值时,房屋层数和总高度的要求同普通砖房屋。

2. 层高

多层砌体承重房屋的层高应不超过3.6 m。底部框架-抗震墙砌体房屋的底部,其层高应不超过4.5 m;当底层采用约束砌体抗震墙时,底层的层高应不超过4.2 m。

3. 高宽比

为了保证房屋的稳定性,多层砌体房屋的总高度与总宽度的最大比值应符合表8-3的要求。

表 8-3　房屋的最大高宽比

烈　　度	6	7	8	9
最大高宽比	2.5	2.5	2.0	1.5

注:1.单面走廊房屋的总宽度不包括走廊宽度;

2.建筑平面接近正方形时,其高宽比宜适当减小。

4. 抗震横墙的间距

为满足楼盖对传递水平地震力的刚度要求,房屋抗震横墙的间距应不超过表 8-4 的要求。

表 8-4　房屋抗震横墙的间距　　　　　　　　　　　　　　　　单位:m

房屋类别		烈　　度			
		6 度	7 度	8 度	9 度
多层砌体房屋	现浇或装配整体式钢筋混凝土楼、屋盖	15	15	11	7
	装配式钢筋混凝土楼、屋盖	11	11	9	4
	木屋盖	9	9	4	—
底部框架-抗震墙砌体房屋	上部各层	同多层砌体房屋			—
	底层或底部两层	18	15	11	—

注:1.多层砌体房屋的顶层,除木屋盖外的最大横墙间距应允许适当放宽,但应采取相应的加强措施。

2.多孔砖抗震横墙厚度为 190 mm 时,最大横墙间距应比表中数值减少 3 m。

5. 局部尺寸

为防止局部的失效而造成整体结构的破坏甚至倒塌,多层砌体房屋中砌体墙段的局部尺寸限值应符合表 8-5 的要求。

表 8-5　房屋的局部尺寸限值　　　　　　　　　　　　　　　　单位:m

部　　位	6 度	7 度	8 度	9 度
承重窗间墙的最小宽度	1.0	1.0	1.2	1.5
承重外墙尽端至门窗洞边的最小距离	1.0	1.0	1.2	1.5
非承重外墙尽端至门窗洞边的最小距离	1.0	1.0	1.0	1.0
内墙阳角至门窗洞边的最小距离	1.0	1.0	1.5	2.0
无锚固女儿墙(非出、入口处)的最大高度	0.5	0.5	0.5	0.0

注:1.局部尺寸不足时,应采取局部加强措施弥补,且最小宽度宜不小于 1/4 层高和表中所列数据的 80%。

2.出、入口的女儿墙应有锚固。

6. 多层砌体房屋的结构体系

历次震害调查表明,合理的结构体系对提高房屋整体抗震性能有非常重要的影响。多层砌体房屋建筑布置和结构体系应符合下列要求。

(1) 应优先采用横墙承重或纵、横墙共同承重的结构体系,不应采用砌体墙和混凝土墙混合

198

承重的结构体系。

（2）纵、横墙砌体抗震墙的布置应符合相关要求。

（3）房屋有下列情况之一时宜设置防震缝，防震缝两侧均应设置墙体，缝宽应根据烈度和房屋高度确定，可采用 70~100 mm。

① 房屋立面高度差在 6 m 以上；

② 房屋有错层，且楼板高度差大于层高的 1/4；

③ 各部分结构的刚度、质量截然不同。

（4）楼梯间不宜设置在房屋的尽端或转角处。

（5）不应在房屋转角处设置转角窗。

（6）横墙较少、跨度较大的房屋，宜采用现浇钢筋混凝土楼、屋盖。

三、多层砖砌体房屋抗震的构造要求

1. 钢筋混凝土构造柱

历次地震经验和大量的试验表明，钢筋混凝土构造柱能够提高砌体的受剪承载力，对砌体起约束作用，使之有较高的变形能力。

1）构造柱的设置部位

构造柱应设置在震害较重、连接构造比较薄弱和应力易于集中的部位。对于各类多层砖砌体房屋，构造柱的设置应符合下列要求。

（1）构造柱的设置部位，一般情况下应符合表 8-6 的要求。

表 8-6 多层砖砌体房屋构造柱的设置要求

房屋层数				设置部位	
6 度	7 度	8 度	9 度		
四、五	三、四	二、三		楼梯间、电梯间四角，楼梯斜梯段上、下端对应的墙体处	隔 12 m 或单元横墙与外纵墙交接处；楼梯间对应的另一侧内横墙与外纵墙交接处
六	五	四	二	外墙四角和对应的转角；错层部位横墙与外纵墙交接处；	隔开间横墙（轴线）与外墙交接处；山墙与内纵墙交接处
七	≥六	≥五	≥三	大房间内、外墙交接处；较大洞口两侧	内墙（轴线）与外墙交接处；内墙的局部较小墙垛处；内纵墙与横墙（轴线）交接处

注：较大洞口是指不小于 2.1 m 的洞口；外墙在内、外墙交接处已设置构造柱时，应允许适当放宽，但洞侧墙体应加强。

（2）外廊式和单面走廊式的多层房屋，应根据房屋增加一层的层数，按表 8-6 的要求设置构造柱，且单面走廊两侧的纵墙均应按外墙处理。

（3）横墙较少的房屋，应根据房屋增加一层的层数，按表 8-6 的要求设置构造柱。当横墙较少的房屋为外廊式或单面走廊式时，应按（2）中的要求设置构造柱；但 6 度不超过四层、7 度不超过三层和 8 度不超过二层时，应按增加二层的层数对待。

（4）各层横墙很少的房屋，应按增加二层的层数设置构造柱。

（5）采用蒸压灰砂普通砖和蒸压粉煤灰普通砖的砌体房屋，当砌体的抗剪强度仅达到普通黏土砖砌体的 70% 时，应根据增加一层的层数按（1）、（2）要求设置构造柱；但 6 度不超过四层、7 度不超过三层和 8 度不超过二层时，应按增加二层的层数对待。

2）构造柱的构造要求

（1）构造柱的最小截面尺寸可采用 180 mm×240 mm，墙厚为 190 mm 时，可采用 180 mm×190 mm，纵向钢筋宜采用 4φ12，箍筋间距宜不大于 250 mm，且在柱的上、下端应适当加密；6、7 度时超过六层，8 度时超过五层和 9 度时，构造柱的纵向钢筋宜采用 4φ14，箍筋间距应不大于 200 mm；房屋四角的构造柱应适当加大截面及配筋。

（2）构造柱与墙的连接处应砌成马牙槎，沿墙高每隔 500 mm 设 2φ6 水平钢筋和φ4 分布短筋平面内点焊组成的拉结网片或φ4 点焊钢筋网片，每边伸入墙内的长度宜不小于 1 m。对于 6、7 度时底部 1/3 楼层、8 度时底部 1/2 楼层、9 度时全部楼层，上述拉结钢筋网片应沿墙体水平通长设置。

（3）构造柱与圈梁连接处，构造柱的纵向钢筋应在圈梁的纵向钢筋内侧穿过，保证构造柱的纵向钢筋上下贯通。

（4）构造柱可不单独设置基础，但应伸入室外地面以下 500 mm，或与埋深小于 500 mm 的基础圈梁相连。

（5）房屋高度和层数接近表 8-6 的限值时，横墙内的构造柱的间距宜不大于层高的二倍，下部 1/3 楼层的构造柱的间距适当减小；外纵墙开间大于 3.9 m 时，应另设加强措施；内纵墙的构造柱的间距宜不大于 4.2 m。

2. 钢筋混凝土圈梁

圈梁能增强砌体房屋的整体性，提高房屋的抗震能力。

1）圈梁的设置要求

（1）装配式钢筋混凝土楼、屋盖或木屋盖的砖房，应按表 8-7 的要求设置圈梁；纵墙承重时，抗震横墙上的圈梁的间距应按表 8-7 的要求适当加密。

（2）现浇或装配整体式钢筋混凝土楼、屋盖与墙体有可靠连接的房屋，应允许不另设圈梁，但楼板沿抗震墙体周边均应加强配筋并应与相应的构造柱钢筋可靠连接。

表 8-7　多层砖砌体房屋现浇钢筋混凝土圈梁的设置要求

墙　类	烈　度		
	6、7 度	8 度	9 度
外墙和内纵墙	屋盖处及每层楼盖处	屋盖处及每层楼盖处	屋盖处及每层楼盖处
内横墙	同上；屋盖处间距应不大于 4.5 m；楼盖处间距应不大于 7.2 m；构造柱对应部位	同上；各层所有横墙，且间距应不大于 4.5 m；构造柱对应部位	同上；各层所有横墙

2）圈梁的构造要求

（1）圈梁应闭合，如有洞口，圈梁应上、下搭接。圈梁宜与预制板设在同一标高处或紧靠板底。

（2）在规定要求的间距内无横墙时,应利用梁或板缝配筋替代圈梁。

（3）圈梁的截面高度应不小于 120 mm,配筋应符合表 8-8 的要求。按要求增设的基础圈梁,截面高度应不小于 180 mm,配筋应不少于 4ϕ12。

表 8-8　多层砖砌体房屋圈梁的配筋要求

配　　筋	烈　　度		
	6、7 度	8 度	9 度
最小纵向钢筋	4ϕ10	4ϕ12	4ϕ14
箍筋最大间距/mm	250	200	150

3. 楼、屋盖

为保证砌体房屋楼、屋盖与墙体的整体性,楼、屋盖的抗震构造应符合下列要求。

（1）现浇钢筋混凝土楼板或屋面板伸入纵、横墙内的长度均应不小于 120 mm。

（2）装配式钢筋混凝土楼板或屋面板,当圈梁未设在板的同一标高处时,板端伸入外墙的长度应不小于 120 mm,伸入内墙的长度应不小于 100 mm 或采用硬架支模连接,在梁上的长度应不小于80 mm 或采用硬架支模连接。

（3）当板的跨度大于 4.8 m 并与外墙平行时,靠外墙的预制板侧边应与墙或圈梁拉结。

（4）房屋端部大房间的楼盖,6 度时房屋的屋盖和 7～9 度时房屋的楼、屋盖,当圈梁设在板底时,钢筋混凝土预制板应相互拉结,并应与梁、墙或圈梁拉结。

（5）楼、屋盖的钢筋混凝土梁或屋架应与墙、柱（包括构造柱）或圈梁可靠连接,不得采用独立砖柱。跨度不小于 6 m 的大梁的支承构件应采用组合砌体等加强措施。

4. 楼梯间

历次地震震害表明,由于楼梯间比较空旷,常常破坏严重,因此,必须采取一系列措施。

（1）顶层楼梯间的墙体应沿墙高每隔 500 mm 设 2ϕ6 通长钢筋和ϕ4 分布钢筋平面内点焊组成的拉结网片或ϕ4 点焊网片;7～9 度时其他各层楼梯间的墙体应在休息平台或楼层半高处设置 60 mm 厚、纵向钢筋应不少于 2ϕ10 的钢筋混凝土带或配筋砖带,配筋砖带不少于 3 皮,每皮的配筋不少于 2ϕ6,砂浆强度等级应不低于 M7.5 且不低于同层墙体的砂浆强度等级。

（2）楼梯间及门厅内墙阳角处的大梁支承长度应不小于 500 mm,并应与圈梁连接。

（3）装配式楼梯段应与平台板的梁可靠连接,8、9 度时应不采用装配式楼梯段;应不采用墙中悬挑式踏步或踏步竖肋插入墙体的楼梯,不采用无筋砖砌栏板。

（4）突出屋顶的楼梯间、电梯间,构造柱应伸到顶部,并与顶部圈梁连接,所有墙体应沿墙高每隔 500 mm 设 2ϕ6 通长钢筋和ϕ4 分布短筋平面内点焊组成的拉结网片或ϕ4 点焊网片。

5. 过梁

门窗洞处应不采用砖过梁;过梁支承长度,6～8 度时应不小于 240 mm,9 度时应不小于360 mm。

6. 阳台

6、7 度时预制阳台应与圈梁和楼板的现浇板带可靠连接,8、9 度时应不采用预制阳台。

四、多层砌块房屋抗震的构造要求

1. 钢筋混凝土芯柱

为了增加混凝土小型空心砌块砌体房屋的整体性和延性,提高其抗震性能,在墙体的适当部位应设置钢筋混凝土芯柱。

1) 芯柱的设置部位及数量

多层小砌块房屋应按表 8-9 的要求设置钢筋混凝土芯柱。对于外廊式和单面走廊式的多层房屋、横墙较少的房屋、各层横墙很少的房屋,应按前面的相关规定增加层数,按表 8-9 的要求设置芯柱。

表 8-9　多层小砌块房屋芯柱的设置要求

房屋层数				设置部位	设置数量
6 度	7 度	8 度	9 度		
四、五	三、四	二、三		外墙转角,楼梯间、电梯间四角,楼梯斜梯段上、下端对应的墙体处; 大房间内、外墙交接处; 错层部位横墙与外纵墙交接处; 隔 12 m 或单元横墙与外纵墙交接处	外墙转角,灌实 3 个孔; 内、外墙交接处,灌实 4 个孔; 楼梯斜段上、下端对应的墙体处,灌实 2 个孔
六	五	四		同上; 隔开间横墙(轴线)与外纵墙交接处	
七	六	五	二	同上; 各内墙(轴线)与外纵墙交接处; 内纵墙与横墙(轴线)交接处和洞口两侧	外墙转角,灌实 5 个孔; 内、外墙交接处,灌实 4 个孔; 内墙交接处,灌实 4～5 个孔; 洞口两侧各灌实 1 个孔
	七	≥六	≥三	同上; 横墙内芯柱间距不大于 2 m	外墙转角,灌实 7 个孔; 内、外墙交接处,灌实 5 个孔; 内墙交接处,灌实 4～5 个孔; 洞口两侧各灌实 1 个孔

注:外墙转角,内、外墙交接处,楼梯间、电梯间四角等部位,应允许采用钢筋混凝土构造柱代替部分芯柱。

2) 芯柱的构造要求

(1) 小砌块房屋芯柱的截面尺寸宜不小于 120 mm×120 mm。

(2) 芯柱的混凝土强度等级应不低于 Cb20。

(3) 芯柱的竖向插筋应贯通墙身且与圈梁连接;插筋应不少于 1φ12,6、7 度时超过五层,8 度时超过四层和 9 度时,插筋应不少于 1φ14。

(4) 芯柱应伸入室外地面以下 500 mm 或与埋深小于 500 mm 的基础圈梁相连。

（5）为提高墙体抗震受剪承载力而设置的芯柱，宜在墙体内均匀布置，最大净间距宜不大于2.0 m。

（6）多层小砌块房屋墙体交接处或芯柱与墙体连接处应设置拉结钢筋网片，网片可采用直径为4 mm的钢筋点焊而成，沿墙高的间距不大于600 mm，并应沿墙体水平通长设置。对于6、7度时底部1/3楼层，8度时底部1/2楼层，9度时全部楼层，上述拉结钢筋网片沿墙高的间距不大于400 mm。

3）小砌块房屋中替代芯柱的钢筋混凝土构造柱

试验表明，在墙体交接处，用钢筋混凝土构造柱替代芯柱，不仅可较大限度地提高对砌块砌体的约束能力，而且为施工带来方便。替代芯柱的钢筋混凝土构造柱应符合下列要求。

（1）构造柱的截面尺寸宜不小于190 mm×190 mm，纵向钢筋宜采用4Φ12，箍筋间距宜不大于250 mm，且在柱的上、下端应适当加密；6、7度时超过五层，8度时超过四层和9度时，构造柱纵向钢筋宜采用4Φ14，箍筋间距应不大于200 mm；外墙转角的构造柱可适当加大截面及配筋。

（2）构造柱与砌体墙连接处应砌成马牙槎；与构造柱相邻的砌块孔洞，6度时宜填实，7度时应填实，8、9度时应填实并插筋。构造柱与砌块墙之间沿墙高每隔600 mm设置Φ4点焊拉结钢筋网片，并应沿墙体水平通长设置。对于6、7度时底部1/3楼层，8度时底部1/2楼层，9度时全部楼层，上述拉结钢筋网片沿墙高的间距不大于400 mm。

（3）构造柱与圈梁连接处，构造柱的纵向钢筋应在圈梁纵向钢筋内侧穿过，保证构造柱纵向钢筋上下贯通。

（4）构造柱可不单独设置基础，但应伸入室外地面以下500 mm，或与埋深小于500 mm的基础圈梁相连。

2. 圈梁

多层小砌块房屋的现浇钢筋混凝土圈梁的设置部位与多层砖砌体房屋圈梁的设置部位相同，圈梁宽度应不小于190 mm，配筋应不少于4Φ12，箍筋间距应不大于200 mm。

模块导图

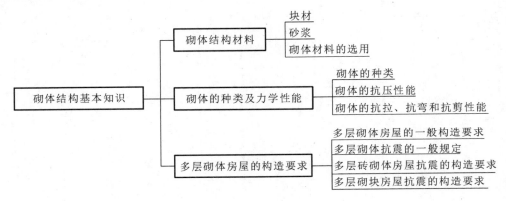

职业能力训练

一、填空题

1. 砌体结构是由（　　　）和（　　　）砌筑而成的。

2. 通常把高度（　　　）的砌块称为小型砌块,高度在（　　　）的砌块称为中型砌块,高度（　　　）的砌块称为大型砌块。

3. 砂浆按组成材料的不同,可分为（　　　）、（　　　）、（　　　）。

4. 无筋砌体不配置钢筋,它包括（　　　）、（　　　）和石砌体。

5. 配筋砌体分为（　　　）、（　　　）、砖砌体和钢筋混凝土柱组合墙以及配筋砌块砌体。

6. 在其他条件相同时,块材的抗压强度越高,砌体的抗压强度（　　　）。

7. 砌体的（　　　）比抗拉、抗剪强度高很多。

二、简答题

1. 常用的砂浆有哪些? 其性质如何?

2. 块材有哪些类型?

3. 影响砌体抗压强度的因素有哪些?

4. 如何选择砌体的材料?

5. 简述多层砌体房屋的一般构造要求。

6. 简述多层砌体房屋抗震的一般规定。

7. 多层砖砌体房屋构造柱如何设置? 其构造应符合哪些要求?

8. 多层砖砌体房屋中,如何设置圈梁? 其构造应符合哪些要求?

9. 多层小砌块房屋芯柱如何设置? 其构造应符合哪些要求?

10. 小砌块房屋中,替代芯柱的钢筋混凝土构造柱有何要求?

学习情境 9

钢结构基本知识

▌**知识目标**

(1) 了解钢结构用钢材的种类及规格,掌握钢材的选用原则;

(2) 掌握钢结构常用连接方法及其受力特点、构造要求;

(3) 掌握轴心受力构件的构造要求,掌握受弯构件的类型及构造要求;

(4) 了解钢屋盖的组成及主要尺寸,掌握钢屋架节点的构造要求。

▌**能力目标**

(1) 能正确选择钢结构材料;

(2) 能解决施工中常见钢结构连接方面的问题;

(3) 能掌握钢结构基本构件(轴心受力构件、受弯构件)的构造要求;

(4) 能够正确识读钢屋盖施工图。

205

任务 1 钢结构材料的选取

一、钢种及钢号

建筑工程中所用的建筑钢材基本上是碳素结构钢和低合金高强度结构钢。

1. 碳素结构钢

碳素结构钢的牌号由字母 Q、屈服点数值、质量等级代号、脱氧方法代号四部分组成。其中,Q 是"屈"字汉语拼音的首位字母;屈服点数值(以 N/mm² 为单位)有 195、215、235、255、275;质量等级代号有 A、B、C、D,表示质量由低到高;脱氧方法代号有 F、b、Z、TZ,分别表示沸腾钢、半镇静钢、镇静钢、特殊镇静钢,其中,Z、TZ 可以省略不写。

钢结构采用 Q235 钢,分为 A、B、C、D 四级,A、B 两级的脱氧方法可以是 Z、b 或 F,C 级只能为 Z,D 级只能为 TZ。如 Q235A · F 表示屈服强度为 235 N/mm²,A 级,沸腾钢。

2. 低合金高强度结构钢

低合金高强度结构钢是在钢的冶炼过程中添加少量合金元素(合金元素的总量低于 5%),以提高钢材的强度、耐腐蚀性及低温冲击韧性等。

低合金高强度结构钢均为镇静钢或特殊镇静钢,所以它的牌号只有字母 Q、屈服点数值、质量等级代号三部分,其中质量等级有 A 到 E 五个级别。A 级无冲击韧性要求,B、C、D、E 级均有冲击韧性要求。不同质量等级对碳、硫、磷、铝等含量的要求也有区别。

低合金高强度结构钢的牌号有 Q345、Q390、Q420、Q460、Q500、Q550、Q620、Q690 共八种,其符号的含义与碳素结构钢牌号的含义相同。如 Q345E 代表屈服点为 345 N/mm² 的 E 级低合金高强度结构钢。

低合金高强度结构钢的 A、B 级属于镇静钢,C、D、E 级属于特殊镇静钢。

二、品种及规格

钢结构采用的型材有热轧成型的钢板、型钢以及冷弯(或冷压)成型的薄壁型钢。

1. 热轧钢板

热轧钢板分为厚板、薄板和扁钢。厚板广泛用来组成焊接构件和连接钢板,薄板是冷弯薄壁型钢的原料。厚板的厚度为 4.5～60 mm,宽 0.7～3 m,长 4～12 m;薄板的厚度为 0.35～4 mm,宽 0.5～1.5 m,长 0.5～4 m;扁钢的厚度为 4～60 mm,宽 30～200 m,长 3～9 m。

钢板用符号"—"后加"厚×宽×长"表示,单位为 mm,如—12×800×2 100。

2. 热轧型钢

热轧型钢有角钢、工字钢、槽钢、H 形钢、部分 T 形钢、钢管,如图 9-1 所示。

图 9-1　热轧型钢截面

1）角钢

角钢有等边和不等边两种。等边角钢又称为等肢角钢,用符号"L"后加"边宽×厚度"表示,单位为 mm,如 L100×10 表示肢宽 100 mm、厚 10 mm 的等边角钢。不等边角钢又称为不等肢角钢,以符号"L"后加"长边宽×短边宽×厚度"表示,如 L100×80×8 表示长边宽 100 mm、短边宽 80 mm、厚 8 mm 的不等边角钢。

2）工字钢

工字钢分为普通工字钢和轻型工字钢。普通工字钢以符号"I"后加截面高度表示,单位为 cm,如 I16。20 号以上的工字钢,同一截面高度有 3 种腹板厚度,以 a、b、c 区分(其中 a 类腹板最薄,翼缘最窄),如 I30a。轻型工字钢以符号"QI"后加截面高度表示,单位为 cm,如 QI25。

3）槽钢

槽钢有普通槽钢与轻型槽钢。普通槽钢以符号"["后加截面高度表示,单位为 cm,并以 a、b、c 区分同一截面高度中的不同腹板厚度,如 [30a 指槽钢截面高度为 30 cm 且腹板厚度为最薄的一种。轻型槽钢以符号"Q["后加截面高度表示,单位为 cm,如 Q[25,其中"Q"是"轻"字汉语拼音的首位字母。同样型号的槽钢,轻型槽钢由于腹板薄及翼缘宽而薄,能节约钢材,减小自重。

4）H 形钢

H 形钢是一种经工字钢发展而来的经济断面型材,其翼缘内、外表面平行,内表面无斜度,翼缘端部为直角,便于与其他构件连接。热轧 H 形钢分为宽翼缘 H 形钢、中翼缘 H 形钢和窄翼缘 H 形钢三类,此外还有 H 形钢柱,其代号分别为 HW、HM、HN、HP。H 形钢的规格以代号加"高度×宽度×腹板厚度×翼缘厚度"表示,单位为 mm,如 HW340×250×9×14。我国正积极推广采用 H 形钢。H 形钢的腹板与翼缘厚度相同,常用作柱子构件。

5）部分 T 形钢

部分 T 形钢由对应的 H 形钢沿腹板中部对等剖分而成,其代号与 H 形钢相对应,采用 TW、TM、TN 分别表示宽翼缘 T 形钢、中翼缘 T 形钢和窄翼缘 T 形钢,其规格和表示方法亦与 H 形钢的相同。

6）钢管

钢管分为无缝钢管和焊接钢管,以符号"φ"后加"外径×厚度"表示,单位为 mm,如 φ400×8。

3. 冷弯薄壁型钢

冷弯薄壁型钢由厚度为 1.5～6 mm 的钢板经冷弯或模压而成形,其截面各部分厚度相同,截面各顶角处呈圆弧形,如图 9-2(a)～图 9-2(i)所示。在工业与民用建筑、农业建筑中,可用冷弯薄壁型钢制作各种屋架、刚架、网架、檩条、墙梁、墙柱等。

压型钢板是冷弯薄壁型钢的另一种形式,如图 9-2(j)所示,常用 0.4～2 mm 厚的镀锌钢板和彩色塑料钢板冷加工成形,可广泛用作屋面板、墙面板和隔墙。

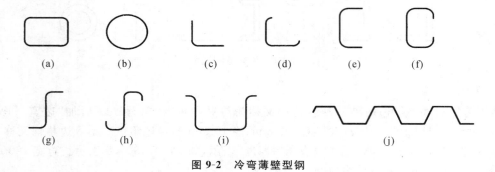

(a)　　　　(b)　　　　(c)　　　　(d)　　　　(e)　　　　(f)

(g)　　　　(h)　　　　(i)　　　　　　　(j)

图 9-2　冷弯薄壁型钢

三、钢材的选用

1. 选用原则

钢结构选材应遵循技术可靠、经济合理的原则,综合考虑结构的重要性、荷载特征、结构形式、应力状态、连接方法、工作环境、钢材厚度和价格等因素,选用合适的钢材牌号和材性。

承重结构的钢材宜采用 Q235 钢、Q345 钢、Q390 钢、Q420 钢、Q460 钢,其质量应符合国家标准的相关规定。

承重结构采用的钢材应具有屈服强度、抗拉强度、断后伸长率,以及硫、磷含量合格的保证;焊接结构应具有碳含量合格的保证;焊接承重结构及重要的非焊接承重结构采用的钢材应具有冷弯试验合格的保证;直接承受动力荷载或需验算疲劳强度的构件所用钢材应具有冲击韧性合格的保证。

2. 钢材质量等级的选用

(1)A 级钢仅用于结构工作温度高于 0 ℃的不需要验算疲劳强度的结构,且 Q235A 钢不宜用于焊接结构。

(2)需验算疲劳强度的焊接结构用钢材,当工作温度高于 0 ℃时,其质量等级应不低于 B级;当工作温度不高于 0 ℃但高于 −20 ℃时,Q235 钢、Q345 钢应不低于 C 级,Q390 钢、Q420钢及 Q460 钢应不低于 D 级;当工作温度不高于 −20 ℃时,Q235 钢和 Q345 钢应选用 D 级,Q390 钢、Q420 钢、Q460 钢应选用 E 级。

(3)需验算疲劳强度的非焊接结构,其钢材质量等级要求可较上述焊接结构降低一级但应不低于 B 级。

(4)吊车起重质量不小于 50 t 的中级工作制吊车梁,其质量等级要求应与需要验算疲劳强度的构件相同。

3. 受拉构件及承重构件的受拉板材的选用

工作温度不高于－20 ℃的受拉构件及承重构件的受拉板材所用钢材的厚度或直径宜不大于 40 mm，质量等级宜不低于 C 级；当钢材的厚度或直径不小于 40 mm 时，其质量等级宜不低于 D 级；重要承重结构的受拉板材宜满足国家现行标准《建筑结构用钢板》(GB/T 19879—2015)的要求。

4. 连接材料的选用

（1）焊条或焊丝的型号和性能应与相应母材的性能相适应。
（2）对于直接承受动力荷载或需要验算疲劳强度的结构，以及低温环境下工作的厚板结构，宜采用低氢型焊条。
（3）连接薄钢板采用的自攻螺钉、钢拉铆钉、射钉等应符合有关标准的规定。

5. 锚栓的选用

锚栓可选用 Q235 钢、Q345 钢、Q390 钢或强度更高的钢材，其质量等级宜不低于 B 级。

任务 2 钢结构的连接

钢结构的连接方法有焊缝连接、螺栓连接、铆钉连接和销轴连接四种，如图 9-3 所示。

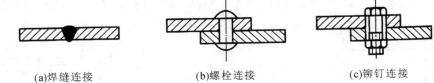

(a)焊缝连接　　　　　(b)螺栓连接　　　　　(c)铆钉连接

图 9-3　钢结构的连接方法

一、焊缝连接

1. 概念

焊缝连接是通过电弧产生的热量使焊条和焊件局部融化，经冷却凝结成焊缝，从而将焊件连接成为一体，它是目前钢结构最主要的连接方法。焊缝连接的优点是构造简单，加工方便，连接的刚度大，密封性能好，易于采用自动化作业。但焊缝连接会产生残余应力和残余变形，且连接的塑形和韧性较差。

2. 焊接原理

钢结构常用的焊接方法有电弧焊,包括手工电弧焊、自动或半自动埋弧焊及气体保护焊等。

1) 手工电弧焊

手工电弧焊的原理图如图 9-4 所示,其电路由焊条、焊钳、焊件、电焊机和导线等组成。通电引弧后,在涂有焊药的焊条端和焊件间的间隙中产生电弧,使焊条熔化,熔滴滴入被电弧吹成的焊件熔池中,同时焊药燃烧,在熔池周围形成保护气体;稍冷后在焊缝熔化金属的表面又形成熔渣,隔绝熔池中的液体金属与空气中的氧气、氮气等气体接触,避免形成脆性易裂的化合物。焊缝金属冷却后就与焊件熔成一体。

手工电弧焊常用的焊条有碳钢焊条和低合金钢焊条,其牌号为 E43、E50 和 E55 等,其中 E 表示焊条,两位数字表示焊条熔敷金属抗拉强度的最小值(单位为 kgf/mm^2)。手工电弧焊采用的焊条应符合国家标准的规定,焊条的选用应与主体金属相匹配。一般情况下,Q235 钢采用 E43 型焊条,Q345 钢采用 E50 型焊条,Q390 钢和 Q420 钢采用 E55 型焊条。当不同强度的两种钢材进行连接时,宜采用与低强度钢材相适应的焊条。

手工电弧焊具有设备简单、适用性强等优点,特别是在进行短焊缝或曲折焊缝的焊接或在施工现场进行高空焊接时,只能采用手工焊接,所以它是钢结构中最常用的焊接方法。但其生产效率低,劳动强度大,保证焊缝质量的关键是焊工的技术水平,焊缝质量的波动较大。

2) 自动或半自动埋弧焊

自动或半自动埋弧焊的原理图如图 9-5 所示,其主要设备是自动点焊机,它可沿轨道按设定的速度移动。通电引弧后,埋于焊剂下的焊丝和附近的焊剂熔化,熔渣浮在熔化的焊缝金属上面,使熔化金属不与空气接触,并供给焊缝金属以必要的合金元素。随着焊机的自动移动,颗粒状的焊剂不断由料斗漏下,电弧完全被埋在焊剂之中,同时焊丝也自动地边熔化边下降,故将这种焊接称为自动埋弧焊。如果焊机的移动由人工操作,则将这种焊接称为半自动埋弧焊。

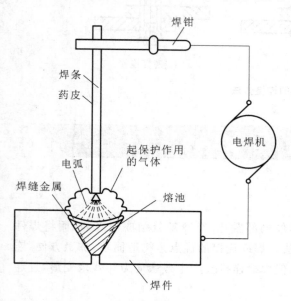

图 9-4　手工电弧焊的原理图

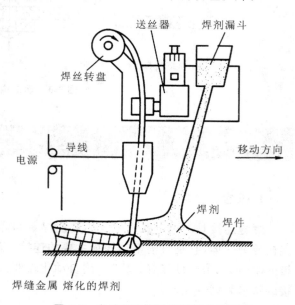

图 9-5　自动或半自动埋弧焊的原理图

自动埋弧焊焊缝质量稳定,焊缝内部缺陷少,塑形和韧性好,质量比手工电弧焊的好,但只适合焊接较长的直线焊缝。

半自动埋弧焊焊缝质量介于自动埋弧焊和手工电弧焊之间,因由人工操作,故适用于焊接曲线或任意形状的焊缝。

3）气体保护焊

气体保护焊是利用惰性气体或二氧化碳气体作为保护介质的一种电弧熔焊方法。它直接依靠保护气体在电弧周围形成局部的保护层,以防止有害气体侵入,从而保持焊接过程的稳定。气体保护焊又称为气电焊。

气体保护焊电弧加热集中,焊接速度快,熔深大,故焊缝强度比手工电弧焊的高,且塑性和抗腐蚀性好,适用于全位置的焊接,但不适用于在野外或有风的地方施焊。

3. 焊缝连接的形式

焊缝连接可分为对接连接、搭接连接、T形连接和角接四种形式,如图9-6所示。

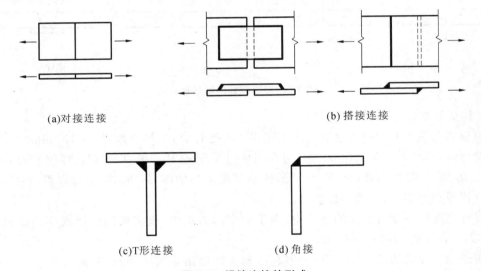

(a)对接连接　　　　　　　　　　　　(b)搭接连接

(c)T形连接　　　　　(d)角接

图9-6　焊缝连接的形式

焊缝连接按施焊位置可分为俯焊、立焊、横焊和仰焊四种。俯焊施工方便,质量好,效率高;立焊和横焊是在立面上施焊竖向和水平的焊缝,生产效率和焊接质量比俯焊差一些;仰焊是仰面向上施焊,操作条件最差,焊缝质量不易保证,因此应尽量避免采用。

焊缝根据截面、构造的不同可分为对接焊缝和角焊缝两种基本形式,如图9-7所示。

(a)对接焊缝　　　　　　　　　　　(b)角焊缝

图9-7　焊缝的基本形式

4. 焊缝的构造

1) 对接焊缝

（1）坡口形式。

对接焊缝传力均匀、平顺，无明显的应力集中，受力性能较好。但对接焊缝连接要求下料和装配的尺寸准确，保证相连板件间有适当空隙，还需要将焊件边缘开坡口，制造费工。坡口的基本形式有 I 形、单边 V 形、V 形、J 形、U 形、K 形和 X 形等，如图 9-8 所示。

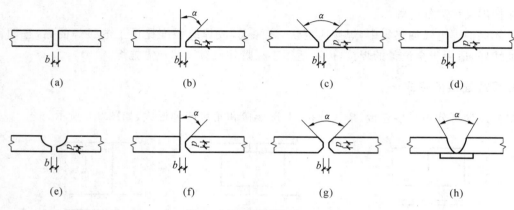

图 9-8　对接焊缝的坡口形式

（2）构造要求。

坡口形式与板厚和焊接方法有关。采用手工电弧焊时，当焊件厚度 $t \leqslant 10$ mm 时，可采用 I 形坡口；当焊件厚度 $t = 10 \sim 20$ mm 时，可采用单边 V 形或 V 形坡口；当焊件厚度 $t > 20$ mm 时，应采用 U 形、K 形或 X 形坡口。对于 V 形或半 V 形坡口的根部，还需要清除焊根，并进行补焊。没有条件清根和补焊者，要事先加垫板。

在焊件宽度或厚度有变化的连接中，为了减少应力集中，应将板的一侧或两侧做成坡度不大于 1∶2.5 的斜坡，如图 9-9 所示。

对接焊缝施焊时的起点和终点，常因起弧和灭弧而出现弧坑等缺陷，此处极易产生裂纹和应力集中，可在焊缝两端设引弧板，如图 9-10 所示。此时，焊缝的计算长度即等于其实际长度。当受条件限制而无法采用引弧板施焊时，每条焊缝的计算长度为实际长度减去 $2t$（t 为较薄焊件的厚度）。

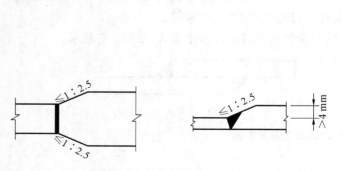

图 9-9　变截面钢板的拼接

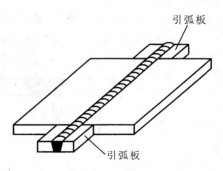

图 9-10　对接焊缝施焊时用的引弧板

2）角焊缝

角焊缝位于板件边缘，传力不均匀，受力情况复杂，容易引起应力集中，但因不需开坡口，尺寸和位置要求精度稍低，使用灵活，制造方便，故得到了广泛的应用。

（1）截面形式。

角焊缝按其长度方向和外力作用方向的不同，可分为平行于外力作用方向的侧面角焊缝、垂直于外力作用方向的正面角焊缝（或称为端焊缝）和与外力作用方向斜交的斜向角焊缝三种，如图 9-11 所示。

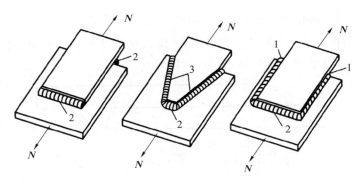

图 9-11　角焊缝的受力形式

1—侧面角焊缝；2—正面角焊缝；3—斜向角焊缝

角焊缝按两焊脚边的夹角可分为直角角焊缝和斜角角焊缝，如图 9-12 所示。在建筑钢结构中，最常用的是直角角焊缝，斜角角焊缝主要用于钢管结构中。

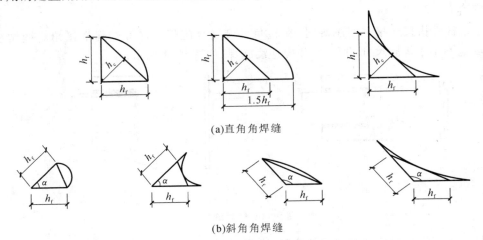

(a)直角角焊缝

(b)斜角角焊缝

图 9-12　角焊缝的形式

（2）构造要求。

① 为保证角焊缝的最小承载力，防止焊缝因冷却过快而产生裂纹，角焊缝的最小焊脚尺寸应符合表 9-1 的规定。承受动荷载时角焊缝的焊脚尺寸宜不小于 5 mm。

表 9-1　角焊缝的最小焊脚尺寸　　　　　　　　　　　　　　　　单位:mm

母材厚度 t	角焊缝的最小焊脚尺寸 h_f
$t \leqslant 6$	3
$6 < t \leqslant 12$	5
$12 < t \leqslant 20$	6
$t > 20$	8

② 搭接连接角焊缝的尺寸及布置应符合下列规定。

a. 传递轴向力的部件,其搭接连接的最小搭接长度应为较薄件厚度的 5 倍,且应不小于 25 mm,并应施焊纵向或横向双角焊缝,如图 9-13 所示。

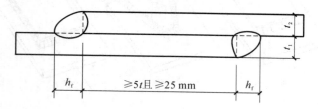

图 9-13　搭接连接双角焊缝的要求

t—t_1 和 t_2 中的较小者

b. 只采用纵向角焊缝连接型钢杆件端部时,型钢杆件的宽度应不大于 200 mm;当宽度大于 200 mm 时,应加横向角焊缝或中间塞焊。型钢杆件每一侧的纵向角焊缝的长度应不小于型钢杆件的宽度。

c. 型钢杆件搭接连接采用围焊时,在转角处应连续施焊。杆件端部搭接角焊缝做绕焊时,绕焊长度应不小于焊脚尺寸的 2 倍,并应连续施焊,如图 9-14 所示。

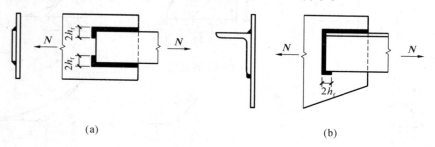

(a)　　　　　　　　　　　　　　　　(b)

图 9-14　角焊缝绕焊

d. 搭接焊缝沿母材棱边的最大焊脚尺寸,当板厚不大于 6 mm 时,应为母材厚度;当板厚大于 6 mm 时,应为母材厚度减去 1~2 mm,如图 9-15 所示。

e. 用搭接焊缝传递荷载的套管连接,可只焊一条角焊缝,其管材搭接长度 L 应不小于 $5(t_1 + t_2)$,且应不小于 25 mm,如图 9-16 所示。

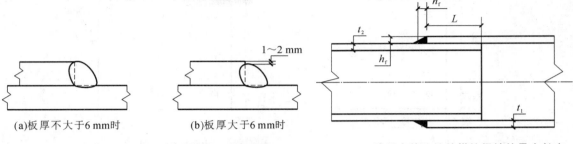

(a)板厚不大于6 mm时   (b)板厚大于6 mm时

图 9-15　搭接焊缝沿母材棱边的最大焊脚尺寸   图 9-16　管材套管连接的搭接焊缝的最小长度

③ 最小焊缝计算长度。角焊缝的焊缝长度过短,焊件局部受热严重,且施焊时起、落弧坑相距过近,加之其他缺陷的存在,就可能使焊缝不够可靠。因此,角焊缝的最小计算长度应大于 $8h_f$,且不小于 40 mm。断续角焊缝焊段的最小长度应不小于最小计算长度。

④ 在次要构件或次要焊缝连接中,若焊缝受力很小,采用连接焊缝,其计算焊脚尺寸 h_f 小于最小容许值时,可采用间断角焊缝。间断角焊缝焊段的长度不得小于 $10h_f$ 或 500 mm,各段之间的净间距 $e \leqslant 15t_{min}$(受压构件)或 $30t_{min}$(受拉构件)。

二、螺栓连接

螺栓连接可分为普通螺栓连接和高强度螺栓连接。

1.普通螺栓连接

1)普通螺栓连接的构造要求

(1)普通螺栓的形式和规格。

普通螺栓分为 A、B、C 三级。其中 A 级和 B 级为精制螺栓,需经车床加工精制而成,尺寸准确,表面光滑,要求配用 I 类孔,其抗剪性能比 C 级螺栓的好,但成本高,安装困难,故较少采用;C 级螺栓为粗制螺栓,加工粗糙,尺寸不很准确,只要求配用 II 类孔,其传递剪力时,连接变形大,但传递拉力的性能尚好,且成本低,故多用于承受拉力的安装螺栓连接、次要结构和可拆卸结构的受剪连接及安装时的临时连接。

钢结构采用的普通螺栓为六角头形,其代号用字母 M 和公称直径的毫米数表示,工程中常用 M18、M20、M22、M24。按国际标准,螺栓统一用螺栓的性能等级表示,如 4.6 级、8.8 级等。小数点前的数字表示螺栓材料的最低抗拉强度,如"4"表示 400 N/mm^2,"8"表示800 N/mm^2;小数点后的数字(0.6、0.8)表示螺栓材料的屈强比。

(2)螺栓的排列。

螺栓的排列有并列和错列两种基本形式,如图 9-17 所示。并列布置简单,但栓孔对截面削弱较大;错列布置紧凑,可减少截面削弱,但排列较繁杂。

螺栓在构件上的排列应同时考虑受力要求、构造要求及施工要求。

① 从受力角度出发,螺栓端距不能太小,否则孔前钢板有被剪坏的可能;螺栓端距也不能过大,螺栓端距过大不仅会造成材料的浪费,对受压构件而言,还会发生压屈鼓肚现象。

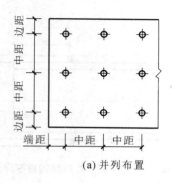
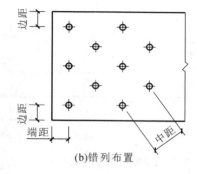

(a) 并列布置　　　　　　(b)错列布置

图 9-17　螺栓的排列

② 从构造角度考虑,螺栓的栓距及线距不宜过大,否则被连接构件间的接触不紧密,潮气就会侵入板件间的缝隙内,造成钢板锈蚀。

③ 从施工角度来说,布置螺栓时还应考虑拧紧螺栓时所必需的施工空隙。

《钢结构设计标准》(GB 50017—2017)规定了螺栓的最小和最大容许距离,如表 9-2 所示。

表 9-2　螺栓的最大、最小容许距离

名　　称	位置和方向			最大容许间距 (取两者中的较小值)	最小容许间距
中心间距	外排(垂直内力方向或顺着内力方向)			$8d_0$ 或 $12t$	$3d_0$
	中间排	垂直内力方向		$16d_0$ 或 $24t$	
		顺着内力方向	构件受压力	$12d_0$ 或 $18t$	
			构件受拉力	$16d_0$ 或 $24t$	
	沿对角线方向			—	
中心至构件 边缘距离	顺着内力方向			$4d_0$ 或 $8t$	$2d_0$
	垂直内力方向	剪切边或手工切割边			$1.5d_0$
		轧制边、自动 气割或锯割边	高强度螺栓		$1.2d_0$
			其他螺栓		

注:1. d_0 为螺栓或铆钉的孔径,对于槽孔,为短向尺寸,t 为外层较薄板件的厚度;

2. 钢板边缘与刚性构件(角钢、槽钢等)相连的高强度螺栓的最大间距,可按中间排的数值采用;

3. 计算螺栓孔引起的截面削弱时,可取 $d+4$ mm 和 d_0 两者中的较大者。

2)普通螺栓连接的受力特点

按螺栓传力方式的不同,普通螺栓连接可分为外力与栓杆垂直的受剪螺栓连接、外力与栓杆平行的受拉螺栓连接、同时受剪和受拉的螺栓连接三类,如图 9-18 所示。

(1)受剪螺栓连接。

对于单个受剪螺栓,在开始受力时,作用力主要靠钢板之间的摩擦力来传递。由于普通螺栓紧固的预拉力很小,即板件之间的摩擦力也很小,当外力逐渐增大到克服摩擦力后,板件发生相对滑移,使栓杆和孔壁靠紧,此时栓杆受剪,而孔壁承受挤压。随着外力的不断增大,连接达到其极限承载力而发生破坏。

受剪螺栓连接达到极限承载力时,可能出现以下五种破坏形态。

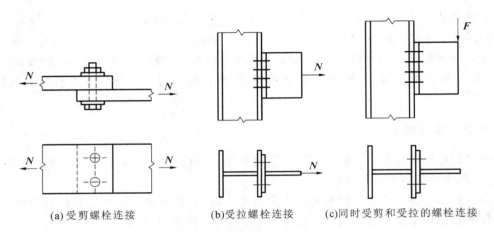

(a) 受剪螺栓连接　　　(b)受拉螺栓连接　　　(c)同时受剪和受拉的螺栓连接

图 9-18　普通螺栓连接的类型

① 当栓杆较细、板件相对较厚时,栓杆可能先被剪断,如图 9-19(a)所示。

② 当栓杆较粗、板件相对较薄时,板件可能先被挤压破坏,如图 9-19(b)所示。

③ 当栓孔对板的削弱过于严重时,板可能在栓孔削弱的净截面处被拉(压)破坏,如图 9-19(c)所示。

④ 当受力方向的端距过小($a_1 < 2d_0$,d_0 为栓孔直径)时,端距范围内的板件可能被栓杆冲剪破坏,如图 9-19(d)所示。

⑤ 当栓杆太长($\sum t > 5d$,d 为栓杆直径)时,栓杆可能产生过大的弯曲变形,称为栓杆的受弯破坏,如图 9-19(e)所示。

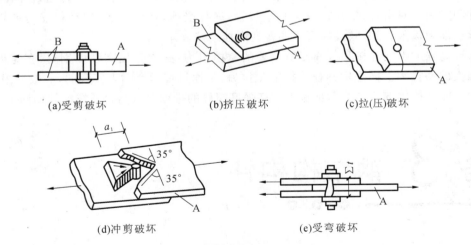

(a)受剪破坏　　　(b)挤压破坏　　　(c)拉(压)破坏

(d)冲剪破坏　　　(e)受弯破坏

图 9-19　受剪螺栓连接的破坏形式

对于①、②类破坏,可通过计算单个螺栓承载力来控制;对于③ 类破坏,可通过验算构件净截面强度来控制;对于④、⑤类破坏,可通过保证螺栓间距及边距不小于表 9-2 中的规定值来控制。

(2)受拉螺栓连接。

受拉螺栓在外力作用下,构件相互间有分离趋势,从而使螺栓沿杆轴方向受拉。受拉螺栓连接的破坏形式是栓杆被拉断,其部位多在被螺纹削弱的截面处。

(3)同时受剪和受拉的螺栓连接。

由于 C 级螺栓的抗剪承载能力差,故对于重要的连接,一般均应在端板下设置支托,以承受剪力;而对于次要的连接,如端板下不设支托,则螺栓将同时承受剪力和沿杆轴方向的拉力作用。

2. 高强度螺栓连接

高强度螺栓连接具有施工简便、受力好、耐疲劳、可拆换等优点,已广泛应用于钢结构连接中,尤其适用于承受动力荷载的结构。

高强度螺栓连接与普通螺栓连接的传力机理不同,后者靠螺栓杆承压和抗剪来传递剪力,而高强度螺栓连接主要靠被连接板间的强大摩擦阻力来传递剪力,如图 9-20 所示。

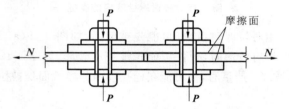

图 9-20　高强度螺栓连接

高强度螺栓连接按设计和受力要求可分为摩擦型和承压型两种。其中摩擦型高强度螺栓连接单纯依靠被连接件间的摩擦阻力来传递剪力,以摩擦阻力刚被克服,连接钢板间即将产生相对滑移为承载能力极限状态;而承压型高强度螺栓连接的传力特征是剪力超过摩擦阻力时,被连接件间发生相对滑移,螺栓杆身与孔壁接触,螺杆受剪,孔壁承压,以螺栓受剪或钢板承压破坏为承载能力极限状态,其破坏形式同普通螺栓连接。

为保证高强度螺栓连接具有连接所需要的摩擦阻力,必须采用高强度钢材,在螺栓杆轴方向应有强大的预拉力。高强度螺栓连接的预拉力,是通过拧紧螺帽来实现的,一般采用扭矩法、转角法和扭断螺栓尾部法来控制预拉力。高强度螺栓的排列要求与普通螺栓的相同。

任务 3 钢结构构件

一、轴心受力构件

在钢结构中,轴心受力构件广泛应用在桁架、刚架、排架、塔架及网壳等杆件体系结构中。这类结构通常假设其节点为铰接连接,当无节间荷载作用时,只有轴向拉力和压力的作用,分别称为轴心受拉构件和轴心受压构件。

1.轴心受力构件的受力特点

轴心受力构件的截面一般分为两类:第一类是热轧型钢截面(见图 9-21(a)),第二类是型钢组合截面(见图 9-21(b))或格构式组合截面(见图 9-21(c))。

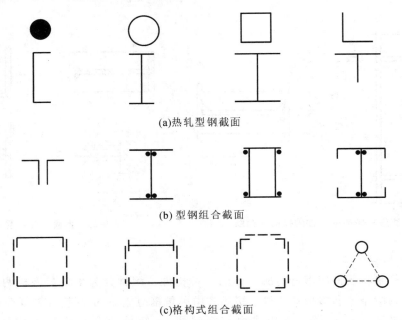

(a)热轧型钢截面

(b) 型钢组合截面

(c)格构式组合截面

图 9-21　轴心受力构件的截面形式

设计轴心受拉构件时,应满足强度和刚度的要求。按承载能力极限状态的要求,轴心受拉构件净截面的平均应力应不超过钢筋的屈服强度;按正常使用极限状态的要求,轴心受拉构件应具有必要的刚度。当刚度不足时,轴心受拉构件容易在制造、运输和吊装过程中产生弯曲或过大的变形,在使用期间因其自重而明显下挠,在动力荷载作用下产生较大的振动;此外,还可能使轴心受拉构件的极限承载力显著降低;同时,初弯曲和自重产生的挠度也将对轴心受拉构件的整体稳定性带来不利影响。轴心受拉构件的刚度是以其长细比来衡量的。

设计轴心受压构件时,除了满足强度和刚度的要求外,还应满足整体稳定性和局部稳定性的要求。

2.轴心受压柱的构造要求

1)实腹式轴心受压柱

(1)截面形式。

在选择实腹式轴心受压柱的截面形式时,主要考虑整体稳定性、肢宽壁薄、制造省工、构造简便等原则,一般选用双轴对称型钢截面和组合截面。

(2)加劲肋。

为了提高构件的抗扭刚度,防止构件在施工和运输过程中发生变形,当 $h_0/t_w > 80\sqrt{235/f_y}$ 时,应在一定位置设置成对的横向加劲肋,如图 9-22 所示。横向加劲肋的间距不得大于 $3h_0$,其

外伸宽度 b_s 不小于 $h/30+40$ mm,厚度 t_s 应不小于 $b_s/15$。

（3）横隔。

对于大型实腹式轴心受压柱,为了增加其抗扭刚度和传递集中力作用,在承受较大水平力处,以及运输单元的端部,应设置横隔,如图9-23所示。横隔间距一般不大于柱截面较大宽度的9倍或8 m。

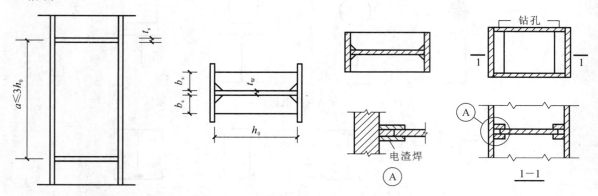

图 9-22　实腹式轴心受压柱的横向加劲肋　　　图 9-23　实腹式轴心受压柱的横隔

2）格构式轴心受压柱

格构式构件是将肢件用缀材连成一体的一种构件。缀材分为缀条与缀板两种,相应地,格构式构件也分为缀条式和缀板式两种。缀条式由单角钢组成,一般与构件轴线成 $\alpha=40°\sim70°$ 的夹角斜放,如图 9-24（a）所示;缀板式由钢板组成,一律按等距离垂直于构件轴线横放,如图 9-24（b）所示。

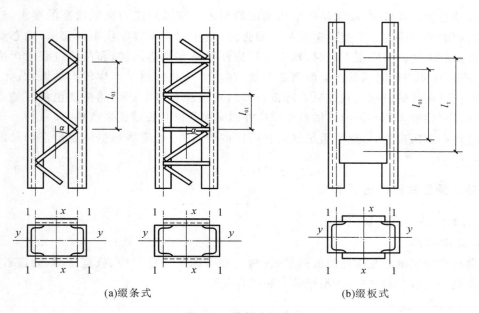

(a)缀条式　　　　　　　　　　　(b)缀板式

图 9-24　格构式构件

格构式受压构件是把肢件布置在距截面形心一定距离的位置上,通过调整肢件间的距离,以使两个方向具有相同的稳定性。肢件通常为槽钢、工字钢或H形钢,用缀材把它们连成整体,以保证各肢件能共同工作。槽钢的翼缘可以向内,也可以向外,前者外观平整性优于后者;工字钢作为肢件组成的格构式截面柱,适用于柱子承受荷载较大的情况;对于长度较大而受力不大的压杆,如桅杆、起重机臂杆等,肢件可以由四个角钢组成,四周均用缀材连接。

与实腹式轴心受压柱相比,格构式轴心受压柱的材料集中于分肢,在用料相同的情况下,可增大截面惯性矩,提高刚度及稳定性,从而节约钢材。格构式轴心受压柱的横截面为中部空心的矩形,其抗扭刚度较差。为了提高格构式轴心受压柱的抗扭刚度,保证柱子在运输和安装过程中形状不变,应每隔一段距离设置横隔。横隔可用钢板或交叉角钢组成,如图9-25所示。

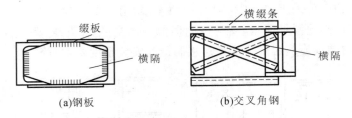

(a)钢板　　　　　　　　　　(b)交叉角钢

图 9-25　格构式轴心受压柱的横隔

3)柱头

设计柱头时,应使其传力可靠,便于制作、运输、安装和经济合理。柱头的构造与梁的端部构造密切相关。轴心受压柱的柱头有两种构造方案:一种是将梁支承于柱顶,如图9-26所示;另一种是将梁支承于柱的侧面,如图9-27所示。

(1)梁支承于柱顶。

在柱顶设一放置梁的顶板,梁的反力通过顶板传给柱,如图9-26所示。顶板的厚度宜不小于16 mm,与柱用焊缝连接,梁与顶板用普通螺栓连接。

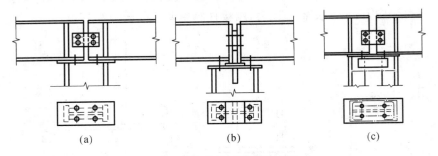

(a)　　　　　　　　(b)　　　　　　　　(c)

图 9-26　梁支承于柱顶的连接

图9-26(a)所示为实腹式轴心受压柱,应将梁端的支承加劲肋对准柱的翼缘,这样可使梁的反力直接传给柱的翼缘。两相邻梁之间应留10~20 mm的间隙,以便于梁的安装,待梁调整定位后用连接板和构造螺栓固定。这种连接构造简单,对制造和安装的要求都不高,且传力明确。但当两相邻反力不等时,即引起柱的偏心受压;一侧梁传递的反力很大时,还可能引起柱翼缘的局部屈曲。

如图9-26(b)所示,梁通过突缘支座连接于柱的轴线附近,这样即使相邻反力不等,柱仍接近轴心受压。突缘支座底部应刨平并与柱顶板顶紧。柱的腹板是主要受力部分,其厚度不能太薄。为提高柱顶板的抗弯刚度,可在其下设加劲肋,加劲肋顶部与柱顶刨平顶紧,并与柱的腹板焊接,以传递梁的反力。为便于安装就位,两相邻梁之间留有一定空隙,最后嵌入合适的填板内并用构造螺栓连接。

图 9-26(c)所示为格构式轴心受压柱,为保证传力均匀,在柱顶必须用缀板将两个分肢连接起来,同时分肢间的顶板下面也需设加劲肋。

（2）梁支承于柱的侧面。

当梁的反力较小时,梁连接在柱的侧面,可采用图 9-27(a)所示的连接,直接将梁搁置在柱的承托上,用普通螺栓连接,梁与柱侧间留一空隙,用角钢和构造螺栓连接。这种连接比较简单,施工方便。

当梁的反力较大时,可采用图 9-27(b)所示的连接,用厚钢板作为承托,承托与柱侧面用焊缝相连,承托板的端面必须刨平顶紧,梁与柱侧仍留一定空隙,梁吊装就位后,用填板和构造螺栓将柱的翼缘和梁的端板连接起来。这种连接制造和安装精度要求较高。

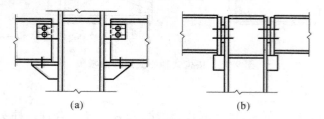

(a)   (b)

图 9-27　梁支承于柱侧的连接

4）柱脚

轴心受压柱柱脚的作用是将柱身的压力均匀地传给基础,并和基础牢固连接。在整个柱中,柱脚是比较费钢费工的部分。设计柱脚时,应力求构造简单,便于安装固定。

按柱脚与基础的连接方式的不同,柱脚可分为铰接柱脚（见图 9-28）和刚接柱脚（见图 9-29）,其中铰接柱脚主要承受轴心压力,刚接柱脚主要承受压力和弯矩。

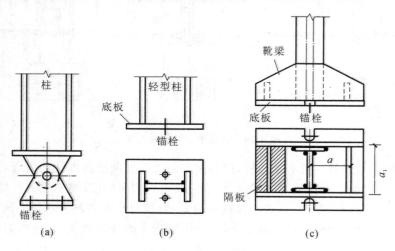

(a)   (b)   (c)

图 9-28　铰接柱脚

图 9-28(a)所示是一种轴承式铰接柱脚,这种柱脚费工费材,只有少数大跨度结构因要求压力的作用点不允许有较大变动时才采用。

图 9-28(b)、图 9-28(c)所示的柱脚是平板式铰接柱脚。当柱的轴力较小时,可采用图 9-28(b)所示的柱脚;当柱的轴力较大时,可采用图 9-28(c)所示的柱脚,它由靴梁和底板组成,柱身的压力通过与靴梁连接的竖向焊缝先传给靴梁,靴梁通过底部焊缝将压力经底板传到基础。当底板的底面积较大时,为了提高底板的抗弯能力,可在靴梁之间设置隔板。

图 9-29 所示为刚接柱脚,该柱脚通过锚栓固定于基础上。柱脚锚栓分布在底板的四周,锚栓的直径一般为 20~25 mm。为便于安装,底板上的锚栓孔径取为锚栓直径的 1.5~2 倍,待柱就位并调整到设计位置后,再用垫板套住锚栓并与底板焊牢。

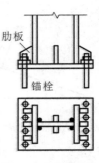

图 9-29　刚接柱脚

二、受弯构件

1. 受弯构件的类型

受弯构件主要是指承受横向荷载而受弯的实腹钢构件,即钢梁。它是组成钢结构的基本构件之一,在工业与民用建筑中应用广泛。

1) 按支承情况分

钢梁按支承情况的不同,可分为简支梁、悬臂梁和连续梁。与连续梁相比,虽然简支梁的弯矩较大,但它不受温度变化和支座沉陷的影响,且制造简单、安装方便,因而应用广泛。

2) 按截面形式分

钢梁按截面形式可分为型钢梁和组合梁两大类,如图 9-30 所示。型钢梁构造简单,制造省工,成本较低,故应用较多。但当荷载较大或跨度较大时,所需梁的截面尺寸较大,由于轧制条件的限制,型钢的尺寸、规格不能满足梁承载力和刚度的要求,这时常采用组合梁。

型钢梁有热轧型钢梁(见图 9-30(a)、图 9-30(b)、图 9-30(c))和冷弯薄壁型钢梁(见图 9-30(d)、图 9-30(e)、图 9-30(f))两种。

组合梁一般是由两块翼缘板加一块腹板制成的焊接工字形截面组合梁(见图 9-30(g))或 T 形钢和钢板组成的焊接梁(见图 9-30(h))。当焊接组合梁翼缘需要较厚时,可采用双层翼缘板组成的截面(见图 9-30(i))。当荷载较大而高度受到限制时,可采用双腹板的箱形梁(见图 9-30(j))。为充分发挥混凝土受压和钢材受拉的优势,可采用钢与混凝土组合梁(见图 9-30(k))。

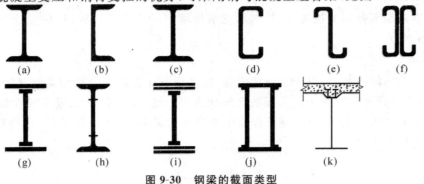

| (a) | (b) | (c) | (d) | (e) | (f) |

| (g) | (h) | (i) | (j) | (k) |

图 9-30　钢梁的截面类型

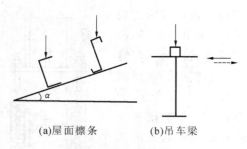

(a)屋面檩条   (b)吊车梁

图 9-31　双向弯曲梁

3）按荷载作用情况分

钢梁按荷载作用情况的不同,可分为仅在一个主平面内受弯的单向弯曲梁和在两个主平面内受弯的双向弯曲梁。图 9-31 所示的屋面檩条和吊车梁都属于双向弯曲梁。

2.受弯构件的稳定性

设计受弯构件时,除了满足强度和刚度的要求外,还需进行稳定性验算。

1）整体稳定性

如图 9-32 所示,工字形截面梁在梁的最大刚度平面内受垂直荷载作用时,如果梁的侧面没有支承点或支承点很少,当荷载增加到某一数值时,梁将突然发生侧向弯曲和扭转,并丧失继续承载的能力,这种现象称为梁的弯曲扭转屈曲(弯扭屈曲)或梁丧失整体稳定性。

梁丧失整体稳定性是突然发生的,事先并无明显的预兆,因此比强度破坏更为危险,在设计、施工中要特别注意。当铺板密铺在梁的受压翼缘上并与其牢固相连,能阻止梁受压翼缘的侧向位移时,可不计算梁的整体稳定性。

对于箱形截面梁,如图 9-33 所示,其截面尺寸满足 $h/b_0 \leqslant 6$,且 $l_1/b_0 \leqslant 95 \times 235/f_y$($l_1$ 为受压翼缘侧向支承点间的距离,梁的支座处视为有侧向支承)时,可不必计算梁的整体稳定性。

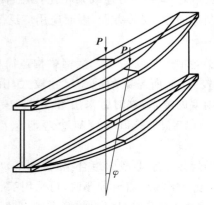

图 9-32　工字形截面梁整体失稳

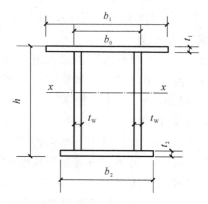

图 9-33　箱形截面梁

为防止钢梁端部截面的扭转,在其端部支承处都应采取构造措施,即保证梁端或支座处夹支,如图 9-34 所示。

2）局部稳定性

为获得较大的经济效益,对于组合截面梁,常采用宽而薄的翼缘板和高而薄的腹板。但是,当钢板过薄,即梁翼缘的宽厚比或腹板的高厚比大到一定程度时,翼缘或腹板在尚未达到强度极限或在梁丧失整体稳定性之前,就可能发生波浪形的屈曲,如图 9-35 所示,这种现象称为失去局部稳定性或局部失稳。

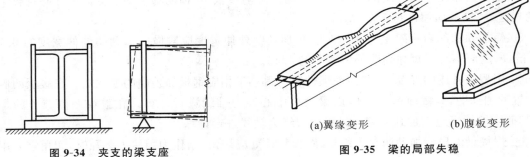

图 9-34　夹支的梁支座

(a)翼缘变形　　　(b)腹板变形

图 9-35　梁的局部失稳

　　如果梁的腹板或翼缘出现了局部失稳,整个构件一般还不至于立即丧失承载力,但由于对称截面转化为非对称截面而产生扭转,部分截面退出工作等原因,构件的承载力会大为降低。所以,虽然梁丧失局部稳定性的危险性没有丧失整体稳定性的危险性大,但它往往是导致钢结构早期破坏的因素。

　　为避免梁的局部失稳,在垂直于钢板平面方向设置具有一定高度的加劲肋,如图 9-36 所示。

　　加劲肋可以用钢板或型钢制成,焊接梁的加劲肋一般常用钢板。加劲肋的设置应符合下列要求。

　　① 加劲肋宜在腹板两侧成对布置,也可单侧布置,如图 9-37 所示。但支承加劲肋、重级工作制吊车梁的加劲肋不应单侧配置。

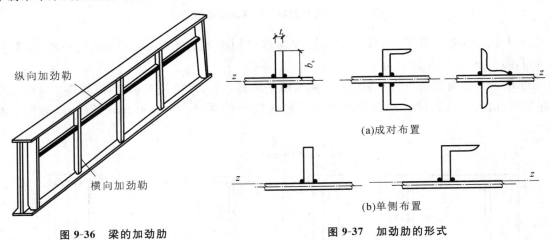

纵向加劲勒

横向加劲勒

图 9-36　梁的加劲肋

(a)成对布置

(b)单侧布置

图 9-37　加劲肋的形式

　　② 横向加劲肋的最小间距为 $0.5h_0$;除无局部压应力的梁,当 $h_0/t_w \leqslant 100$ 时,最大间距可采用 $2.5h_0$ 外,最大间距应为 $2h_0$。纵向加劲肋至腹板计算高度受压边缘的距离应为 $h_c/2.5 \sim h_c/2$。

　　③ 在腹板两侧成对布置的钢板横向加劲肋,其外伸宽度 $b_s = h_0/30 + 40$ mm,承压加劲肋的厚度 $t_s \geqslant b_s/15$,不受力加劲肋的厚度 $t_s \geqslant b_s/19$。

　　④ 在腹板一侧配置的钢板横向加劲肋,其外伸宽度应大于按规定算得的外伸宽度的 1.2 倍,厚度应不小于③中的规定。

⑤ 在同时采用横向加劲肋和纵向加劲肋加强的腹板中,横向加劲肋的截面尺寸除符合①～④的规定外,其截面惯性矩 $I_z \geqslant 3h_0 t_w^2$。

⑥ 短加劲肋的最小间距为 $0.75h_1$。短加劲肋外伸宽度应取横向加劲肋外伸宽度的 $0.7 \sim 1.0$ 倍,厚度应不小于短加劲肋外伸宽度的 $1/15$。

⑦ 用型钢做成的加劲肋,其截面惯性矩不得小于相应钢板加劲肋的惯性矩。在腹板两侧成对布置的加劲肋,其截面惯性矩应以梁腹板中心线为轴线进行计算。在腹板一侧布置的加劲肋,其截面惯性矩应以加劲肋相连的腹板边缘为轴线进行计算。

⑧ 焊接梁的横向加劲肋与翼缘板、腹板相接处应切角,当作为焊接工艺孔时,切角宜采用半径 $R = 30$ mm 的 1/4 圆弧。

⑨ 在同时用横向加劲肋和纵向加劲肋加强的腹板中,应在其相交处将纵向加劲肋断开,横向加劲肋保持连续,如图 9-38 所示。

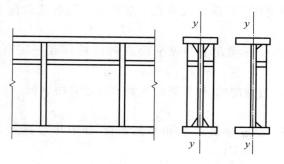

图 9-38　横向加劲肋与纵向加劲肋的关系

⑩ 为避免焊缝过分集中,横向加劲肋在端部应切去宽约 $b_s/3 (\leqslant 40$ mm$)$、高约 $b_s/2 (\leqslant 60$ mm$)$ 的斜角,如图 9-39 所示。

⑪ 吊车梁横向加劲肋的上端应与上翼缘刨平顶紧,当为焊接吊车梁时,宜焊接。为改善梁的抗疲劳性能,中间的横向加劲肋的下端一般在距受拉翼缘 $50 \sim 100$ mm 处断开,如图 9-40 所示。

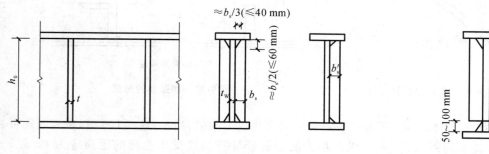

图 9-39　横向加劲肋端部的构造　　　　　　**图 9-40　横向加劲肋的断开位置**

⑫ 在梁支座处以及固定集中荷载作用处,应按规定设置支承加劲肋,支承加劲肋应在腹板两侧成对布置,如图 9-41 所示。支承加劲肋的截面常较中间横向加劲肋的截面大,并需进行计算。

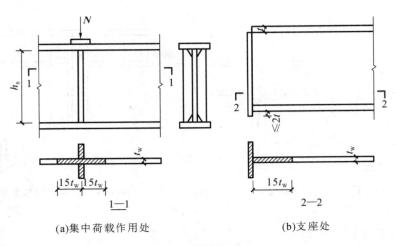

(a)集中荷载作用处　　　　　　　　(b)支座处

图 9-41　支承加劲肋

3.受弯构件的构造要求

1）梁的支座

梁的荷载通过支座传给下部支承结构,如墩支座、钢筋混凝土柱或钢柱等。常用的墩支座或钢筋混凝土支座有平板支座、弧形支座和滚轴支座三种形式,如图 9-42 所示。

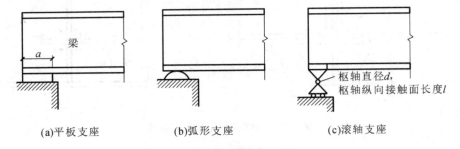

(a)平板支座　　　　　　(b)弧形支座　　　　　　(c)滚轴支座

图 9-42　梁的支座形式

平板支座不能自由转动,一般用于跨度小于 20 m 的梁中;弧形支座支承面为弧形,梁能自由转动,常用于跨度为 20～40 m 的梁中;滚轴支座由上、下支座板,中间枢轴及下部滚轴组成,可消除由于挠度或温度变化引起的附加应力,适用于跨度大于 40 m 的梁中。

2）主梁与次梁的连接

（1）简支梁与主梁的连接。

简支梁支承在主梁上,仅有支座反力传递给主梁。连接形式有叠接和侧面连接两种。

① 叠接。

如图 9-43 所示,叠接时,次梁直接放在主梁上,用螺栓和焊缝固定,这种连接刚性较差。

② 侧面连接。

如图 9-44 所示,侧面连接是将次梁端部上翼缘切去,端部下翼缘切去一边,然后用螺栓将次梁端部与主梁加劲肋相连。

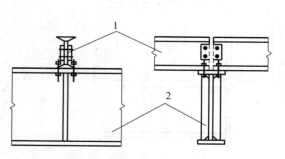

图 9-43　简支梁与主梁叠接

1—次梁；2—主梁

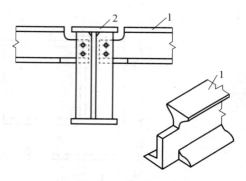

图 9-44　简支次梁与主梁侧面连接

1—次梁；2—主梁

（2）连续次梁与主梁的连接。

连续次梁与主梁的连接是在次梁上翼缘设置连接盖板，在次梁下面的主梁的肋板上设置承托板，以传递弯矩，如图 9-45 所示。为方便施焊，盖板的宽度应比次梁上翼缘稍窄，承托板的宽度应比下翼缘稍宽。

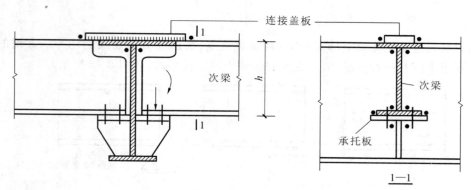

图 9-45　连续次梁与主梁的连接

3）梁的拼接

梁的拼接分为工厂拼接和工地拼接两种。

（1）工厂拼接。

因梁的长度、高度大于钢材的，故常需要先将腹板和翼缘用几段钢材拼接起来，然后再焊接成梁，这些工作在工厂中进行，称为工厂拼接。

为便于各种焊缝布置分散，减小焊接应力及变形，腹板和翼缘的拼接位置最好错开，同时要与加劲肋和次梁连接位置错开，错开距离不小于 $10t_w$，如图 9-46 所示。当采用三级焊缝时，应将拼接位置布置在梁弯矩较小处，或采用斜焊缝；当采用一、二级焊缝时，拼接位置可以设在梁的任何位置。

（2）工地拼接。

跨度大的梁，可能由于运输和吊装条件的限制，需将梁分成几段运至工地或吊至高空就位后再拼接起来，这种拼接在工地上进行，称为工地拼接。

工地拼接位置一般布置在梁弯矩较小的地方。为便于运输和吊装，常常将腹板和翼缘在同一截面处断开,如图 9-47(a)所示;为改善拼接处的受力情况,也可以将翼缘和腹板拼接位置略微错开,如图 9-47(b)所示。

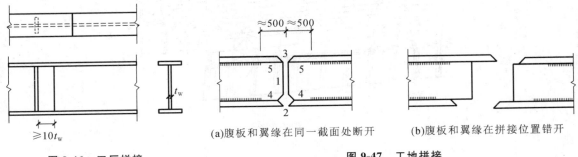

图 9-46　工厂拼接

(a)腹板和翼缘在同一截面处断开　　(b)腹板和翼缘在拼接位置错开

图 9-47　工地拼接

在高空中拼接的梁,由于高空焊接操作不便,或对于较重要的以及承受动荷载的大型组合梁,考虑焊接质量不易保证,可采用摩擦型高强度螺栓或铆钉对梁进行拼接,如图 9-48 所示。

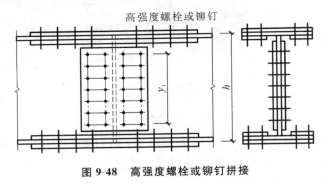

高强度螺栓或铆钉

图 9-48　高强度螺栓或铆钉拼接

任务 4　钢屋盖

一、钢屋盖的组成及主要尺寸

1. 钢屋盖的组成

钢屋盖结构主要由屋面、屋架、天窗架、檩条、支撑等构件组成。

根据屋面结构布置情况的不同,钢屋盖可分为无檩体系屋盖和有檩体系屋盖。无檩体系屋盖是钢屋架上直接放置钢筋混凝土大型屋面板;有檩体系屋盖是在钢屋架上放檩条,檩条上再铺设石棉瓦、瓦楞铁、钢丝网水泥槽形板、压型钢板等轻型屋面材料。钢屋盖结构体系如图 9-49所示。

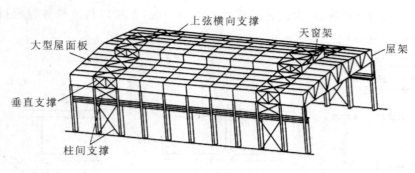

(a)无檩体系屋盖

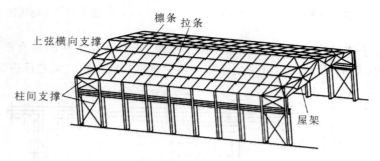

(b)有檩体系屋盖

图 9-49　钢屋盖结构体系

无檩体系屋盖构件的种类和数量少,安装效率高,施工速度快,便于做保温层,且屋盖刚度大,整体性好;但屋面板自重大,用料费,运输和安装不方便。一般中型厂房,特别是重型厂房,宜采用大型屋面板的无檩体系屋盖。

有檩体系屋盖构件的种类和数量较多,安装效率低;但结构自重轻,用料省,运输、安装方便。对于中小型厂房,特别是不需要做保温层的厂房,宜采用具有轻型屋面材料的有檩体系屋盖。

2. 屋架形式及主要尺寸

1) 屋架形式

常用的屋架形式有三角形屋架、梯形屋架及平行弦屋架等,如图 9-50 所示。

(1)三角形屋架。

三角形屋架上弦坡度一般为 $i=1/3\sim1/2$,跨度一般为 $18\sim24$ m,适用于屋面坡度较大的有檩体系屋盖。

(2)梯形屋架。

梯形屋架上弦坡度一般为 $i=1/12\sim1/8$,跨度可达 36 m,适用于屋面坡度较小的屋盖体系,是目前工业厂房无檩体系屋盖中应用最广泛的屋盖形式。

(3)平行弦屋架。

平行弦屋架上、下弦相互平行,且可做成不同坡度,一般用于托架、支撑体系以及施工脚手架等。

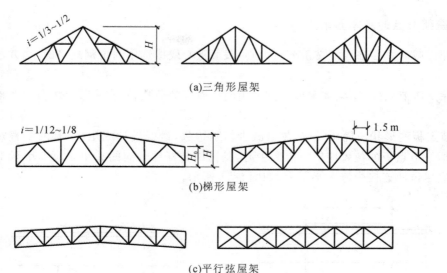

(a)三角形屋架

(b)梯形屋架

(c)平行弦屋架

图 9-50 屋架形式

2）主要尺寸

屋架的主要尺寸是指屋架的跨度和高度,对于梯形屋架,还有端部高度。

（1）屋架的跨度 l。

屋架的跨度根据生产工艺和建筑使用要求确定,同时应考虑结构布置的经济合理性。常见的屋架跨度为 18 m、21 m、24 m、27 m、30 m、36 m 等。

（2）屋架的高度（跨中高度 h）。

屋架的高度由经济条件、刚度条件、运输界限高度及屋面坡度等因素确定。对于三角形屋架,一般取 $h = (1/6 \sim 1/4)l$;对于梯形屋架,取 $h = (1/10 \sim 1/6)l$。梯形屋架的端部高度 h_0,平坡时取 1 800~2 100 mm,陡坡时取 500~1 000 mm,但宜不小于 $l/18$。

3. 支撑

支撑（包括屋架和天窗架支撑）是屋盖结构的主要组成部分。在屋架和天窗架之间设置支撑,能将屋架、天窗架、山墙等平面结构互相联系起来,形成稳定的空间体系,保证整个屋盖结构的空间几何不变形和稳定,提高房屋的整体刚度。

根据支撑布置位置的不同,将屋盖支撑分为上弦横向支撑、下弦横向水平支撑、下弦纵向水平支撑、垂直支撑和系杆五种。

二、钢屋架节点

1. 钢屋架节点的设计要求

普通钢屋架的杆件采用节点板相互连接,各杆件内力通过节点板上的焊缝相互传递而达到平衡。节点设计应做到传力明确、连接可靠、制作简单、节省钢材。

2. 钢屋架节点的基本要求

（1）杆件截面重心轴线汇交于节点中心，截面重心线按选用的角钢规格确定，并取 5 mm 的倍数。

（2）除支座节点外，屋架其余节点宜采用同一厚度的节点板，支座节点板宜比其他节点板厚 2 mm。

（3）节点板的形状应简单规整，尽量减少切割边数，最好设计成矩形、有两个直角的梯形或平行四边形。节点板的位置应以节点为中心，其边缘与杆件轴向的夹角 α 应不小于 15°，且节点板的外形应尽量使连接焊缝中心受力，如图 9-51 所示。

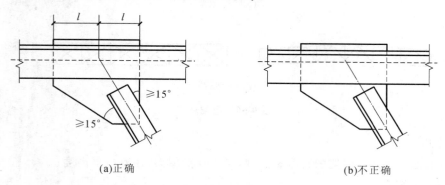

(a)正确　　　　　　　　　　　　　(b)不正确

图 9-51　节点板与杆件轴线的关系

（4）在焊接屋架节点处，腹杆与弦杆、腹杆与腹杆边缘之间的间隙 a 不小于 20 mm，相邻角焊缝焊趾间距应不小于 5 mm；屋架弦杆节点板一般伸出弦杆 10～15 mm，如图 9-52(a)所示。有时为了支承屋面结构，屋架上弦节点板（厚度为 t）一般从弦杆缩进 5～10 mm，且宜不小于 $t/2+2$ mm，如图 9-52(b)所示。

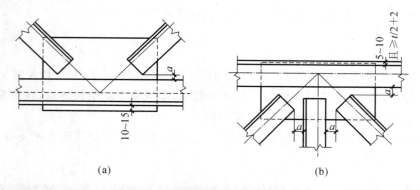

(a)　　　　　　　　　　　　　(b)

图 9-52　节点板与杆件的连接构造

（5）角钢端部的切断面一般应与其轴线垂直，如图 9-53(a)所示。当杆件较大，为使节点紧凑，斜切时，应按图 9-53(b)、图 9-53(c)切去肢尖，不允许采用图 9-53(d)所示的方法。

（6）支承大型屋面板的上弦杆，当屋面节点荷载较大而角钢肢厚较薄时，应对角钢的水平肢予以加强，如图 9-54 所示。

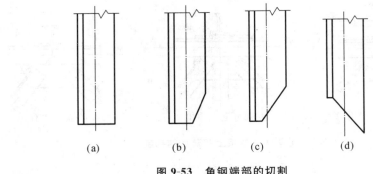

(a)　　　　　(b)　　　　　(c)　　　　　(d)

图 9-53　角钢端部的切割

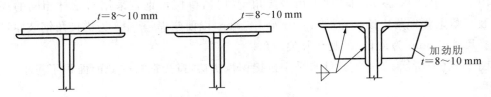

图 9-54　上弦角钢的加强

3. 钢屋架节点的构造

1）屋架下弦中间节点

下弦中间节点的构造如图 9-55 所示，节点板夹在所有组成构件的两角钢之间，尺寸应满足杆件与节点板连接焊缝的长度，下边伸出肢背 10～15 mm，以便焊接。

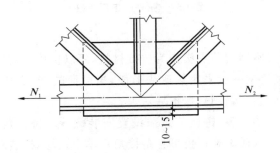

图 9-55　下弦中间节点的构造

2）屋架上弦节点

屋架上弦节点的构造如图 9-56 所示，支承大型屋面板或檩条的屋面上弦中节点，为放置集中荷载作用下的水平板或檩条，可采用节点板不向上伸出、部分向上伸出或全部向上伸出的做法。

3）弦杆的拼接节点

屋架弦杆的拼接有工厂拼接和工地拼接。工厂拼接接头是为了接长型钢而设的接头，宜设在杆力较小的节间；工地拼接接头是由于运输条件的限制而设的安装接头，通常设在节点处。

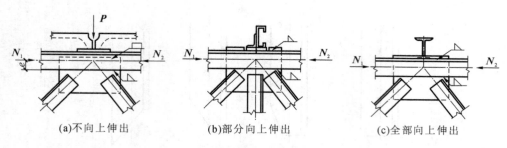

(a)不向上伸出　　　　　　　(b)部分向上伸出　　　　　　　(c)全部向上伸出

图 9-56　屋架上弦节点的构造

（1）工厂拼接。

如图 9-57（a）所示，双角钢杆件采用拼接角钢拼接，拼接角钢宜采用与弦杆相同的规格，并切去竖肢及角钢背直角边棱。切肢 $\Delta = t + h_f + 5$ mm，以便施焊，其中 t 为拼接角钢肢厚，h_f 为角焊缝焊脚尺寸，5 mm 为余量，以避开肢尖圆角。

如图 9-57（b）所示，单角钢杆件宜采用拼接钢板拼接，拼接钢板的截面面积不得小于角钢的截面面积。

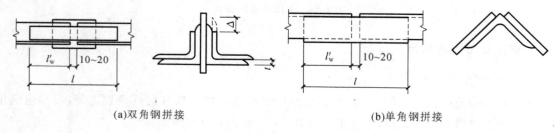

(a)双角钢拼接　　　　　　　　　　　　　(b)单角钢拼接

图 9-57　弦杆的工厂拼接

（2）工地拼接。

屋架的工地拼接，通常不利用节点板作为拼接材料，而以拼接角钢传递弦杆内力。

屋脊拼接节点的拼接角钢一般采用热弯法形成，当屋面较陡，需要弯折较大且角钢肢宽不易弯折时，可将竖肢开口（钻孔、焰割），弯折后对焊。

工地拼接时，为便于现场拼装，拼接节点需设置安装螺栓。拼接角钢与节点板应焊于不同的运输单元，以避免拼装中双插困难。也可将拼接角钢单个运输，拼装时用安装焊缝焊于两侧。

4）支座节点

如图 9-58 所示，支座节点包括节点板、加劲肋、支座底板及锚栓等。加劲肋的作用是加强支座底板的刚度，以便于均匀传递支座反力，并增强支座节点板的侧向刚度。加劲肋要设在支座节点中心处。为便于节点焊缝施焊，下弦杆和支座底板间应留有一定距离 h，h 不小于下弦肢的宽度，也不小于 130 mm；锚栓预埋于钢筋混凝土柱（或混凝土垫块）中，直径一般取 20～25 mm；底板上的锚栓孔直径一般为锚栓直径的 2～2.5 倍，可开成圆孔或椭圆孔，以便安装时调整位置。当屋架调整到设计位置后，将垫板套住锚栓，然后与底板焊接，以固定屋架。

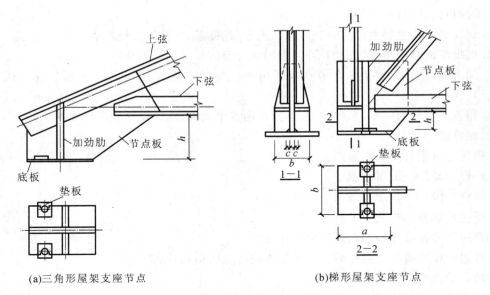

(a)三角形屋架支座节点   (b)梯形屋架支座节点

图 9-58   支座节点

模块导图

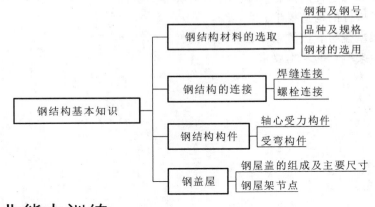

职业能力训练

一、填空题

1.建筑工程中所用的钢材主要有两种类型,即(   )和(   )。

2.钢结构采用的型材有热轧成型的(   )、(   ),以及冷弯(或冷压)成型的(   )。

3.常用的屋架形式有(   )、(   )及(   )等。

4.钢结构的连接方法有(   )、(   )和(   )三种。

5.焊缝连接可分为(   )、(   )、T 形连接和角接四种形式。

6.螺栓连接可分为(   )和(   )两种。

7.螺栓的排列有(   )和(   )两种基本形式。

8.钢梁按截面形式可分为(   )和组合梁两大类。

9.梁的拼接分为(　　)和(　　)两种。

10.钢屋盖结构主要由(　　)、(　　)、天窗架、檩条、支撑等构件组成。

11.根据屋面结构布置情况的不同,钢屋盖可分为(　　)屋盖和(　　)屋盖。

12.除支座节点外,屋架其余节点宜采用同一厚度的节点板,支座节点板宜比其他节点板厚(　　)。

13.屋盖支撑分为(　　)、(　　)、下弦纵向水平支撑、垂直支撑和系杆五种。

二、简答题

1.简述建筑钢材的选用原则。

2.解释 Q235A·F 的含义。

3.解释 L100×80×8 的含义。

4.简述角焊缝的构造要求。

5.普通螺栓连接排列的构造要求是什么?

6.普通螺栓连接与高强度螺栓连接受力的主要区别是什么?

7.轴心受力构件有何特点?

8.简述轴心受压柱柱头的构造要求。

9.简述轴心受压柱柱脚的构造要求。

10.什么情况下可不计算梁的整体稳定性?

11.保证梁局部稳定性的措施有哪些?有何具体要求?

12.简述受弯构件的构造要求。

13.无檩体系屋盖与有檩体系屋盖有何不同?

14.简述钢屋架节点的基本要求。

结构施工图识读

■ **知识目标**

(1) 掌握结构施工图的基本知识、识读方法及步骤；

(2) 掌握钢筋混凝土结构平法施工图的制图规则；

(3) 了解砌体结构施工图的组成；

(4) 掌握钢结构施工图的表示方法及识读方法。

■ **能力目标**

(1) 能识读一套完整的结构施工图；

(2) 能识读钢筋混凝土结构平法施工图，并能将平法施工图转化为传统施工图；

(3) 能识读砌体结构施工图；

(4) 能识读钢屋架施工图。

任务 **1** 结构施工图基本知识

一、施工图的主要内容

一套完整的房屋施工图通常包括：建筑施工图、结构施工图和设备施工图。

1.建筑施工图

建筑施工图是表达建筑物的外部形状、内部布置、内外装修、构造及施工要求的工程图纸，简称建筑图。其包括的内容及一般排放顺序为：图纸目录、建筑设计说明、建筑总平面图、建筑平面图、建筑立面图、建筑剖面图、建筑详图。它在整个房屋施工图中是最具有全局地位的图纸，是其他专业进行设计、施工的技术依据和条件。

2.结构施工图

结构施工图是表达建筑物的承重系统如何布局，各种承重构件如梁、板、柱、屋架、支撑、基础等的形状、尺寸、材料及构造的图纸，简称结构图。它是施工定位放线，支模板，绑扎钢筋，设置预埋件，浇注混凝土，安装梁、板、柱和编制预算等的重要依据。

3.设备施工图

在现代房屋建筑中，都要安装给水排水、采暖通风和建筑电气等工程设施。每项工程设施都必须经过专业的设计表达在图纸上，这些图纸分别称为给水排水工程图、采暖通风工程图、建筑电气工程图，它们统称为设备施工图。

二、结构施工图的组成

结构施工图的基本内容包括：结构设计说明、结构平面布置图和构件详图。

1.结构设计说明

结构设计说明是结构施工图的纲领性文件，它结合现行规范的要求，针对工程结构的特殊性，将设计的依据、材料、所选用的标准图和对施工的特殊要求等，用文字的表达方式形成设计文件。

结构设计说明一般包括如下内容：

（1）工程概况。如建设地点、抗震设防烈度、结构抗震等级、荷载选用、结构形式、结构使用年限、砌体结构质量控制等级等。

（2）选用材料的情况。如混凝土的强度等级、钢筋的级别以及砌体结构中块材和砌筑砂浆的强度等级等，钢结构中所选用的结构用钢材的情况及对焊条或螺栓的要求等。

（3）上部结构的构造要求。如混凝土保护层厚度、钢筋的锚固、钢筋的接头、钢结构焊缝的要求等。

（4）地基基础的情况。如地质情况、不良地基的处理方法和要求、对地基持力层的要求、基础的形式、地基承载力特征值或单桩承载力特征值、试桩要求、沉降观测要求以及地基基础的施工要求等。

（5）施工要求。如施工顺序、施工方法、质量标准的要求及与其他工种配合施工方面的要求等。

（6）选用的标准图集。

（7）其他必要的说明。

2. 结构平面布置图

结构平面布置图表达建筑结构构件的位置、数量、型号及相互关系，与建筑施工图一样属于全局性的图纸，其内容包括：

（1）基础平面图，桩基础还包括桩位平面图，工业建筑还有设备基础布置图。

（2）楼层结构平面布置图，工业建筑还包括柱网、吊车梁、柱间支撑布置图。

（3）屋顶结构平面布置图，工业建筑还包括屋面板、天沟、屋架、屋面支撑布置图。

3. 构件详图

构件详图是表达结构构件的形状、大小、材料和具体做法的工程图纸，其内容包括：梁、板、柱及基础详图，楼梯详图，屋架详图，模板、支撑、预埋件详图以及构件标准图等。

三、结构施工图的图示方法

在绘制结构施工图时，既要满足《房屋建筑制图统一标准》（GB/T 50001—2017）的规定，还应遵照《建筑结构制图标准》（GB/T 50105—2010）的相关要求。

1. 构件代号

构件的名称用代号表示，代号后用阿拉伯数字标注该构件的型号或编号，也可为构件的顺序号，构件的顺序号采用不带角标的阿拉伯数字连续编排。常用的构件代号如表 10-1 所示。

表 10-1　常用的构件代号

名　称	代　号	名　称	代　号	名　称	代　号
板	B	圈梁	QL	承台	CT
屋面板	WB	过梁	GL	设备基础	SJ
空心板	KB	连系梁	LL	桩	ZH
槽形板	CB	基础梁	JL	挡土墙	DQ
折板	ZB	楼梯梁	TL	地沟	DG

续表

名　称	代　号	名　称	代　号	名　称	代　号
密肋板	MB	框架梁	KL	柱间支撑	ZC
楼梯板	TB	框支梁	KZL	垂直支撑	CC
盖板或沟盖板	GB	屋面框架梁	WKL	水平支撑	SC
挡雨板或檐口板	YB	檩条	LT	梯	T
吊车安全走道板	DB	屋架	WJ	雨篷	YP
墙板	QB	托架	TJ	阳台	YT
天沟板	TGB	天窗架	CJ	梁垫	LD
梁	L	框架	KJ	预埋件	M-
屋面梁	WL	刚架	GJ	天窗端壁	TD
吊车梁	DL	支架	ZJ	钢筋网	W
单轨吊车梁	DDL	柱	Z	钢筋骨架	G
轨道连接	DGL	框架柱	KZ	基础	J
车挡	CD	构造柱	GZ	暗柱	AZ

注:1.预制钢筋混凝土构件、现浇钢筋混凝土构件、钢构件和木构件,可在构件代号前加注材料代号,并在图纸中加以说明。
2.预应力钢筋混凝土构件的代号,应在构件代号前加注"Y-",如 Y-DL,表示预应力钢筋混凝土吊车梁。

2. 图线宽度

图线宽度应按《房屋建筑制图统一标准》(GB/T 50001—2017)中"图线"的规定选用。

3. 绘图比例

绘图时根据图样的用途、被绘物体的复杂程度,应选用常用比例,特殊情况下也可选用可用比例。常用比例和可用比例如表 10-2 所示。

表 10-2　常用比例和可用比例

图　名	常用比例	可用比例
结构平面图、基础平面图	1∶50,1∶100,1∶150	1∶60,1∶200
圈梁平面图,总图中管沟、地下设施等	1∶200,1∶500	1∶300
详图	1∶10,1∶20,1∶50	1∶5,1∶30,1∶25

当构件的纵、横向断面尺寸相差悬殊时,可在同一详图中的纵、横向选用不同的比例绘制。轴线尺寸与构件尺寸也可选用不同的比例绘制。

4. 钢筋的表示方法

(1) 钢筋的一般表示方法如表 10-3 所示。

表 10-3　钢筋的一般表示方法

名　称	图　例	说　明
一般钢筋		
钢筋横断面	●	
无弯钩的钢筋端部		表示长、短钢筋投影重叠时,可在短钢筋的端部用 45°短画线表示
无弯钩的钢筋搭接		
带半圆形弯钩的钢筋端部		
带半圆形弯钩的钢筋搭接		
带直钩钢筋的端部		
带直钩钢筋的搭接		
花篮螺丝钢筋接头	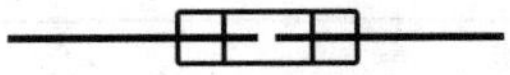	
机械连接的钢筋接头		用文字说明机械连接的方式
预应力钢筋		
单根预应力钢筋断面	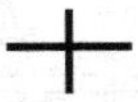 ＋	
后张法预应力钢筋断面无黏结预应力钢筋断面	 ⊕	
预应力钢筋或钢绞线		
钢筋网片		
一片钢筋网平面图	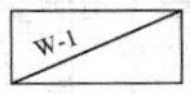 W-1	用文字说明焊接或绑扎网片
一行相同的钢筋网平面图	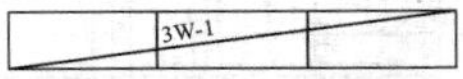 3W-1	用文字说明焊接或绑扎网片

（2）钢筋的画法如表 10-4 所示。

表 10-4　钢筋的画法

序　号	说　明	画　法
1	在结构楼板中配置双层钢筋时,底层钢筋的弯钩应向上或向左,顶层钢筋的弯钩则向下或向右	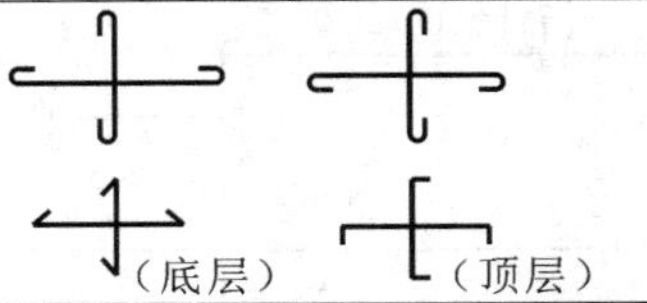 （底层）　（顶层）
2	钢筋混凝土墙体配双层钢筋时,在配筋立面图中,远面钢筋的弯钩应向上或向左,而近面钢筋的弯钩则向下或向右(JM 表示近面,YM 表示远面)	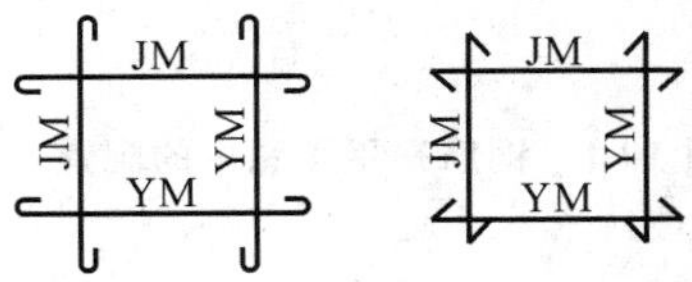

序　号	说　明	画　法
3	如在断面图中不能表示清楚钢筋的布置,应在断面图外增加钢筋大样图(如钢筋混凝土墙、楼梯等)	
4	图中所示的箍筋、环筋,如布置复杂,应加画钢筋大样图及说明图	
5	每组相同的钢筋、箍筋或环筋,可以用一根粗实线表示,同时用一两端带斜短画线的横穿细线表示其余钢筋的起止范围	

(3) 钢筋在平面图中的配置如图 10-1 所示。当钢筋标注的位置不够时,可采用引出线标注。

(4) 当平面图中的钢筋配置较复杂时,可采用图 10-2 所示的方法表示。

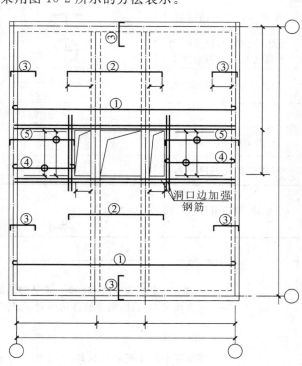

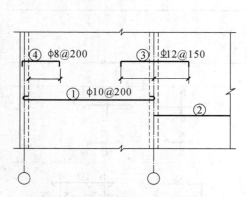

图 10-1　钢筋在平面图中的配置

图 10-2　楼板配筋较复杂的结构平面图

(5) 钢筋在立面、断面图中的配置如图 10-3 所示。

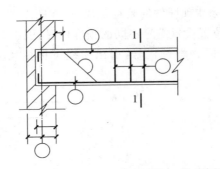
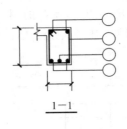

图 10-3　钢筋在立面、断面图中的配置

（6）钢筋混凝土构件配筋较简单时，可采用简化表示法。独立基础在平面模板图左下角绘出波浪形，绘出钢筋并标注钢筋的直径、间距等，如图 10-4（a）所示；其他构件可在某一部位绘出波浪线，绘出钢筋并标注钢筋的直径、间距等，如图 10-4（b）所示。

（7）对称配筋的钢筋混凝土构件，可在同一图样中一半表示模板，另一半表示钢筋，如图 10-5所示。

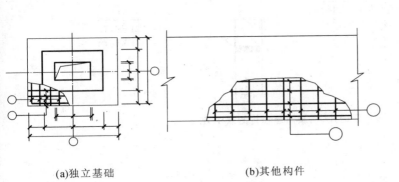

(a)独立基础　　　　　(b)其他构件

图 10-4　配筋简化图

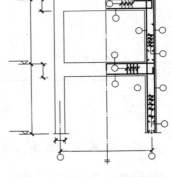

图 10-5　对称配筋构件的配筋简化图

5.预埋件、预留孔洞的表示方法

（1）在混凝土构件上设置预埋件时，可在平面图或立面图上表示。引出线指向预埋件，并标注预埋件的代号，如图 10-6 所示。

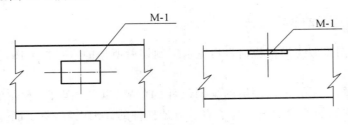

图 10-6　预埋件的表示方法

（2）在混凝土构件的正、反面的同一位置设置编号相同的预埋件时，引出线为一条实线和一

条虚线并指向预埋件,同时在引出横线上标注预埋件的数量及代号,如图10-7所示。

(3)在混凝土构件的正、反面的同一位置设置编号不同的预埋件时,引出线为一条实线和一条虚线并指向预埋件,引出横线上标注正面预埋件代号,引出横线下标注反面预埋件代号,如图10-8所示。

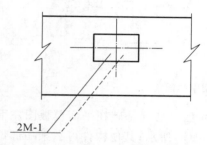

图 10-7　同一位置正、反面预埋件相同的表示方法

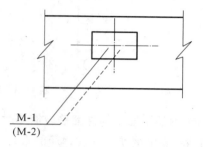

图 10-8　同一位置正、反面预埋件不同的表示方法

(4)在构件上设置预留孔、洞或预埋套管时,可在平面或断面图中表示,如图10-9所示。

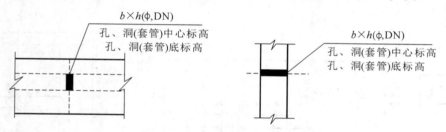

图 10-9　预留孔、洞及预埋套管的表示方法

6. 基础布置图的表示方法

基础布置图表示建筑物室内地面以下基础部分的平面布置及详细构造,它由基础平面图和基础详图组成,采用桩基时还应包括桩位平面图以及一些必要的设计说明。

基础平面图是假定有一个水平面在建筑物的室内地坪以下水平剖切,移去上部房屋和基坑内泥土,按俯视方向正投影所得的水平剖面图。

基础详图是垂直剖切的断面图。独立基础详图包括基础平面图和剖面图,条形基础详图通常为剖面图。

7. 结构平面布置图的表示方法

结构平面布置图是假想沿楼板面将房屋水平剖切后所作的水平投影图。为突出重点,将混凝土看作透明体。

结构平面布置图主要表示该楼层的梁、板、柱的位置,以及预埋件、预留洞的位置。如采用现浇板,则应标明钢筋的配置情况。为了表示清楚构件的详细内容,除了能选用标准图以外,都要增加必要的剖面图来表示节点和配筋以及具体的尺寸。结构剖面图中的剖面、断面详图的编号顺序宜按下列规定编排:外墙按顺时针方向从左下角开始编号,内横墙从左至右、从上至下编号,内纵墙从上至下、从左至右编号。

8. 构件详图的表示方法

在构件详图中,应详细表达构件的标高、截面尺寸、材料规格、数量和形状、构件的连接方式等。

混凝土构件详图包括配筋图和模板图。在配筋图中,应有构件的立面图、断面图和钢筋详图,着重表示构件内部钢筋的配置形状、数量和规格,必要时还要画构件的平面图。对于复杂的混凝土构件,需要绘出模板图。模板图着重表示预留洞、预埋件的位置及数量和形状,必要时增加轴测图。

四、结构施工图的识读方法与步骤

1. 识读要领

(1)在识读结构施工图前,必须先阅读建筑施工图,建立起建筑物的轮廓概念,了解和明确建筑施工图平面、立面、剖面的情况以及构造连接和构造方法。

(2)反复对照结构施工图与建筑施工图对同一部位的表示,这样才能准确理解结构施工图中所表示的内容。

(3)结构施工图的识读是一个由浅入深、由粗到细的渐进过程。

(4)在识读结构施工图时,要养成做记录的习惯,为以后的工作提供技术资料。

2. 识读方法

1)结构设计说明的识读

结构设计说明的识读一般包含以下内容:

(1)了解对结构的特殊要求。

(2)了解说明中强调的内容。

(3)掌握材料质量要求以及要采取的技术措施。

(4)了解所采用的技术标准和构造。

(5)了解所采用的标准图。

2)基础布置图的识读

识读基础布置图时,应注意基础的标高和定位轴线的数值,了解基础的形式,以及其他工种在基础上的预埋件和预留洞,具体包括:

(1)查阅建筑施工图,核对所有的轴线是否和基础一一对应,了解是否有的墙下无基础而用基础梁替代,基础的形式有无变化,有无设备基础。

(2)对照基础平面图和剖面图,了解基础底面标高和基础顶面标高有无变化,有变化时是如何处理的。

(3)如设有设备基础,应了解设备基础与设备标高的对应关系,避免因标高有误而造成严重的责任事故。

（4）了解基础中预留洞和预埋件的平面位置、标高、数量，必要时应与需要这些预留洞和预埋件的工种进行核对，落实其相互配合的操作方法。

（5）了解基础的形式和做法。

（6）了解各个部位的尺寸和配筋。

（7）重复以上步骤，解决不清楚的问题，对遗留问题做好记录。

3）结构布置图的识读

结构布置图一般由结构平面图、剖面图或标准图组成，其识读一般包含以下内容：

（1）了解结构的类型，了解主要构件的平面位置与标高，并结合建筑施工图了解各构件的位置和标高的对应情况。

（2）结合构件剖面图、标准图和详图，对主要构件进行分类，了解它们的相同点和不同点。

（3）了解各构件的节点构造与预埋件的节点构造的相同点和不同点。

（4）了解整个平面洞口的位置和做法以及与相关工种的配合要求。

（5）了解各主要构件的细部要求和做法，重复以上步骤，逐步深入了解，遇到不清楚的地方在记录中标出，并进一步详细查找相关的图纸，并结合结构设计说明认定核实。

（6）了解其他构件的细部要求和做法，重复以上步骤，消除记录中的疑问，确定存在的问题，整理、汇总，提出图纸中存在的遗漏和施工中存在的困难，为技术交底或图纸会审提供资料。

4）结构详图的识读

（1）首先应将构件对号入座，即核对结构平面上构件的位置、标高、数量是否与详图吻合，有无标高、位置和尺寸的矛盾。

（2）了解构件与主要构件的连接方法，看能否保证其位置或标高，是否存在与其他构件相抵触的情况。

（3）了解构件中的配件或钢筋的细部情况，掌握其主要内容。

（4）结合材料表核实以上内容。

5）结构施工图汇总

整理记录，核对前面提出的问题，提出建议。

3. 标准图集的识读

1）标准图集的分类

我国编制的标准图集，按其编制的单位和适用范围可分为三类：

（1）经国家批准的标准图集，供全国范围内使用。

（2）经各省、市、自治区等地方批准的通用标准图集，供本地区使用。

（3）各设计单位编制的图集，供本单位设计的工程使用。

标准图集的使用，有利于提高质量，降低成本，加快设计、施工进度。全国通用的标准图集中，通常用"G"或"结"表示结构标准构件类图集，用"J"或"建"表示建筑标准构件类图集。

2）标准图集的查阅方法

（1）根据施工图中注明的标准图集的名称、编号及编制单位，查找相应的标准图集。

（2）阅读标准图集的总说明，了解该图集的编制依据、使用范围、施工要求及注意事项等。

（3）了解标准图集编号的表示方法。一般标准图集都用代号表示,代号表明构件、配件的类别、规格和大小。

（4）根据标准图集的目录及构件、配件的代号,在该图集内查找所需详图。

4. 结构施工图的识读步骤

结构施工图的识读步骤如图 10-10 所示。

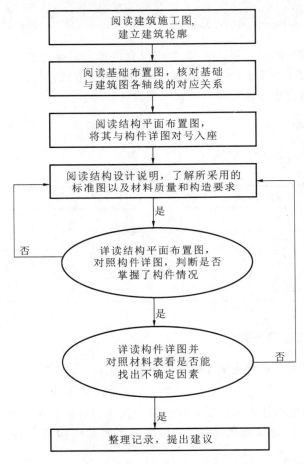

图 10-10　结构施工图的识读步骤

任务 2　钢筋混凝土结构施工图识读

钢筋混凝土房屋的结构形式很多,本书仅介绍现浇框架、框架-剪力墙和剪力墙结构的施工图。混凝土结构施工图一般由结构设计说明、基础施工图、结构平面布置图,以及墙、柱、梁、板等构件详图组成。构件标准图也属于构件详图的一部分。

混凝土结构平面整体表示法(简称平法)的表达方式,概括来讲,是把结构构件的尺寸和配筋等,按照平面整体表示方法制图规则,整体、直接地表达在各类构件的结构平面布置图上,再与标准构造详图相配合,从而构成一套新型的完整的结构施工图。平法由平法制图规则和标准构造详图两大部分组成。它改变了传统的那种将构件从结构平面图中索引出来,再逐个绘制配筋详图的烦琐方法。

一、基础施工图平面表示法

钢筋混凝土结构常用的基础形式较多,本书仅介绍独立基础的平面表示法。

独立基础平法施工图有平面注写与截面注写两种表达方式,设计者可根据具体工程情况选择一种或两种方式相结合进行独立基础的施工图设计。

1. 独立基础的编号

各种独立基础的编号如表 10-5 所示。

表 10-5　独立基础的编号

类　型	基础底板截面形状	代　号	序　号	说　明
普通独立基础	阶形	DJ_J	××	单阶截面即为平板独立基础; 坡形截面基础底板可为四坡、三坡、双坡及单坡
	坡形	DJ_P	××	
杯口独立基础	阶形	BJ_J	××	
	坡形	BJ_P	××	

2. 独立基础的平面注写方式

独立基础的平面注写方式分为集中标注和原位标注。

1) 集中标注

在基础平面图上集中引注内容包括必注内容和选注内容。必注内容为基础编号、截面竖向尺寸、配筋三项,选注内容为基础底面标高(与基础底面基准标高不同时)和必要的文字注解两项。

(1) 基础编号(必注内容)。

独立基础底板的截面形状通常有两种:阶形截面编号加下标"J",如 BJ_J××、DJ_J××;坡形截面编号加下标"P",如 DJ_P××、BJ_P××。

(2) 截面竖向尺寸(必注内容)。

以普通独立基础为例进行说明。注写 $h_1/h_2/\cdots$,各阶尺寸自下而上用"/"分隔顺写,具体标注为:当基础为阶形截面时,如图 10-11 所示,普通独立基础 DJ_J××竖向尺寸注写为 400/300/300 时,表示 $h_1=400$ mm,$h_2=300$ mm,$h_3=300$ mm,基础底板总厚度为 1 000 mm;当基础为单阶时,其竖向尺寸仅为一个,且为基础总厚度。

当基础为坡形截面时,注写为 h_1/h_2,如图 10-12 所示。如普通独立基础 DJ_P××的竖向尺寸注写为 350/300 时,表示 $h_1=350$ mm,$h_2=300$ mm,基础底板总厚度为 650 mm。

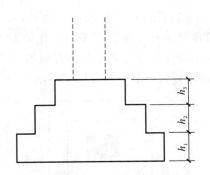

图 10-11　阶形截面普通独立基础的竖向尺寸

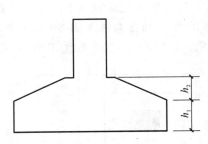

图 10-12　坡形截面普通独立基础的竖向尺寸

（3）配筋（必注内容）。

普通独立基础底部双向配筋注写方法为：以 B 代表各种独立基础底板的底部配筋；X 向配筋以 X 打头，Y 向配筋以 Y 打头注写；如果两向配筋相同，则以 X&Y 打头注写。例如，当矩形截面独立基础底板配筋标注为 B:Xϕ16@150，Yϕ16@200，表示基础底板底部配置 HRB335 级钢筋，X 向钢筋的直径为 16 mm，间距为 150 mm，Y 向钢筋的直径为 16 mm，间距为 200 mm，如图 10-13 所示。

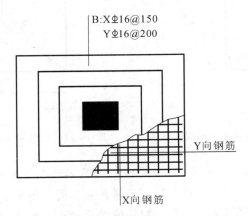

图 10-13　独立基础底板底部双向配筋示意图

（4）基础底面标高（选注内容）。

当独立基础的底面标高与基础底面基准标高不同时，应将独立基础底面标高直接注写在"（）"内。

（5）必要的文字注解（选注内容）。

当独立基础的设计有特殊要求时，宜增加必要的文字注解。例如，基础底板的配筋长度是否采用减短方式等，可在该项内注明。

2）原位标注

独立基础的原位标注是指在基础平面布置图上标注独立基础的平面尺寸。对于相同编号的基础，可选择一个进行原位标注；当平面图形较小时，可将所选定进行原位标注的基础按比例适当放大；其他相同编号者仅注编号。

下面以矩形截面普通独立基础为例来讲述原位标注的表达形式。

原位注写 x、y，x_c、y_c，x_i、y_i，$i=1,2,3,\cdots$，其中，x、y 为普通独立基础两向边长，x_c、y_c 为柱截面尺寸，x_i、y_i 为阶宽或坡形平面尺寸。对称阶形截面普通独立基础的原位标注如图 10-14 所示，非对称阶形截面普通独立基础的原位标注如图 10-15 所示；对称坡形截面普通独立基础的原位标注如图 10-16 所示，非对称坡形截面普通独立基础的原位标注如图 10-17 所示。

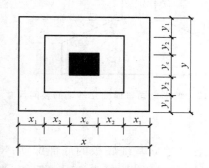

图 10-14　对称阶形截面普通独立基础的原位标注

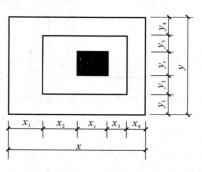

图 10-15　非对称阶形截面普通独立基础的原位标注

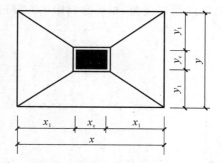

图 10-16　对称坡形截面普通独立基础的原位标注

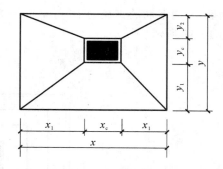

图 10-17　非对称坡形截面普通独立基础的原位标注

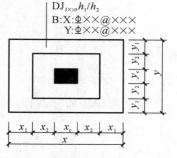

图 10-18　普通独立基础采用平面注写方式的集中标注和原位标注的综合表达

3）独立基础的平面注写方式示意

普通独立基础采用平面注写方式的集中标注和原位标注的综合表达如图 10-18 所示。

采用平面注写方式表达的独立基础设计施工图示意图如图 10-19 所示。

3. 独立基础的截面注写方式

独立基础的截面注写方式可分为截面标注和列表注写两种。

对单个基础进行截面标注的内容和形式，与传统的表达方式相同。对于多个同类基础，可采用列表注写的方式进行集中表达。具体表达内容可参考图集《混凝土结构施工图平面整体表示方法制图规则和构造详图》（独立基础、条形基础、筏形基础、桩基础）（16G101-3）。

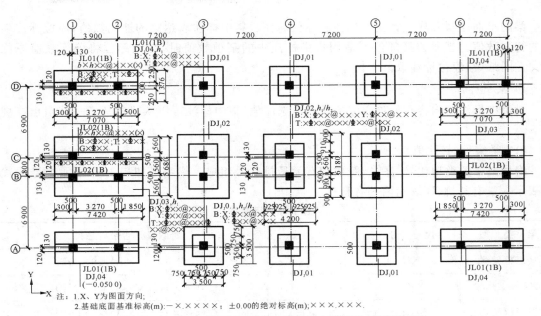

注：1. X、Y为图面方向;
2. 基础底面基准标高(m): -×.××××; ±0.00的绝对标高(m):×××.×××.

图 10-19 采用平面注写方式表达的独立基础施工图示意图

二、钢筋混凝土梁施工图平面表示法

梁平法施工图是指在梁平面布置图上采用平面注写方式或截面注写方式表达。

1. 梁平面注写方式

平面注写方式是指在梁平面布置图上,分别在不同编号的梁中选一根梁,在其上注写截面尺寸和配筋具体数值的方式来表达梁平法施工图,如图 10-20 所示。

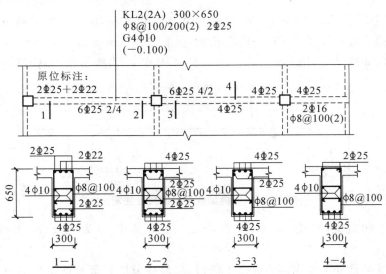

图 10-20 梁平法施工图平面注写方式

梁的平面注写方式包括集中标注和原位标注。集中标注表达梁的通用数值,原位标注表达梁的特殊数值。当梁的某部位不适用集中标注中的某项数值时,在该部位将该项数值原位标注。在图纸中,原位标注取值优先 。

1)集中标注

梁集中标注的内容有五项必注值及一项选注值(集中标注可以从梁的任意一跨引出),规定如下。

(1)梁编号(必注值)。

编号由梁的类型代号、序号、跨数和有无悬挑代号组成。梁编号如表 10-6 所示。悬挑代号 A 表示一端有悬挑,B 表示两端有悬挑。

表 10-6 梁编号

梁 类 型	代 号	序 号	跨数及是否带有悬挑
楼层框架梁	KL	××	(××)、(××A)或(××B)
楼层框架扁梁	KBL	××	(××)、(××A)或(××B)
屋面框架梁	WKL	××	(××)、(××A)或(××B)
框支梁	KZL	××	(××)、(××A)或(××B)
托柱转换梁	TZL	××	(××)、(××A)或(××B)
非框架梁	L	××	(××)、(××A)或(XXB)
悬挑梁	XL	××	(××)、(××A)或(××B)
井字梁	JZL	××	(××)、(××A)或(××B)

(2)梁截面尺寸(必注值)。

① 当为等截面梁时,用 $b \times h$ 表示。截面尺寸注写宽×高,位于编号的后面。 如 KL7(5A) 250×600 表示第 7 号框架梁,5 跨,一端有悬挑,截面宽 250 mm,高 600 mm。

② 当为竖向加腋梁时,用 $b \times h$ $Yc_1 \times c_2$ 表示,其中 c_1 为腋长,c_2 为腋高,如图 10-21 所示。

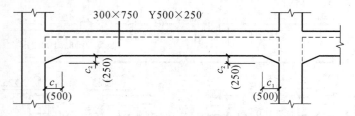

图 10-21 竖向加腋梁截面尺寸注写方式

③ 当为水平加腋梁时,用 $b \times h$ $PYc_1 \times c_2$ 表示,其中 c_1 为腋长,c_2 为腋宽,如图 10-22 所示。

④ 当有悬挑梁且根部和端部的高度不同时,用斜线分隔根部与端部的高度值,用 $b \times h_1/h_2$ 表示,如图 10-23 所示。

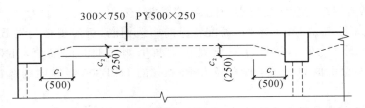

图 10-22　水平加腋梁截面尺寸注写方式

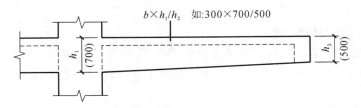

图 10-23　悬挑梁不等高截面尺寸注写方式

（3）梁箍筋（必注值）。

梁箍筋包括钢筋级别、直径、加密区与非加密区间距及肢数。

① 加密区与非加密区的不同间距及肢数用斜线"/"分隔。例如,φ8@100(4)/200(2)表示箍筋为 HPB300 级钢筋,直径为 8 mm,加密区间距为 100 mm,四肢箍,非加密区间距为 200 mm,双肢箍。

② 当梁箍筋为同一种间距及肢数时,不需要用斜线。

③ 当加密区与非加密区的箍筋肢数相同时,将肢数注写一次,箍筋肢数应注写在括号内。例如,φ8@100/200(4)表示箍筋为 HPB300 级钢筋,直径为 8 mm,加密区间距为 100 mm,非加密区间距为 200 mm,四肢箍。

④ 当非框架梁、悬挑梁、井字梁采用不同的箍筋间距及肢数时,也用斜线"/"将其分隔开来。注写时,先注写梁支座端部的箍筋(包括箍筋的箍数、钢筋级别、直径、间距与肢数),在斜线后注写梁跨中部分的箍筋间距及肢数。例如,13φ12@150(4)/200(2)表示箍筋为 HPB300 级钢筋,直径为 12 mm,梁的两端各有 13 个四肢箍,间距为 150 mm,梁跨中部分的间距为 200 mm,双肢箍。

（4）梁上部通长筋或架立筋（必注值）。

通长筋可以为相同或不同直径,连接方式可采用搭接连接、机械连接或焊接连接。

通长筋所注规格与根数应根据结构受力要求及箍筋肢数等构造要求而定。

① 当同排纵筋中既有通长筋又有架立筋时,应用加号"+"将通长筋和架立筋相连。角部纵筋写在加号的前面,架立筋写在加号后面的括号内,以表示不同直径及与通长筋的区别。例如,2Φ22+(4φ12)表示梁上部角部通长筋为 2Φ22,4φ12 为架立筋。

② 当梁上部同排纵筋仅设有通长筋而无架立筋时,仅注写通长筋。

③ 当全部采用架立筋时,将其写入括号内。

④ 当梁的上部纵筋和下部纵筋为全跨相同,且多数跨配筋相同时,可加注下部纵筋的配筋值,用分号";"将上部与下部纵筋的配筋值分隔开来;少数跨不同者,按原位标注来标注。例如,3Φ22;3Φ20 表示梁的上部配置 3Φ22 的通长筋,梁的下部配置 3Φ20 的通长筋。

（5）梁侧面纵向构造钢筋或受扭钢筋配置（必注值）。

① 当梁腹板高度 $h_w \geqslant 450$ mm 时，需配置纵向构造钢筋，所注规格与根数应符合规范。此项注写值以大写字母 G 打头，接续注写设置在梁两个侧面的总配筋值，且对称配置。例如，G4φ12表示梁的两个侧面共配置 4 根直径为 12 mm 的 HPB300 级纵向构造钢筋，每侧各配置 2φ12。

② 当梁侧面需配置受扭纵向钢筋时，此项注写值以大写字母 N 打头，接续注写配置在梁两个侧面的总配筋值，且对称配置。例如，N6φ22 表示梁的两个侧面共配置 6φ22 的受扭纵向钢筋，每侧各配置 3φ22。

（6）梁顶面标高高差（选注值）。

梁顶面标高高差是指相对于结构层楼面标高的高差值。有高差时，必将其写入括号内；无高差时，则不注写。当某梁的顶面高于所在结构层的楼面时，其标高高差为正值，反之为负值。

例如，某结构层的楼面标高为 7.150 m，当某梁的梁顶面标高高差注写为（−0.100）时，即表明该梁顶面标高为 7.050 m。

2）原位标注

梁原位标注的内容规定如下：

（1）梁支座上部纵筋（该部位含通长筋在内的所有纵筋）。

① 当上部纵筋多于一排时，用斜线"/"将各排纵筋自上而下分开。例如，梁支座上部纵筋注写为 6φ25　4/2，则表示上一排纵筋为 4φ25，下一排纵筋为 2φ25。

② 当同排纵筋有两种直径时，用加号"+"将两种直径的纵筋相连，注写时将角部纵筋写在前面。例如，梁支座上部纵筋注写为 2φ25+2φ22，表示梁支座上部有四根纵筋，2φ25 放在角部，2φ22 放在中部。

③ 当梁中间支座两边的上部纵筋不同时，需在支座两边分别标注；当梁中间支座两边的上部纵筋相同时，可仅在支座的一边标注配筋值，另一边省去标注，如图 10-24 所示。

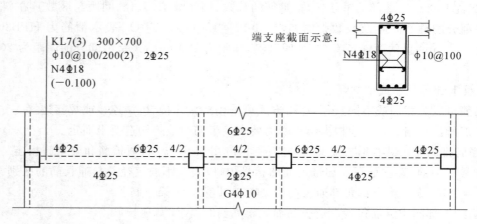

图 10-24　大、小跨梁的注写示意图

（2）梁下部纵筋。

① 当下部纵筋多于一排时，用斜线"/"将各排纵筋自上而下分开。例如，梁下部纵筋注写为 6Φ25 2/4，则表示上一排纵筋为 2Φ25，下一排纵筋为 4Φ25，全部伸入支座。

② 当同排纵筋有两种直径时，用加号"＋"将两种直径的纵筋相连，注写时角筋写在前面。

③ 当梁下部纵筋不全部伸入支座时，将梁支座下部纵筋减少的数量写在括号内。例如，梁下部纵筋注写为 6Φ25 2(−2)/4，则表示上一排纵筋为 2Φ25，且不伸入支座；下一排纵筋为 4Φ25，全部伸入支座。

④ 当在梁的集中标注中已按规定注写了梁上部和下部均为通长的纵筋值时，则不需要在梁的下部重复做原位标注。

（3）当在梁上集中标注的内容不适用于某跨或某悬挑部分时，将其不同数值原位标注在该跨或该悬挑部位，施工时应按原位标注数值取用。

（4）附加箍筋和吊筋。

附加箍筋和吊筋可直接画在平面图中的主梁上，用线引注总配筋值，如图 10-25 所示。当多数附加箍筋或吊筋相同时，可在梁平法施工图上统一注明；少数与统一注明值不同时，再原位引注。

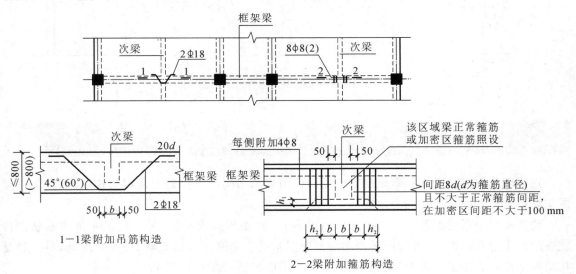

图 10-25 附加箍筋和吊筋的注写示意图

2. 梁截面注写方式

梁截面注写方式是指在分标准层绘制的梁平面布置图上，分别在不同编号的梁中选择一根梁用剖面号引出配筋图，并在其上注写截面尺寸和配筋具体数值的方式来表达梁平法施工图，如图 10-26 所示。在截面配筋详图上注写截面尺寸 $b \times h$，上部筋、下部筋、侧面构造筋或受扭筋及箍筋的具体数值时，其表达形式与平面注写方式相同。

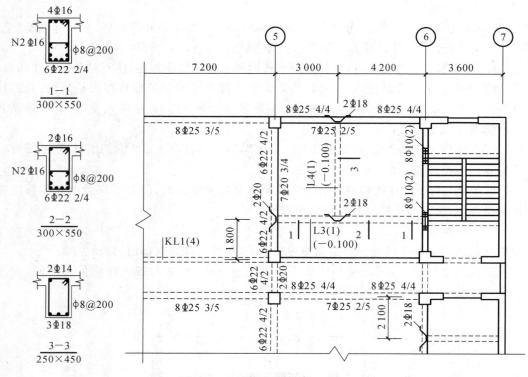

图 10-26 梁截面注写方式示意图

三、钢筋混凝土板施工图平面表示法

现浇钢筋混凝土楼(屋)盖是目前工业与民用建筑结构楼(屋)盖的常用结构形式,本节主要讲解梁板式楼盖中板的平面表示法。

现浇楼盖中板的配筋图的表示方式有两种:一种是传统表示法,另一种是平面表示法。传统表示法主要有两种:一种是用平面图与剖面图相结合来表示板的形状、尺寸及配筋,另一种是在结构平面布置图上直接表示板的配筋形式及钢筋用量,如图 10-27 所示。

板的平面表示法则是在传统表示法的基础上进一步简化板配筋图表达的一种新方法。板的平面表示法主要包括板块集中标注和板支座原位标注两种方式。

1. 板块集中标注

板块集中标注的内容为:板块编号、板厚、上部贯通纵筋、下部纵筋,以及当板面标高不同时的标高高差。

1)板块编号

① 对于普通楼面,两向均以一跨为一板块,所有板块应逐一编号,相同编号的板块可择其一做集中标注,其他仅注写置于圆圈内的板编号,以及当板面标高不同时的标高高差。

② 同一编号板块的类型、板厚和贯通纵筋均相同,但板面标高、跨度、平面形状以及板支座

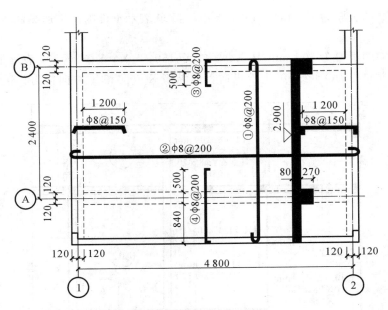

图 10-27　板的传统表示法

上部非贯通纵筋可以不同。

③ 同一编号板块的平面形状可为矩形、多边形及其他形状等。

板块编号常用代号表示,如表 10-7 所示。

表 10-7　板块编号

板　类　型	代　　号	序　　号
楼面板	LB	××
屋面板	WB	××
悬挑板	XB	××

2)板厚

① 板厚是垂直于板面的厚度,注写为 $h = \times\times\times$。

② 当悬挑板的端部改变截面厚度时,用斜线分隔根部与端部的高度值,注写 $h = \times\times\times / \times\times\times$。

③ 当设计时已在图注中统一注明板厚时,此项可不注写。

3)贯通纵筋

贯通纵筋按板块的下部纵筋和上部纵筋分别注写(当板块上部不设贯通纵筋时则不注写)。

(1)一般标注方法。

① 以 B 代表下部纵筋,以 T 代表上部纵筋,以 B&T 代表下部与上部贯通纵筋。

② X 向贯通纵筋以 X 打头,Y 向贯通纵筋以 Y 打头,两向贯通纵筋配置相同时则以 X&Y 打头。

如图 10-28 所示,楼板 1(LB1)的板厚为 120 mm,B:Xφ8@100,Yφ8@180 表示下部纵向贯通纵筋为 X 方向φ8@100,Y 方向φ8@180。

楼板 2(LB2)的板厚为 120 mm，B:X&Yϕ8@120 表示下部纵向贯通纵筋 X 方向和 Y 方向均为 ϕ8@120。

楼板 3(LB3)的板厚为 100 mm，B:X&Yϕ8@150，T:X&Yϕ8@200 表示下部纵向贯通纵筋 X 方向与 Y 方向均为 ϕ8@150，上部纵向贯通纵筋 X 方向和 Y 方向均为 ϕ8@200。

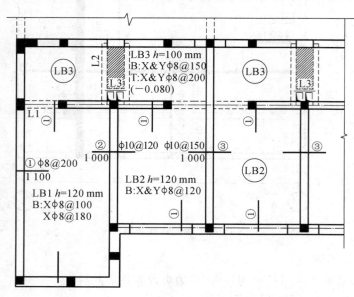

图 10-28　板的平面表示法实例

（2）单向板的标注方法。

当为单向板时，可仅标注受力方向贯通纵筋的用量，另一方向贯通的分布筋可不必注写，而在图中统一注明。

（3）板内构造钢筋的标注方法。

当在某些板（例如在悬挑板 XB 的下部）内配置构造钢筋时，X 向以 X_c 打头注写，Y 向以 Y_c 打头注写。例如，有一延伸悬挑板注写为

$$XB2 \quad h=150/100$$
$$B:X_c \& Y_c \phi 8@200$$

它表示 2 号延伸悬挑板的板根部厚 150 mm，端部厚 100 mm，板下部配置构造钢筋双向均为 ϕ8@200（上部受力钢筋见板支座原位标注）。

4）板面标高高差

板面标高高差是指相对于结构层楼面标高的高差，应将其注写在括号内，且有高差时则注写，无高差时不注写。具体形式为($\pm\times\times\times$)，其中正号可以不写，表示该板面高于结构层楼面标高，负号表示该板面低于结构层楼面标高。例如，图 10-28 中楼板 3（LB3）的标注为（-0.080），表示楼板 3 低于结构层楼面 0.080 m。

2. 板支座原位标注

板支座原位标注的内容为：板支座上部非贯通纵筋和悬挑板上部受力钢筋。

1) 板支座原位标注方法

（1）板支座钢筋的标注位置。

板支座原位标注的钢筋,应在配置相同跨的第一跨表达（当在梁悬挑部位单独配置时则在原位表达）。

（2）板支座钢筋的标注方法。

在配置相同跨的第一跨（或梁悬挑部位）,垂直于板支座（梁或墙）绘制一段适宜长度的中粗实线段（当该钢筋通长设置在悬挑板或短跨上部时,实线段应画至对边或贯通短跨）,以该线段代表支座上部非贯通纵筋,在线段上方注写钢筋编号（如①、②等）、配筋值、横向连续布置的跨数（注写在括号内,且当为一跨时可不注写）,以及是否横向布置到梁的悬挑端。

跨数注写方式为（××）、（××A）、（××B）三种形式,（××）为横向布置的跨数,（××A）为横向布置的跨数及一端的悬挑梁部位,（××B）为横向布置的跨数及两端的悬挑梁部位。

2) 板支座上部非贯通纵筋原位标注方法

① 板支座上部非贯通纵筋自支座中线向跨内的伸出长度应注写在线段的下方位置。

② 当中间支座上部非贯通纵筋向支座两侧对称伸出时,可仅在支座一侧线段下方标注伸出长度,另一侧不注写,如图 10-29 所示。

③ 当中间支座上部非贯通纵筋向支座两侧非对称伸出时,应分别在支座两侧线段下方注写伸出长度,如图 10-30 所示。

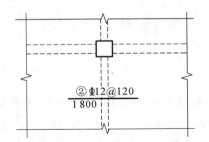

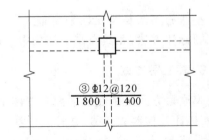

图 10-29　板支座上部非贯通纵筋对称伸出　　　图 10-30　板支座上部非贯通纵筋非对称伸出

④ 对于线段画至对边贯通全跨或贯通全悬挑长度的上部通长纵筋,贯通全跨或伸出至全悬挑一侧的长度值不注写,只注明非贯通纵筋另一侧的伸出长度值,如图 10-31 所示。

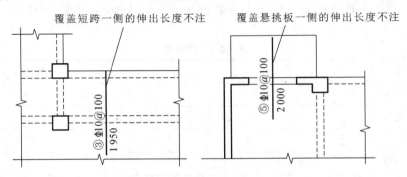

图 10-31　板支座上部非贯通纵筋贯通全跨或伸出至悬挑端

3）悬挑板上部受力钢筋原位标注方法

悬挑板上部受力钢筋的原位标注方法如图10-32所示。

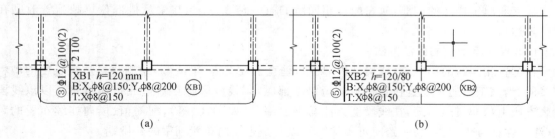

(a)   (b)

图 10-32　悬挑板上部受力钢筋的原位标注

图 10-32（a）中，③ ⊕ 12@100（2）和 2 100 表示悬挑板支座上部③号受力筋为⊕ 12@100，从该跨起沿支承梁连续布置 2 跨，该钢筋自支座中线向跨内的伸出长度为 2 100 mm，悬挑板一侧的伸出长度不注写。图10-32（b）中，⑤ ⊕ 12@100（2）表示悬挑板支座上部⑤号受力筋为⊕ 12@100，从该跨起沿支承梁连续布置 2 跨，悬挑板一侧的伸出长度不注写。

四、钢筋混凝土柱施工图平面表示法

柱平法施工图是指在柱平面布置图上采用列表注写方式或截面注写方式表达，是一种常见的施工图标注方法，尤其在高层结构中应用广泛。

1. 列表注写方式

列表注写方式是指在柱平面布置图上，分别在同一编号的柱中选择一个（有时需要选择几个）截面标注几何参数代号，在柱表中注写柱编号、各柱段起止标高、几何尺寸（包括柱截面对轴线的偏心情况）与配筋具体数值，并配以各种柱截面形状及其箍筋类型图的方式来表达柱平法施工图。

1）柱编号

柱编号由类型代号和序号组成，如表10-8所示。编号时，当柱的总高、分段截面尺寸和配筋均对应相同，仅截面与轴线的关系不同时，可将其编为同一柱号，但应在图中注明截面与轴线的关系。

表 10-8　柱编号

柱 类 型	代 号	序 号
框架柱	KZ	××
转换柱	ZHZ	××
芯柱	XZ	××
梁上柱	LZ	××
剪力墙上柱	QZ	××

2）各柱段起止标高

柱平法施工图的列表注写方式注写柱的各段起止标高时，应自柱根部往上以变截面位置或截面未变但配筋改变处为界线分段注写。在不同情况下，柱的起止标高的标注方式规定如下：

（1）框架柱和转换柱的根部标高是指基础顶面标高。

（2）芯柱的根部标高是指根据结构实际需要而定的起始位置标高。

（3）梁上柱的根部标高是指梁顶面标高。

（4）剪力墙上柱的根部标高分为两种：当柱纵筋锚固在墙顶部时，其根部标高为墙顶面标高；当柱与剪力墙重叠一层时，柱根部标高为墙顶面往下一层的结构层楼面标高。

3）柱截面几何尺寸

实际工程中，常见柱的截面形状有矩形和圆形两种。

（1）对于矩形截面柱，柱的截面尺寸表示如图 10-33 所示，注写柱截面尺寸 $b \times h$ 及与轴线关系的几何参数代号 b_1、b_2 和 h_1、h_2 的具体数值。其中，$b = b_1 + b_2$，$h = h_1 + h_2$。

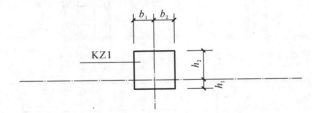

图 10-33　矩形柱的几何尺寸

（2）对于圆形截面柱，表中 $b \times h$ 一栏改用在圆柱直径数字前加 d 表示。为表达简单，圆柱截面与轴线关系也用 b_1、b_2 和 h_1、h_2 表示，且 $d = b_1 + b_2 = h_1 + h_2$。

4）柱纵筋

注写施工图中的柱纵筋时，当柱纵筋直径相同，各边根数也相同时，将纵筋写在"全部纵筋"一栏中；除此之外，柱纵筋分角筋、截面 b 边中部筋和 h 边中部筋三项分别注写。采用对称配筋的矩形截面柱，可仅注写一侧中部筋，对称边省略不写；采用非对称配筋的矩形截面柱，必须每侧均注写中部筋。

5）箍筋类型及肢数

箍筋类型及肢数如图 10-34 所示。

6）柱箍筋（包括钢筋级别、直径与间距）

（1）用斜线"/"区分柱端箍筋加密区与柱身箍筋非加密区长度范围内箍筋的不同间距。例如，φ10@100/200 表示箍筋为 HPB300 级钢筋，直径为 10 mm，加密区间距为 100 mm，非加密区间距为 200 mm。

（2）当箍筋沿柱全高为一种间距时，不使用斜线"/"。例如，φ10@100 表示箍筋为 HPB300 级钢筋，直径为 10 mm，沿柱全高加密，间距为 100 mm。

（3）当圆形截面柱采用螺旋箍筋时，需在箍筋前加"L"。例如，Lφ10@100/200 表示采用螺旋箍筋，HPB300 级钢筋，直径为 10 mm，加密区间距为 100 mm，非加密区间距为 200 mm。

采用列表注写方式表达的柱平法施工图实例如图 10-34 所示。

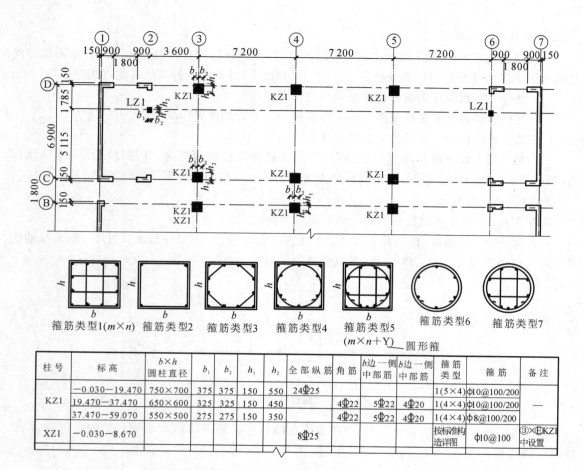

图 10-34 采用列表注写方式表达的柱平法施工图实例

柱 号	标高	$b×h$ 圆柱直径	b_1	b_2	h_1	h_2	全部纵筋	角筋	b边一侧 中部筋	b边一侧 中部筋	箍筋 类型	箍筋	备注
KZ1	−0.030−19.470	750×700	375	375	150	550	24Φ25				1(5×4)	Φ10@100/200	
	19.470−37.470	650×600	325	325	150	450		4Φ22	5Φ22	4Φ20	1(4×4)	Φ10@100/200	—
	37.470−59.070	550×500	275	275	150	350		4Φ22	5Φ22	4Φ20	1(4×4)	Φ8@100/200	
XZ1	−0.030−8.670						8Φ25				按标准构 造详图	Φ10@100	③×⑥在KZ1 中设置

2. 截面注写方式

1）截面注写方式

截面注写方式是指在柱平面布置图的柱截面上，分别在同一编号的柱中选择一个截面，以直接注写截面尺寸和配筋具体数值的方式来表达柱平法施工图，如图 10-35 所示。

图 10-35 中，KZ1 标注内容的含义如下：

KZ1——框架柱编号。

650×600——柱截面尺寸。

4Φ22——柱角部纵筋为 4 根直径为 22 mm 的 HRB400 级钢筋，每角一根。

5Φ22——表示此边及对边另配置 5 根直径为 22 mm 的 HRB400 级钢筋。

4Φ20——表示此边及对边另配置 4 根直径为 20 mm 的 HRB400 级钢筋。

Φ10@100/200——表示箍筋为 HPB300 级钢筋，直径为 10 mm，加密区间距为 100 mm，非加密区间距为 200 mm。

KZ2 标注内容的含义如下：

KZ2——框架柱编号。

650×600——柱截面尺寸。

22ϕ22——纵筋总用量为 22 根直径为 22 mm 的 HRB400 级钢筋,每边根数、位置见截面图。

ϕ10@100/200——表示箍筋为 HPB300 级钢筋,直径为 10 mm,加密区间距为 100 mm,非加密区间距为 200 mm。

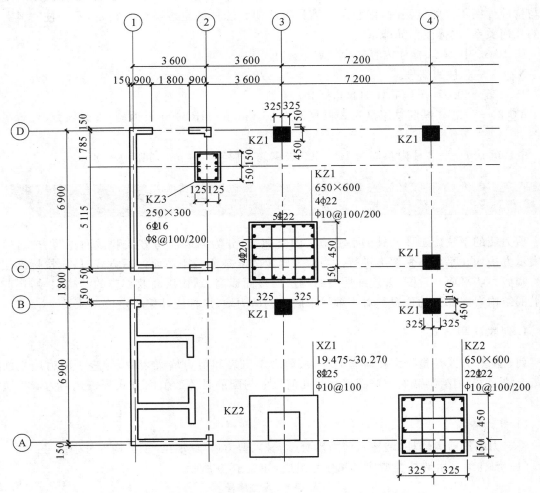

图 10-35 采用截面注写方式表达的柱平法施工图实例

在注写过程中,应注意以下几点。

(1) 除芯柱外,所有柱截面按表 10-8 的规定进行编号,从相同编号的柱中选择一个截面,按另一种比例放大绘制柱截面配筋图,并在各配筋图上继其编号后再注写截面尺寸 $b×h$、角筋或全部纵筋(当纵筋采用一种直径且能够图示清楚时)、箍筋的具体数值,以及在柱截面配筋图上标注柱截面与轴线关系 b_1、b_2、h_1、h_2 的具体数值。

(2) 当纵筋采用两种直径时,需再注写截面各边中部筋的具体数值。对于对称配筋的矩形截面柱,可仅在一侧注写中部筋,对称边省略不注写。

(3) 如柱的分段截面尺寸和配筋均相同,仅截面与轴线的关系不同时,可将其编为同一柱号,但此时应在未画配筋的柱截面上注写该柱截面与轴线关系的具体尺寸。

2)芯柱

芯柱又称柱中柱,它设置在某些框架柱的一定高度范围内的中心位置,具体标注方式如图 10-35 所示。即先按表 10-8 的规定进行编号,然后注写芯柱的起止高度、全部纵筋及箍筋的具体数值,其中芯柱的截面尺寸由构造要求确定。设计者无须标注芯柱截面尺寸,当设计者采用与构件详图不同的做法时,截面尺寸需另行注明。芯柱的定位随框架柱走,不需注写其与轴线的几何关系,仅标注钢筋即可。

图 10-35 中,XZ1 标注内容的含义如下。

XZ1——芯柱的编号。

19.475~30.270——芯柱的起止标高。

8Φ25——芯柱纵筋总用量为 8 根直径为 25 mm 的 HRB400 级钢筋,每边根数、位置见截面图。

Φ10@100——芯柱内箍筋为 HPB300 级钢筋,直径为 10 mm,间距为 100 mm。

五、钢筋混凝土剪力墙施工图平面表示法

剪力墙的平法施工图与柱的平法施工图类似,也分为列表注写方式和截面注写方式,这两种表示方法均在平面布置图上进行。当剪力墙比较复杂或采用截面注写方式时,应按标准层分别绘制剪力墙平面布置图,并应注明各结构层的楼面标高、结构层高及相应的结构层号,还应注明上部结构嵌固部位的位置。对于轴线未居中的剪力墙,应标注其偏心定位尺寸。

1. 列表注写方式

列表注写方式是指分别在剪力墙柱表、剪力墙身表和剪力墙梁表中,对应于剪力墙平面布置图上的编号,用绘制截面配筋图并注写几何尺寸与配筋具体数值的方式来表达剪力墙平法施工图。

1)剪力墙编号

将剪力墙按剪力墙柱(墙柱)、剪力墙身(墙身)、剪力墙梁(墙梁)三类构件分别编号。

(1)墙柱编号由墙柱类型代号和序号组成,如表 10-9 所示。

表 10-9 墙柱编号

墙 柱 类 型	代　　号	序　　号
约束边缘构件	YBZ	××
构造边缘构件	GBZ	××
非边缘暗柱	AZ	××
扶壁柱	FBZ	××

(2)墙身编号由墙身代号、序号,以及墙身所配置的水平与竖向分布钢筋的排数组成,其中排数注写在括号内,表达为 Q××(××排)。

(3)墙梁编号由墙梁类型代号和序号组成,如表 10-10 所示。

表 10-10　墙梁编号

墙梁类型	代　号	序　号
连梁	LL	××
连梁（对角暗撑配筋）	LL(JC)	××
连梁（交叉斜筋配筋）	LL(JX)	××
连梁（集中对角斜筋配筋）	LL(DX)	××
连梁（跨高比不小于5）	LLK	××
暗梁	AL	××
边框梁	BKL	××

2）剪力墙柱表内容

（1）注写墙柱编号,绘制墙柱的截面配筋图,标注墙柱几何尺寸。

（2）注写各段墙柱的起止标高,自墙柱根部往上以变截面位置或截面未变但配筋改变处为界线分段注写。墙柱根部标高一般指基础顶面标高(部分框支剪力墙结构则为框支梁顶面标高)。

（3）注写各段墙柱的纵向钢筋和箍筋,注写值应与在表中绘制的截面配筋图对应一致。纵向钢筋注写总配筋值,墙柱箍筋的注写方式与柱箍筋的相同。

3）剪力墙身表内容

（1）注写墙身编号(含水平与竖向分布钢筋的排数)。

（2）注写各段墙身起止高度,自墙身根部往上以变截面位置或截面未变但配筋改变处为界线分段注写。墙身根部标高一般指基础顶面标高(部分框支剪力墙结构则为框支梁的顶面标高)。

（3）注写水平分布钢筋、竖向分布钢筋和拉结钢筋的具体数值。

4）剪力墙梁表内容

（1）注写墙梁编号。

（2）注写墙梁所在楼层号。

（3）注写墙梁顶面标高高差。墙梁顶面标高高差是指相对于墙梁所在结构层楼面标高的高差值。高于者为正值,低于者为负值。当无高差时不注写。

（4）注写墙梁截面尺寸 $b \times h$,上部纵筋、下部纵筋和箍筋的具体数值。

2. 截面注写方式

截面注写方式是指在分标准层绘制的剪力墙平面布置图上,用直接在墙柱、墙身、墙梁上注写截面尺寸和配筋具体数值的方式来表达剪力墙平法施工图。

六、钢筋混凝土楼梯施工图平面表示法

楼梯结构图一般由平面图、剖面图和构件详图组成。按平法设计绘制的楼梯施工图一般由楼梯的平法施工图和标准构件详图两大部分组成。这种方法的特点是不需要详细画出楼梯各细部尺寸和配筋。

目前,图集 16G101-3 提供了现浇板式楼梯的制图规则和构造详图,下面简单介绍其表示方法。现浇混凝土板式楼梯平法施工图有平面注写、剖面注写和列表注写三种表达方式。

1.楼梯类型

为了制图标准化,板式楼梯平法施工图的制图规则中,把常见的钢筋混凝土板式楼梯按梯段类型的不同分为 12 种类型,如表 10-11 所示。各种形式的板式楼梯的特征详见图集 16G101-3。

表 10-11　楼梯类型

梯板代号	适用范围	
	抗震构造措施	适用结构
AT	无	剪力墙、砌体结构
BT		
CT		
DT		
ET		
FT		
GT		
ATa	有	框架结构、框剪结构中的框架部分
ATb		
ATc		
CTa		
CTb		

2.平面注写方式

平面注写方式是指在楼梯平面布置图上用注写截面尺寸和配筋具体数值的方式来表达楼梯平法施工图。平面注写方式包括集中标注和外围标注。

1)集中标注

板式楼梯集中标注表达的内容有五项,具体规定如下:

(1)梯板类型代号与序号,如 AT××。

(2)梯板厚度,注写为 $h=×××$。当为带平板的梯板且梯段板厚度和平板厚度不同时,可在梯段板厚度后面的括号内以字母 P 打头注写平板厚度。例如,$h=130(P150)$ 中,130 表示梯段板的厚度,150 表示梯板平板段的厚度。

(3)踏步段总高度和踏步级数之间用"/"分隔。

(4)梯板支座上部纵筋、下部纵筋之间用";"分隔。

(5)梯板分布筋,以 F 打头注写分布钢筋具体数值,该项也可在图中统一说明。

以 AT 型楼梯为例,平面图中梯板类型及配筋的完整标注实例如下:

AT1,$h=120$ mm:梯板类型及编号,梯板板厚。

1 800/12:踏步段总高度/踏步级数。

Φ0@200;Φ12@150:上部纵筋;下部纵筋。

FΦ8@250:梯板分布筋(可统一说明)。

(6)对于 ATc 型楼梯,还应注明梯板两侧边缘构件的纵向钢筋及箍筋。

2)外围标注

楼梯外围标注包括楼梯间的平面尺寸,楼层结构标高,层间结构标高,楼梯的上、下方向,梯板的平面几何尺寸,平台板配筋,梯梁及梯柱配筋等。

3. 剖面注写方式

剖面注写方式需在楼梯平法施工图中绘制楼梯平面布置图和楼梯剖面图,注写方式分为平面注写、剖面注写两种。

1)平面注写

楼梯平面布置图注写内容包括楼梯间的平面尺寸,楼层结构标高,层间结构标高,楼梯的上、下方向,梯板的平面几何尺寸,梯板类型及编号,平台板配筋,梯梁及梯柱配筋等。

2)剖面注写

楼梯剖面图注写内容包括梯板集中标注,梯梁、梯柱编号,梯板水平及竖向尺寸,楼层结构标高,层间结构标高等。

梯板集中标注的内容有四项,即梯板类型及编号、梯板厚度、梯板配筋和梯板分布筋。

4. 列表注写方式

列表注写方式是指用列表方式注写梯板截面尺寸和配筋具体数值的方式来表达楼梯平法施工图,具体要求同剖面注写方式,仅需将剖面注写方式中的梯板配筋改为列表注写即可。梯板的列表注写方式如表 10-12 所示。

表 10-12　梯板的列表注写方式

梯 板 编 号	踏步段总高度/踏步级数	板厚 h	上部纵向钢筋	下部纵向钢筋	分 布 筋

任务 3　砌体房屋结构施工图识读

砌体房屋结构施工图一般由结构设计说明、结构平面图(基础平面图、地下室结构平面图、标准层结构平面图、屋顶结构平面图)和结构构件详图(楼梯及其构件详图)组成。

1. 结构平面图

基础平面图一般表示基础的平面位置和宽度、承重墙的位置和截面尺寸、构造柱的平面位置、其他工种对基础的要求等,配合剖面图来表示基础、圈梁、管沟的详细做法。

结构平面图一般包括梁、板、构造柱、圈梁、过梁、阳台、雨篷、楼梯、预留洞的平面位置,主要表示板的布置或配筋。当一张图不能表示所有内容时,可将梁、过梁、雨篷等构件编号,在另外的图上表示或选用标准图。

当每层的构件都相同时,一般归类为标准层结构平面图;当每层的构件不同时,需分别表示每层的结构平面图。结构平面图一般以某层的楼盖命名,也可以用楼盖结构标高命名。如二层楼盖标高为 6.550 米,可命名为 6.550 结构平面图。

2. 结构构件详图

砌体结构的构件一般包括现浇梁或预制梁、过梁、预制板或现浇板、雨篷、阳台和楼梯等。表达不清楚的部位均可在构件详图上表示,还要列出构件的钢筋表。

现浇板一般在结构平面图上表示;预制板和过梁一般选用标准图;雨篷和阳台采用现浇时,可在结构平面图上增加剖面图或断面图来表示;楼梯详图的表示同钢筋混凝土房屋。

梁的配筋图包括立面图、断面图,有时还有钢筋表。当梁的类型不一致时,需要分别画出梁的立面图,再根据梁的截面和配筋变化情况画出梁的配筋断面图,并标注梁的截面尺寸和配筋,有时需画出钢筋详图或钢筋表;当梁的类型一致,但配筋和尺寸不同时,则只需画一个示意性的立面图,分别标注不同梁的尺寸,画出不同梁的剖面图并加文字注明所对应的梁号。

梁的配筋图如图 10-36 所示,该梁为矩形截面的现浇梁,截面尺寸为宽 150 mm、高 250 mm、梁长 3 540 mm。

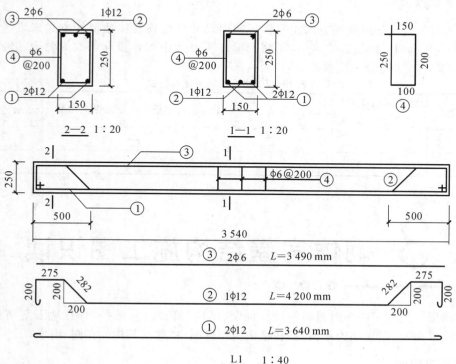

图 10-36 梁的配筋图

由断面 1—1 可知梁跨中配筋为：下部受力筋①筋为两根直径为 12 mm 的 HPB300 级钢筋，②筋为一根直径为 12 mm 的 HPB300 级钢筋，在距两端 500 mm 处弯起；上部架立筋③筋为两根直径为 6 mm 的 HPB300 级钢筋；箍筋④筋采用简化画法，只绘出其中几个，采用直径为 6 mm 的 HPB300 级钢筋，间距为 200 mm。

由断面 2—2 可知梁端部配筋，结合立面图和断面图可知，在端部只是②筋由底部弯折到上部，其余配筋与中部相同。

从钢筋详图中可知每种钢筋的编号、根数、直径、各段设计长度和总尺寸（下料长度）以及弯起角度等。如图 10-36 中的②筋为一弯起钢筋，各段尺寸标注如图 10-36 所示。

任务 4 钢结构施工图识读

一、型钢及其连接的表示方法

1. 型钢的标注方法

钢结构构件是型钢和钢板经过加工而组装起来的构件。型钢的标注方法如表 10-13 所示。

表 10-13 型钢的标注方法

序 号	名 称	截 面	标 注	说 明
1	等边角钢		$b \times t$	b 为肢宽 t 为肢厚
2	不等边角钢	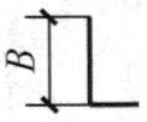 B	$B \times b \times t$	B 为长肢宽 b 为短肢宽 t 为肢厚
3	工字钢	 I	N QN	轻型工字钢加注 Q 字 N 为工字钢的型号
4	槽钢		N QN	轻型槽钢加注 Q 字 N 为槽钢的型号
5	方钢	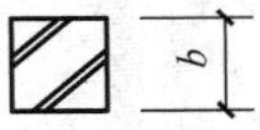 b	b	
6	扁钢	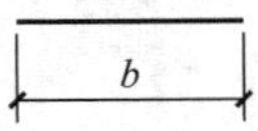 b	$b \times t$	

续表

序　号	名　　称	截　　面	标　注	说　　明
7	钢板	——————	$\dfrac{-b \times t}{l}$	宽×厚 板长
8	圆钢		ϕd	
9	钢管		DN×× $d \times t$	内径 外径×壁厚
10	薄壁方钢管		B☐$b \times t$	
11	薄壁等肢角钢		B $b \times t$	
12	薄壁等肢卷边角钢		B $b \times a \times t$	
13	薄壁槽钢		B $h \times b \times t$	薄壁型钢加注 B 字 t 为壁厚
14	薄壁卷边槽钢		B $h \times b \times a \times t$	
15	薄壁卷边 Z 形钢		B $h \times b \times a \times t$	
16	T 形钢		TW×× TM×× TN××	TW 为宽翼缘 T 形钢 TM 为中翼缘 T 形钢 TN 为窄翼缘 T 形钢
17	H 形钢		HW×× HM×× HN××	HW 为宽翼缘 H 形钢 HM 为中翼缘 H 形钢 HN 为窄翼缘 H 形钢
18	起重机钢轨		QU××	详细说明产品规格型号
19	轻轨及钢轨		××kg/m钢轨	

2. 螺栓、孔、电焊铆钉的表示方法

钢结构的连接方式有焊接连接、螺栓连接和铆钉连接等。常用的螺栓、孔、电焊铆钉的表示方法如表 10-14 所示。

表 10-14 螺栓、孔、电焊铆钉的表示方法

序 号	名 称	图 例	说 明
1	永久螺栓		
2	高强度螺栓		
3	安装螺栓		(1) 细"+"线表示定位线; (2) M 表示螺栓型号; (3) ϕ 表示螺栓孔直径;
4	膨胀螺栓		(4) d 表示膨胀螺栓、电焊铆钉直径; (5) 采用引出线标注螺栓时,横线上标注螺栓规格,横线下标注螺栓孔直径
5	圆形螺栓孔		
6	长圆形螺栓孔		
7	电焊铆钉		

3.焊缝的表示方法

焊缝符号由引出线和表示焊缝截面形状的基本符号组成,必要时可加补充符号和焊缝尺寸符号。引出线由横线和带箭头的斜线组成,箭头指到图形上的相应焊缝处,横线的上面和下面用来标注基本符号和焊缝尺寸。基本符号表示焊缝的基本形式,如用△代表角焊缝。补充符号表示焊缝的辅助要求。

1)单面焊缝的标注方法

(1) 当箭头指向焊缝所在的一面时,应将图形符号和尺寸标注在横线的上方,如图 10-37(a)所示;当箭头指向焊缝所在的另一面(相对应的那面)时,应将图形符号和尺寸标注在横线的下方,如图 10-37(b)所示。

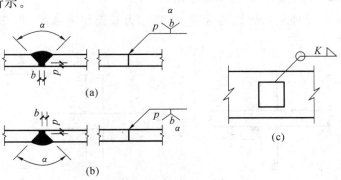

(a)

(b)

(c)

图 10-37 单面焊缝的标注方法

（2）表示环绕工作件周围的焊缝时，其围焊焊缝符号为圆圈，绘在引出线的转折处，并标注焊角尺寸 K，如图 10-37(c) 所示。

2）双面焊缝的标注方法

双面焊缝的标注方法是在横线的上、下都标注符号和尺寸。上方表示箭头一面的焊缝的符号和尺寸，下方表示另一面的焊缝的符号和尺寸，如图 10-38(a) 所示；当两面的焊缝尺寸相同时，只需在横线上方标注焊缝的符号和尺寸，如图 10-38(b)、图 10-38(c)、图 10-38(d) 所示。

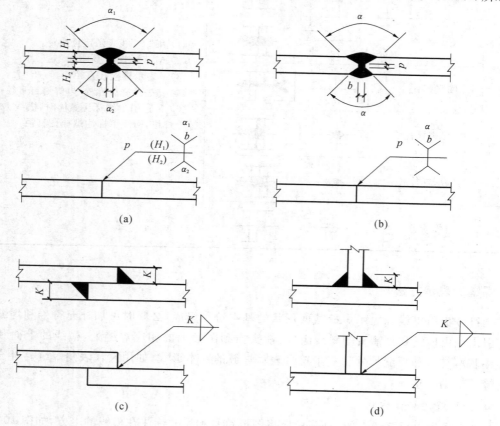

图 10-38 双面焊缝的标注方法

3）3 个及 3 个以上焊件的焊缝的标注方法

3 个及 3 个以上的焊件相互焊接的焊缝，不得作为双面焊缝标注，其符号和尺寸应分别标注，如图 10-39 所示。

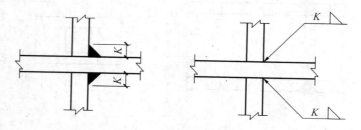

图 10-39 3 个及 3 个以上焊件的焊缝的标注方法

4）带坡口焊件的焊缝的标注方法

相互焊接的两个焊件中，当只有一个焊件带坡口（如单面 V 形）时，引出线的箭头必须指向带坡口的焊件，如图 10-40 所示。

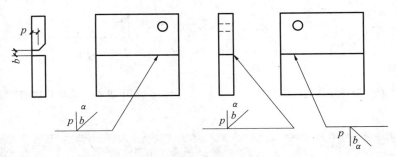

图 10-40　一个带坡口焊件的焊缝的标注方法

5）不对称坡口焊件的焊缝的标注方法

相互焊接的两个焊件，当为单面带双边不对称坡口焊件的焊缝时，引出线的箭头必须指向较大坡口的焊件，如图 10-41 所示。

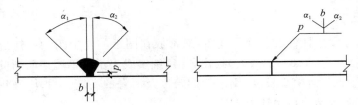

图 10-41　不对称坡口焊件的焊缝的标注方法

6）不规则焊缝的标注方法

当焊缝分布不规则时，在标注焊缝符号的同时，宜在焊缝处加中实线（表示可见焊缝），或加细栅线（表示不可见焊缝），如图 10-42 所示。

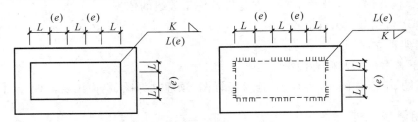

图 10-42　不规则焊缝的标注方法

7）相同焊缝的标注方法

（1）在同一图形上，当焊缝形式、断面尺寸和辅助要求均相同时，可只选择一处标注焊缝的符号和尺寸，并加注相同焊缝符号，相同焊缝符号为 3/4 圆弧，绘在引出线的转折处，如图 10-43（a）所示。

（2）在同一图形上，当有数种相同的焊缝时，可将焊缝分类编号标注。在同一类焊缝中可选择一处标注焊缝的符号和尺寸。分类编号采用大写的英文字母 A、B、C……，如图 10-43（b）所示。

8）现场焊缝的标注方法

需要在施工现场进行焊接的焊件的焊缝，应标注现场焊缝符号。现场焊缝符号为涂黑的三角形旗帜，绘在引出线的转折处，如图10-44所示。

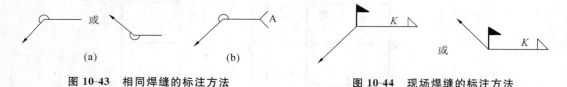

图 10-43　相同焊缝的标注方法　　　　图 10-44　现场焊缝的标注方法

二、钢屋架施工图识读

钢屋架施工图是表示钢屋架的形式、大小，型钢的规格，杆件的组合和连接情况的图形，其主要内容包括：钢屋架简图、钢屋架详图（包括钢屋架的立面图，上、下弦平面图，必要的截面图，以及节点详图、杆件详图、连接板详图、预埋件详图）、钢材用量表和必要的文字说明等。

1. 钢屋架简图

钢屋架简图也称屋架杆件的几何尺寸图，通常放在图纸的左上角，有时也放在右上角，通常用较小的比例（一般为1∶100～1∶200）绘出，并用细实线表示。钢屋架简图的作用是表达钢屋架的结构形式、杆件的几何中心长度、钢屋架的跨度及屋脊的高度。另外，在钢屋架简图的右半跨还应注明每个杆件所受的最大轴力。

2. 钢屋架详图

钢屋架详图是钢屋架施工图的核心，用以表达杆件的截面形式、相对位置、长度，节点处的连接情况（节点板的形状、尺寸、位置、数量，与杆件的连接焊缝尺寸，拼接角钢的形状、大小），其他构造连接（螺栓孔的位置及大小）等，它是进行施工放线的依据。

钢屋架详图包括如下几个部分：

（1）钢屋架正立面图。

（2）上、下弦平面图及侧立面图。

（3）截面图、节点详图、杆件详图、连接板详图、预埋件详图、剖面图及其他详图。

3. 钢材用量表

钢材用量表不仅用于备料、计算用钢指标、为吊装选择起重机械提供依据，而且可以简化钢屋架详图的图面内容，因为一般板件的厚度、角钢的规格可以直接由材料表给出。

4. 必要的文字说明

钢屋架施工图必要的文字说明应包括所选用钢材的种类、焊条型号、焊接方法、对焊缝质量的要求、钢屋架的防腐做法以及图中没有表达或表达不清楚的其他内容。

某简支人字形钢屋架施工图如图10-45所示。

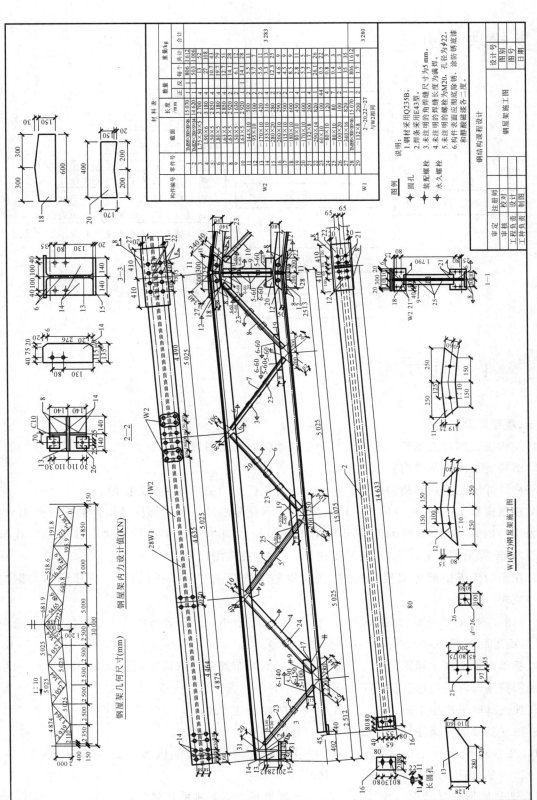

图10-45 某简支人字形钢屋架施工图

模块导图

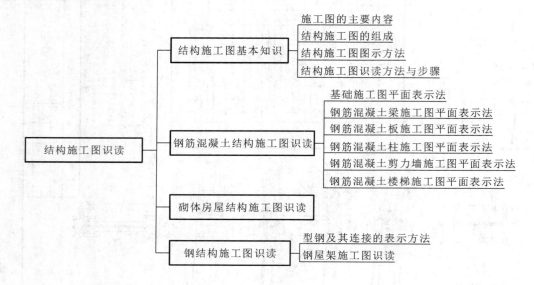

职业能力训练

一、填空题

1.结构施工图是表达建筑物的（　　　）系统如何布局的图形。

2.结构施工图的基本内容包括：（　　　）、（　　　）和（　　　）。

3.构件详图是表达结构构件的（　　　）、（　　　）、（　　　）和具体做法的图形。

4.在结构施工图中,构件的名称用（　　　）表示,代号后用（　　　）标注该构件的型号或编号,也可为构件的顺序号,构件的顺序号采用不带角标的阿拉伯数字连续编排。如梁采用代号（　　　）,框架梁采用代号（　　　）,板采用代号（　　　）,柱采用代号（　　　）。

5.在结构楼板中配置双层钢筋时,底层钢筋弯钩应向（　　　）或向（　　　）,顶层钢筋则向（　　　）或向（　　　）。

6.钢筋混凝土墙体配双层钢筋时,在配筋立面图中,远面钢筋的弯钩应向（　　　）或向（　　　）,而近面钢筋的弯钩则向（　　　）或向（　　　）。

7.基础布置图表示建筑物（　　　）基础部分的平面布置及详细构造,它由（　　　）和（　　　）组成。采用桩基础时还应包括桩位平面图,以及一些（　　　）。

8.独立基础平法施工图有（　　　）与（　　　）两种表达方式。

9.独立基础的平面注写方式分为（　　　）和（　　　）。

10.在基础平面图上的集中引注内容包括必注内容和选注内容。必注内容为（　　　）、（　　　）、（　　　）三项,选注内容为（　　　）和（　　　）两项。

11.普通阶形独立基础的代号为（　　　）,普通坡形独立基础的代号为（　　　）。

12. 普通独立基础底部双向配筋的注写方法为：以（   ）代表各种独立基础底板的底部配筋；X 向配筋以（   ）打头，Y 向配筋以（   ）打头注写；如果两向配筋相同，则以（   ）打头注写。

13. 独立基础的截面注写方式可分为（   ）和（   ）两种。

14. 梁的平面注写方式包括（   ）和（   ）。集中标注表达梁的（   ）数值，原位标注表达梁的（   ）数值。当梁的某部位不适用集中标注中的某项数值时，在该部位将该项数值（   ）标注。在图纸中，（   ）标注取值优先。

15. 梁的编号由类型代号、序号、跨数及是否悬挑组成，框架梁的代号为（   ），屋面框架梁的代号为（   ），悬挑梁的代号为（   ）。若在编号中出现字母 A，则代表该梁（   ）；若在编号中出现字母 B，则代表该梁（   ）。

16. 某结构层的楼面标高为 7.150 m，当某梁的梁顶面标高高差注写为（＋0.100）时，即表明该梁顶面标高为（   ）。

17. 板块集中标注的内容为（   ）、（   ）、上部贯通纵筋、下部纵筋，以及当板面标高不同时的标高高差。

18. 板块编号常用代号表示，楼面板代号为（   ），屋面板代号为（   ），悬挑板代号为（   ）。

19. 柱编号由类型代号和序号组成，框架柱的代号为（   ），转换柱的代号为（   ），芯柱的代号为（   ），梁上柱的代号为（   ）。

20. 框架柱和转换柱的根部标高是指（   ），芯柱的根部标高是指根据结构实际需要而定的（   ），梁上柱的根部标高是指（   ）。

21. 剪力墙柱编号由墙柱类型代号和序号组成，约束边缘构件的代号为（   ），构造边缘构件的代号为（   ）。

22. 现浇混凝土板式楼梯平法施工图有（   ）、（   ）和（   ）三种表达方式。

23. 现浇钢筋混凝土板式楼梯平面注写方式包括（   ）和（   ）。

24. 钢屋架施工图是表示钢屋架的形式、大小，型钢的规格，杆件的组合和连接情况的图形，其主要内容包括（   ）、（   ）、（   ）和必要的文字说明等。

二、简答题

1. 一套完整的房屋施工图通常包括哪些内容？

2. 简述结构施工图的识读方法与步骤。

3. 对于普通独立基础和杯口基础的集中标注，在基础平面图上集中引注哪些内容？

4. DJ_p ×× 表示什么基础？其竖向尺寸为 300/280，又包含了什么信息？

5. 独立基础的平面注写方式分为哪两类？

6. 钢筋混凝土梁平法施工图有哪几种表示方式？分别适用于什么情况？

7. 梁的平面注写方式中，哪些内容适合用集中标注？集中标注标在梁的什么位置？不适合集中标注的内容用什么方法标注？

8. 梁的平面注写方式中，若集中标注的内容与原位标注的内容在某跨不一致，施工时取用哪组数值作为施工依据？

9.有一楼面板注写为

$$LB3\ H=120$$
$$B:X \phi 12@120；Y \phi 10@200$$

试解释其含义。

10.某板支座原位标注为①ϕ8@150(3A)，试画图表达(3A)的含义。

11.柱的平面表示方法有哪几种？

12.柱平面表示法中的列表注写表示法与截面注写表示法有何优缺点？

13.简述钢筋混凝土剪力墙柱列表注写的内容。

14.简述现浇钢筋混凝土板式楼梯剖面注写方式的注写内容。

15.砌体房屋结构施工图一般包括哪些内容？

16.钢屋架施工图一般包括哪些主要内容？

参 考 文 献

[1] 中华人民共和国住房和城乡建设部.混凝土结构设计规范(GB 50010—2010)[S].2015 年版.北京:中国建筑工业出版社,2015.

[2] 中华人民共和国住房和城乡建设部.砌体结构设计规范(GB 50003—2011)[S].北京:中国建筑工业出版社,2011.

[3] 中华人民共和国住房和城乡建设部.建筑抗震设计规范(GB 50011—2010)[S].2016 年版.北京:中国建筑工业出版社,2016.

[4] 中华人民共和国住房和城乡建设部.建筑结构荷载规范(GB 50009—2012)[S].北京:中国建筑工业出版社,2012.

[5] 中华人民共和国住房和城乡建设部.钢结构设计标准(GB 50017—2017)[S].北京:中国建筑工业出版社,2017.

[6] 中华人民共和国住房和城乡建设部.建筑地基基础设计规范(GB 50007—2011)[S].北京:中国建筑工业出版社,2011.

[7] 中华人民共和国住房和城乡建设部.高层建筑混凝土结构技术规程(JGJ 3—2010)[S].北京:中国建筑工业出版社,2010.

[8] 中华人民共和国住房和城乡建设部.建筑桩基技术规范(JGJ 94—2008)[S].北京:中国建筑工业出版社,2008.

[9] 中华人民共和国住房和城乡建设部.工程结构可靠性设计统一标准(GB 50153—2008)[S].北京:中国建筑工业出版社,2008.

[10] 中华人民共和国住房和城乡建设部.建筑工程抗震设防分类标准(GB 50223—2008)[S].北京:中国建筑工业出版社,2008.

[11] 中国建筑标准设计研究院.混凝土结构施工图平面整体表示方法制图规则和构造详图(现浇混凝土框架、剪力墙、梁、板)(16G101-1)[S].北京:中国计划出版社,2016.

[12] 中国建筑标准设计研究院.混凝土结构施工图平面整体表示方法制图规则和构造详图(现浇混凝土板式楼梯)(16G101-2)[S].北京:中国计划出版社,2016.

[13] 中国建筑标准设计研究院.混凝土结构施工图平面整体表示方法制图规则和构造详图(独立基础、条形基础、筏形基础、桩基础)(16G101-3)[S].北京:中国计划出版社,2016.

[14] 中华人民共和国住房和城乡建设部.建筑结构制图标准(GB/T 50105—2010)[S].北京:中国建筑工业出版社,2010.

[15] 徐锡权.建筑结构(上册)[M].2 版.北京:北京大学出版社,2013.

[16] 沈蒲生,罗国强,廖莎,等.混凝土结构(上册)[M].5 版.北京:中国建筑工业出版社,2011.

[17] 胡兴福,朱艳.建筑结构[M].上海:同济大学出版社,2010.

[18] 昌永红.土力学与地基基础[M].北京:机械工业出版社,2017.

[19] 周晖.建筑结构基础与识图[M].北京:机械工业出版社,2010.

[20] 褚锡星,谭金彪.建筑力学[M].武汉:华中科技大学出版社,2014.

[21] 沈养中,荣国瑞.建筑力学[M].2版.北京:科学出版社,2014.

[22] 张流芳,胡兴国.建筑力学[M].2版.武汉:武汉理工大学出版社,2004.

[23] 李丙申.建筑力学[M].北京:机械工业出版社,2010.